基于多源流分析框架的

李廷◎著

小城镇发展政策变迁研究 (1978—2018)

JIYU DUOYUANLIU FENXI KUANGJIA DE
XIAO CHENGZHEN FAZHAN ZHENGCE
BIANQIAN YANJIU (1978-2018)

四川大学出版社
SICHUAN UNIVERSITY PRESS

图书在版编目（CIP）数据

基于多源流分析框架的小城镇发展政策变迁研究 ：
1978—2018 / 李廷著 . — 成都 ：四川大学出版社，
2022.11
　　ISBN 978-7-5690-5778-2

　　Ⅰ．①基… Ⅱ．①李… Ⅲ．①小城镇－城乡规划－政
策－变迁－研究－中国－1978-2018 Ⅳ．① TU981-01

　　中国版本图书馆 CIP 数据核字（2022）第 205877 号

书　　　名：基于多源流分析框架的小城镇发展政策变迁研究（1978—2018）
　　　　　　Jiyu Duoyuanliu Fenxi Kuangjia de Xiao Chengzhen Fazhan Zhengce Bianqian Yanjiu（1978-2018）
著　　　者：李　廷

选题策划：梁　平
责任编辑：梁　平
责任校对：杨　果
装帧设计：裴菊红
责任印制：王　炜

出版发行：四川大学出版社有限责任公司
　　　　　地址：成都市一环路南一段 24 号（610065）
　　　　　电话：（028）85408311（发行部）、85400276（总编室）
　　　　　电子邮箱：scupress@vip.163.com
　　　　　网址：https://press.scu.edu.cn
印前制作：四川胜翔数码印务设计有限公司
印刷装订：四川煤田地质制图印务有限责任公司

成品尺寸：170mm×240mm
印　　张：21
字　　数：438 千字

版　　次：2023 年 5 月 第 1 版
印　　次：2023 年 5 月 第 1 次印刷
定　　价：99.00 元

扫码获取数字资源

四川大学出版社
微信公众号

序　言

本书致力于回答四个问题：（1）改革开放 40 年来，我国小城镇发展政策经历了怎样的变迁过程？（2）运用多源流分析框架（MSF）解释为什么小城镇发展政策会发生变迁。（3）用根据中国特定情境修正和丰富了的多源流理论分析我国三次小城镇发展政策变迁的逻辑和规律。（4）我国小城镇发展政策的未来走向。

我国小城镇数量巨大、星罗棋布、点多面广，著名社会学者费孝通曾有"小城镇　大问题"的名言。改革开放 40 年来，小城镇问题一直是政策议程的焦点，经历了"积极发展"→"重点发展"→"特色发展"的流变过程。十五届三中全会也提出了"小城镇　大战略"的重要论断。小城镇政策涉及住房和城乡建设部（以下简称住建部）、民政部、国家发展和改革委员会（以下简称发改委）、财政部、中央机构编制委员会办公室（以下简称中央编办）等诸多部门，涵盖区划、体改、户籍、土地、财税、社保、编制等诸多子政策，"小城镇　大政策"名副其实。理论界关于小城镇现状、属性、定位、功能、前景、政策变迁动因的认识差异巨大，"小城镇　大争议"也长期存在。本书运用多源流理论（MSF）的分析框架探究小城镇政策变迁"无序"背后的"有序"，并从中观视野探究小城镇发展政策的变迁逻辑，揭示小城镇政策变迁背后的"隐秩序"，在研究过程中，也根据中国小城镇政策变迁的实际过程和经验，检视、修正和发展了多源流理论本身。

本书采用的多源流理论中问题流、政策流、政治流、政策之窗、政策企业家的译法参考生活·读书·新知三联书店《政策过程理论》[1]、中国人民大学出版社《议程、备选方案与公共政策（第二版）》[2]、《基于多源流模型的我国

---

　　[1] ［美］保罗. A. 萨巴蒂尔：《政策过程理论》，彭宗超、钟开斌等译，生活·读书·新知三联书店，2004 年。

　　[2] ［美］约翰·W. 金登：《议程、备选方案与公共政策（第二版）》，丁煌、方兴译，中国人民大学出版社，2004 年。

双创政策之窗开启分析》①、《"多源流理论"视阈下网络社会政策议程设置现代化——以出租车改革为例》② 等相关著作和期刊论文的翻译方法。

本书中的小城镇意指一种有别于城市和乡村的文明形态，包括县城镇和一般建制镇。文献回顾从小城镇发展和 MSF 两个方向展开。小城镇发展文献部分系统评析了国外的区位理论、非均衡发展理论、结构理论、人口迁移理论、城乡一体化理论，费孝通的经典"内生型"小城镇理论，小城镇发展政策分期和变迁动因研究，旨在阐明小城镇发展规律与政策变迁研究现状，奠定后续政策变迁分析的理论基础。多源流分析框架部分，首先回顾了它的理论渊源、基本分析结构及针对它的批评、回应、拓展与修正；其次检视了该理论框架的解释力；最后讨论了这一理论框架在中国的应用、修正与发展，在这一基础上搭建了本书的分析框架。

理论贡献方面，本书通过文献综述和分析，用多源流理论的"模糊性"和"复杂性"特征论证了它与中国小城镇政策变迁的适恰性；并吸纳了金登、赫韦格、杨志军的观点，将"动力机制"和"成熟标志"嵌入三大源流，分别审视了问题流的"利益调试"过程、政治流的"寻求共识"过程和政策流的"自然选择"过程，并界定了三大源流的主客观成熟标志。本书也吸纳了扎哈里亚迪斯的观点，将"耦合逻辑"按问题寻找答案的"随之而来"模式和方案寻找问题的"教条"模式两种类型分别检视，并根据豪利特的观点，将政策之窗类型由"可预测""不可预测"两种细化为"常规型""溢出型""自由裁量型"和"随机型"四种。按扎哈里亚迪斯、赫韦格、杨志军的看法，在政治流中增加了"执政理念"元素；按扎哈里亚迪斯和豪利特的观点，考察了制度对耦合逻辑与政策之窗类型的影响。本书按照丰富了的新多源流分析框架，提出了"源流独立性、政策变迁条件、政治源流主导性和制度影响力"四大假设，作为基本分析框架。

小城镇政策文本分析结果表明：改革开放 40 年的小城镇发展历程可分为"积极发展"（1978—1999）、"重点发展"（2000—2015）和"特色发展"（2016—）三个时期。三个时期各有阶段性的宏观政治、经济、社会环境，城乡关系，小城镇分项政策（户籍、土地、财税、区划），小城镇试点探索与小城镇功能定位。

---

① 江永清：《基于多源流模型的我国双创政策之窗开启分析》，《中国行政管理》，2019 年第 12 期，第 96～102 页。

② 魏淑艳、孙峰：《"多源流理论"视阈下网络社会政策议程设置现代化——以出租车改革为例》，《公共管理学报》，2016 年第 2 期，第 1～13 页。

在这三次小城镇政策的变迁过程中，问题源流的"内容"（核心问题）遵循"经济发展问题—权利保障问题—行政体制问题"的演化逻辑；问题源流的"动力机制"，或曰"利益调适过程"中的"主导性利益"遵循"农民利益—农民工利益—小城镇利益"的演变逻辑；问题源流的"成熟度"，客观上表现为核心问题的"指标"和"焦点事件"的推动，主观上则表现为党和国家领导人对相关问题的表态和指示。

政治源流的"内容"（中国共产党的执政理念）遵循中国特色社会主义制度的"确立—完善—改革"的演化逻辑；政治源流的"动力机制"，或曰"寻求共识"的过程，表现为不断凝聚的关于"发展经济""体制改革"和"推进城镇化"的共识；政治源流的"成熟度"，客观上表现为中国共产党的执政理念和"三大共识"形成决议和政策文本，主观上表现为党和国家领导人对相关问题的阐述。

政策源流的"内容"（主导性理论）遵循"费孝通小城镇理论—非均衡发展理论—特色小镇理论"的演化逻辑；政策源流的"动力机制"，或曰"自然选择"的过程，表现为高经济、政治可行性或者符合特定的政策学习和扩散机制；政策源流的"成熟度"，客观上表现为主导性理论进入规范性政策文本和主要领导人的系列讲话中，主观上表现为主导性"政策网络"或"政策共同体"的形成。

政策企业家的"类型"经历了"个体推动—集体推动—政府推动"的转换，政策企业家的"资源"经历了"学术资源—智库资源—政治资源"的转换，政策企业家的"策略"表现为三个阶段将相应主导性理论"建构"为当时历史条件下中国特色城镇化道路的"现实选择""科学选择"和"主动选择"。

政策之窗的类型经历了"常规型"＋"溢出型"—"常规型"＋"溢出型"＋"自由裁量型"—"常规型"＋"自由裁量型"＋"随机型"的转换。耦合逻辑经历了"随之而来"模式—"教条"模式—"随之而来"模式的转换。

研究显示：（1）三大源流具有相对独立性；（2）政策变迁至少需要两条源流趋于成熟；（3）政治源流主导性呈现"强—弱—强"的波动性特征；（4）制度对耦合逻辑与政策之窗的类型有重要影响；（5）政策学习和变迁的时间逐渐缩短；（6）小城镇政策变迁的逻辑是一种"隐秩序"。在问题流方面基于不断增强的对人民利益的感知，在政策流方面有官员对于小城镇发展规律不断深入的认知，在政治流方面有政策制定者对城乡利益格局的认知变化，在政策企业家方面则有从理论到实践、从被动到主动的变化的推动。这些"隐秩序"是中国小城镇政策变迁的真正动力。

基于研究结果，作者提出，适时推动小城镇政策变迁须保持小城镇问题的整体性感知与开放性建构，完善府际学习和扩散机制，赋予农民在"城—镇—乡"之间自由流动的财力和权利，降低创新成本，鼓励地方层面的政策变迁率先实践，构建"广义小城镇学"。

因循小城镇发展理论和政策变迁的逻辑，小城镇政策未来会向"文明发展"方向迈进，人们将在"美好城市""美丽乡村"和"魅力小镇"之间自由选择。

目　　录

第一章　概　论…………………………………………………（1）

　第一节　研究的背景和意义……………………………………（1）

　第二节　研究的内容和思路……………………………………（18）

　第三节　研究方法和创新………………………………………（21）

第二章　概念界定、文献述评与分析框架……………………（27）

　第一节　小城镇的内涵和外延…………………………………（27）

　第二节　小城镇发展的理论和文献述评………………………（38）

　第三节　多源流分析框架相关文献述评………………………（73）

　第四节　多源流分析框架与小城镇发展政策的适恰性分析…（116）

　第五节　本书的分析框架………………………………………（117）

第三章　小城镇的发展轨迹与政策变迁………………………（121）

　第一节　改革开放以来小城镇的发展轨迹……………………（121）

　第二节　小城镇发展政策的三次转向…………………………（137）

　第三节　本章小结………………………………………………（145）

第四章　积极发展小城镇政策阶段的多源流分析……………（147）

　第一节　问题流…………………………………………………（147）

　第二节　政策流…………………………………………………（178）

　第三节　政治流…………………………………………………（188）

　第四节　政策企业家和政策之窗………………………………（193）

　第五节　本章小结………………………………………………（196）

第五章　重点发展小城镇政策阶段的多源流分析……………（200）

　第一节　问题流…………………………………………………（200）

　第二节　政策流…………………………………………………（215）

　第三节　政治流…………………………………………………（224）

　第四节　政策企业家和政策之窗………………………………（232）

　第五节　本章小结………………………………………………（237）

第六章　特色发展小城镇政策阶段的多源流分析……………………（241）

　　第一节　问题流…………………………………………………（241）

　　第二节　政策流…………………………………………………（249）

　　第三节　政治流…………………………………………………（255）

　　第四节　政策企业家和政策之窗………………………………（258）

　　第五节　本章小结………………………………………………（261）

第七章　三次政策变迁的多源流对比分析…………………………（265）

　　第一节　问题源流的对比分析…………………………………（265）

　　第二节　政治源流的对比分析…………………………………（267）

　　第三节　政策源流的对比分析…………………………………（270）

　　第四节　政策企业家的对比分析………………………………（274）

　　第五节　政策之窗与耦合逻辑的对比分析……………………（276）

　　第六节　三次小城镇发展政策变迁背后的"隐秩序"…………（279）

第八章　结论与展望：迈向文明发展的小城镇政策………………（282）

　　第一节　研究结论与政策建议…………………………………（282）

　　第二节　基于 MSF 的未来政策展望…………………………（285）

参考文献………………………………………………………………（288）

后　记…………………………………………………………………（326）

第一章　概　论

本书致力于回答四个问题：(1)改革开放40年来，我国小城镇发展政策经历了怎样的变迁过程？(2)从多源流分析框架(MSF)[①]来看，小城镇发展政策为什么会发生变迁？(3)从MSF来看，三次小城镇发展政策变迁的差异在哪里？三次政策变迁背后的逻辑或"隐秩序"是什么？(4)小城镇发展政策可能的未来走向是什么？

要想回答以上四个问题，首先要解决的是为什么小城镇政策问题值得研究？为什么需要从多源流分析框架的角度出发来探究小城镇政策变迁？这两个问题的答案可以归结为：小城镇问题的重要性，小城镇(子)政策的复杂性，小城镇认知的争议性，小城镇(总)政策变化的有序性。

第一节　研究的背景和意义

一、研究背景

改革开放40年来我国经济社会发生了历史性跨越，GDP总量跃居全球第二，经济结构不断优化，人民生活不断改善，公共服务不断提升。历史性跨越的一个重要缩影是中国城乡关系的沧桑巨变，是"乡土中国"向"城市中国"的嬗变。1978年全国总人口9.63亿。其中城镇人口1.72亿，占17.92%；乡村人口7.9亿，占82.08%。2018年全国总人口13.95亿。其中城镇人口8.31亿，占59.58%；乡村人口5.64亿，占40.42%。[②]统计数字背后蕴含的

[①] 多源流(Multiple Streams)作为框架(Framework, MSF)、模型(Model, MSM)、理论(Theory, MST)和方法(Approach, MSA)，被不同的学者加以应用，本书采用尼古劳斯·扎哈里亚迪斯(Nikolaos Zahariadis)的观点，统一命名为"多源流分析框架"(Multiple Streams Framework, MSF)。

[②] 国家统计局：《中国统计年鉴(2019)》，http://www.stats.gov.cn/tjsj/ndsj/2019/indexch.htm。

是人口在城乡之间的大量迁徙，是快速工业化、城镇化带来的人口集聚，是产业结构和布局在城乡之间的重新配置，是生活方式和意义的颠覆性变化与调适，是公共服务水平的提升与均等化实践。

小城镇是我国城镇体系和乡村体系的交叉点，处于"城之尾，乡之首"[①]，是城乡人口、资源、要素流动的枢纽与桥梁，具有上接城市、下引乡村的功能，是一个人口、地理、经济、社会、文化、管理意义上的独特实体。具有"非城非乡，亦城亦乡，半城半乡"[②]特点的小城镇发展历程是城乡关系沧桑巨变的生动注脚，小城镇发展的政策变迁是城乡关系演变的晴雨表。改革开放40年来，在推进农业现代化、提升城市化水平、促进城乡融合、提高人民生活水准、助力中华民族伟大复兴的历史进程中，小城镇从未缺席。从实践、政策、理论三方面来看，我国的小城镇发展呈现出如下特征。

（一）点多面广、数量巨大，呈星罗棋布状态分布

截至 2018 年底，全国共有建制镇 1.83 万个，建成区面积 405.3 万公顷，建成区户籍人口 1.61 亿人，常住人口 1.76 亿人；乡 1.02 万个，建成区面积 65.39 万公顷，建成区户籍人口 2531.23 万人，常住人口 2489.80 万人。[③] 放眼 31 个省级单位，从建制镇的数量分布来看，数量最少的西藏仅有 70 个，数量最多的四川高达 1871 个。具体如图 1—1 所示。从建制镇建成区常住人口总量来看，常住人口总量最少的西藏仅为 8.83 万人，最多的山东高达 1673.29 万人；从建制镇建成区平均常住人口规模来看，平均常住人口规模最小的西藏仅为 1261 人，最大的上海高达 6.44 万人。具体如图 1—2 所示。从建制镇建成区常住人口占区域常住总人口的比例来看，占比最低的西藏为 2.57%，占比最高的上海为 24.45%；从建制镇建成区常住人口占区域城镇常住总人口的比例来看，占比最低的北京为 5.81%，占比最高的贵州为 30.23%。具体如图 1—3 所示。小城镇的空间分布呈现"西北疏，东南密"的"团块＋轴带"组合式空间集聚形态。三大团块集聚区是：由京津冀、山东半岛、长三角城市群组成的"弓箭"状集聚区，由珠三角、湘中地区组成的"倒 T 字"形集聚区，由成渝城市群组成的"圆"形集聚区。小城镇分布同时形成沿主要交通干线轴

---

① 汤铭潭、宋劲松、刘仁根等：《小城镇发展与规划（第二版）》，中国建筑工业出版社，2012年，第14页。

② 卢汉超：《非城非乡、亦城亦乡、半城半乡——论中国城乡关系中的小城镇》，《史林》，2009年第 5 期，第 1~10 页。

③ 中华人民共和国住房和城乡建设部：《中国城乡建设统计年鉴（2018）》，中国统计出版社，2019 年。

带形成"π"形集聚带。各省级单位内部的小城镇分布总体呈均匀分布态势。

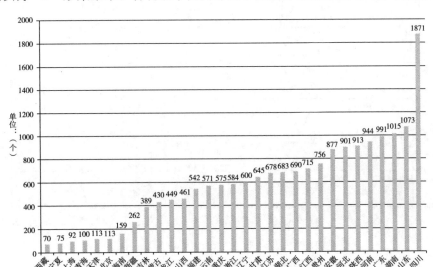

图1-1 2018年建制镇数量分省分布情况

数据来源：中华人民共和国住房和城乡建设部：《中国城乡建设统计年鉴（2018）》，http://www.mohurd.gov.cn/xytj/tjzljsxytjgb/jstjnj/。

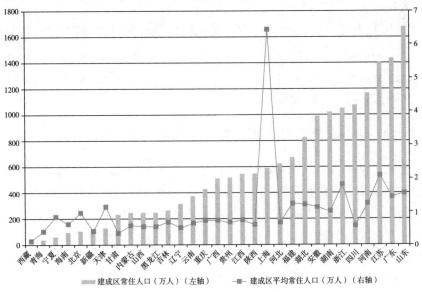

图1-2 2018年建制镇常住人口分省分布情况

数据来源：中华人民共和国住房和城乡建设部：《中国城乡建设统计年鉴（2018）》，http://www.mohurd.gov.cn/xytj/tjzljsxytjgb/jstjnj/。

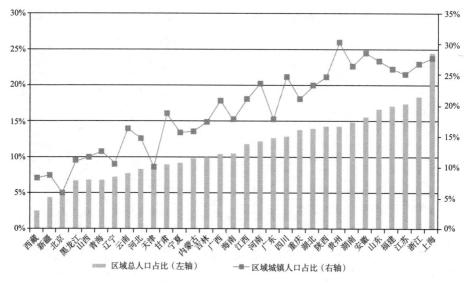

图1－3　2018年建制镇常住人口占比分省分布情况

数据来源：中华人民共和国住房和城乡建设部：《中国城乡建设统计年鉴（2018）》，http：//www. mohurd. gov. cn/xytj/tjzljsxytjgb/jstjnj/。

国家统计局：《中国统计年鉴（2019）》，http：//www. stats. gov. cn/tjsj/ndsj/2019/indexch. htm。

注：图1－1、图1－2、图1－3中的建制镇统计口径仅指县城关镇以外的一般建制镇。

正因为小城镇的数量巨大，面积广袤，人口众多，分布广泛，同时数量规模的省际差异极大，在我国经济社会发展中占据重要位置，所以，费孝通先生称之为"小城镇　大问题"。

（二）小城镇发展一直是我国公共政策的焦点问题

改革开放40年来，小城镇发展议题一直是党中央、全国人大、国务院、行政主管部门相关政策调节的焦点问题。党中央方面，历次党代会报告、党的三中全会决议、五年计划（规划）建议、中央经济工作会议、中央城市工作会议、中央农村工作会议、中央城镇化工作会议，20个聚焦"三农"的中央一号文件中都有小城镇问题的相关论述。全国人大方面，城市规划法（城乡规划法）、乡镇企业法、历次五年计划（规划）中都囊括了小城镇议题。中央政府方面，除了国务院出台的行政法规，一年一度的国务院政府工作报告之外，建设部（住建部）、体改委（发改委）、民政部、财政部、中央编办、中共中央办公厅及国务院办公厅等主管部门也出台了一系列小城镇专项规范文件。具体如

表1-1所示。

表1-1　中央层面的部分小城镇发展政策一览表（作者自制）

时间	文件名/会议名	发文字号/会议	小城镇相关政策
1978.4.4	关于加强城市建设工作的意见	中发〔1978〕13号	控制大城市规模，多搞小城镇。
1980.12.9	全国城市规划工作会议纪要	国发〔1980〕299号	控制大城市规模，合理发展中等城市，积极发展小城市（镇），是我国城市发展的基本方针。
1984.10.13	国务院关于农民进入集镇落户问题的通知	国发〔1984〕141号	允许农民自理口粮到集镇（不含县城关镇）落常住户口，发给《自理口粮户口簿》。
1984.11.22	国务院批转民政部关于调整建制镇标准的报告的通知	国发〔1984〕165号	适当放宽建镇标准，加速小城镇建设，充分发挥其联结城乡的桥梁和纽带作用。
1985.9.23	中共中央关于制定国民经济和社会发展第七个五年计划的建议	中共中央	坚决防止大城市过度膨胀，重点发展中小城市和城镇。
1987.5.21	国务院关于加强城市建设工作的通知	国发〔1987〕47号	严防"大城市病"，着重发展中等城市和小城镇。
1993.3.15	1993年国务院政府工作报告	八届人大一次会议	逐步推进乡镇企业相对集中布局和加快小城镇建设。
1994.9.8	关于加强小城镇建设的若干意见	建村〔1994〕564号	各级人民政府要确定重点发展的小城镇。
1995.2.28	中央农村工作会议	中共中央	小城镇建设要在搞好规划的基础上有重点地发展。
1995.4.11	小城镇综合改革试点指导意见	体改农〔1995〕49号	在广大农村地区积极发展小城镇是我国城市化道路的现实选择。
1997.6.10	小城镇户籍管理制度改革试点方案	国发〔1997〕20号	允许试点小城镇农村人口办理城镇常住户口，实行指标控制。
1998.10.14	中共中央关于农业和农村工作若干重大问题的决定	中共十五届三中全会	发展小城镇，是带动农村经济和社会发展的一个大战略。
1999.3.5	1999年国务院政府工作报告	九届人大二次会议	加快小城镇建设，是经济社会发展的一个大战略。
1999.11.15	1999年中央经济工作会议	中共中央	发展小城镇是一个大战略。

时间	文件名/会议名	发文字号/会议	小城镇相关政策
2000.6.13	关于促进小城镇健康发展的若干意见	中发〔2000〕11号	走符合国情的大中小城市和小城镇协调发展的城镇化之路。要优先发展已经具有一定规模、基础条件较好的小城镇。
2000.10.11	"十五"计划建议	十五届五中全会	要把发展小城镇的重点放到县城和部分基础条件好、发展潜力大的建制镇。
2001.1.5	中央农村工作会议	中共中央	有重点地发展小城镇。
2001.3.15	"十五"计划	九届全国人大四次会议	有重点地发展小城镇。
2001.3.30	关于推进小城镇户籍管理制度改革的意见	国发〔2001〕6号	全面放开县级及县级以下建制镇常住户口，不再实行计划指标管理。
2001.8.7	"十五"城镇化发展专项规划	国家计委	有重点地发展小城镇。
2002.11.08	全面建设小康社会，开创中国特色社会主义事业新局面	十六大报告	发展小城镇要以现有的县城和有条件的建制镇为基础。
2004.2.4	关于公布全国重点镇名单的通知	建村〔2004〕23号	确定1887个全国重点镇。
2005.10.11	"十一五"规划建议	十六届五中全会	重点发展县城和有条件的建制镇。
2005.12.31	关于推进社会主义新农村建设的若干意见	中发〔2006〕1号	着力发展县城和在建制的重点镇。
2011.3.14	"十二五"规划	十一届全国人大四次会议	有重点地发展小城镇。
2014.3.16	国家新型城镇化规划（2014—2020）	中共中央国务院	有重点地发展小城镇。
2015.10.29	"十三五"规划建议	十八届五中全会	加快培育特色小城镇。
2015.12.31	关于落实新发展理念加快农业现代化的若干意见	中发〔2016〕1号	加快培育特色小城镇。

续表

时间	文件名/会议名	发文字号/会议	小城镇相关政策
2016.2.2	国务院关于深入推进新型城镇化建设的若干意见	国发〔2016〕8 号	加快培育特色小城镇。
2016.3.16	"十三五"规划	十二届人大四次会议	加快发展特色小城镇。
2016.7.1	关于开展特色小镇培育工作的通知	建村〔2016〕147 号	到 2020 年，培育 1000 个左右特色小镇。2016 年 10 月，公布第一批 127 个特色小镇；2017 年 8 月，公布第二批 276 个特色小镇。
2016.10.8	关于加快特色小（城）镇建设的指导意见	发改规划〔2016〕2125 号	特色小（城）镇包括特色小镇、小城镇两种形态。
2017.7.7	关于保持和彰显特色小镇特色若干问题的通知	建村〔2017〕144 号	保持和彰显小镇特色是落实新发展理念，加快推进绿色发展和生态文明建设的重要内容。
2017.12.4	关于规范推进特色小镇和特色小城镇建设的若干意见	发改规划〔2017〕2084 号	特色小镇是"非镇非区"的创新创业平台。特色小城镇是行政建制镇。
2018.8.30	关于建立特色小镇和特色小城镇高质量发展机制的通知	发改办规划〔2018〕1041 号	特色小镇和特色小城镇是新型城镇化与乡村振兴的重要结合点，也是促进经济高质量发展的重要平台。
2018.9.26	乡村振兴战略规划（2018—2022 年）	中共中央国务院	因地制宜发展特色鲜明、产城融合、充满魅力的特色小镇和小城镇。

资料来源："北大法宝"中国法律检索系统；中共中央国务院关于"三农"工作的一号文件汇编（1982—2014）；国务院网站，http://www.gov.cn；人民网，http://www.people.com.cn。

正如表 1-1 所示，从改革开放 40 年的小城镇发展政策变迁轨迹来看，一方面"小城镇 大战略"的政策表述被广为接受，这是因为小城镇在带动农村经济社会发展和推动城镇化进程中发挥了举足轻重的作用。另一方面，一条清晰的"积极发展"→"重点发展"→"特色发展"的小城镇政策变迁主线贯穿40 年的政策历程。最后，作为整体发展战略的小城镇政策涵盖了城市建设、行政区划、体制改革、户籍制度、土地制度、财税制度、社会保障、人员编制等诸多分项政策，也正因如此，"小城镇　大政策"的定位名副其实。

（三）在争论中前行的小城镇发展

与小城镇政策变迁调整的清晰"有序"相对应的是对小城镇认识上的"无序"、矛盾和持续性论争。小城镇问题是城市问题、乡村问题还是"第三类问题"？伴随着城乡二元体制的破除和城乡一体化程度的提高，小城镇还有没有存在的必要？小城镇到底是"乡村问题的城市方案"还是"城市问题的乡村方案"？[①] 归结起来有如下六点争论：

城乡"二元结构"与城镇乡"三元结构"的争论。诺贝尔经济学奖获得者威廉·阿瑟·刘易斯（William Arthur Lewis）提出的"二元经济"（Dual Economy）模型是分析具有"劳动力剩余经济"特征的发展中国家经济发展的经典理论。"二元经济"模型将发展中国家的经济分为"现代的"与"传统的"两个部门，现代部门通过从传统部门吸收劳动力而得以发展。现代部门的扩张可以通过提供就业机会、分享物质设施、传播现代的思想和制度、相互之间的贸易而使传统部门获益。[②] 该模型已被广泛应用于发展中国家的结构变迁、城乡关系、劳动力转移等领域，中国学者在应用该模型时，已将"传统的"部门等同于"传统的农业部门"（落后的农村），"现代的"部门等同于"现代工业部门"（发达的城市）。[③][④] 刘易斯的"二元经济"模型后经费景汉、拉尼斯、托达罗等人的修正，在解释两部门人口转移、经济发展、相互关系方面更趋科学、合理，更加贴近发展中国家的现实。在小城镇发展问题上，"二元结构"论一直占据主流地位，现代发达工业部门与传统落后农业部门的对立与转化，城市与乡村的二元分割和融合，成为考察小城镇问题的"两翼"。放眼中国现实，"乡城二元"的建筑风貌、"乡城二元"的产业形态、"乡城二元"的土地制度、"乡城二元"的户籍制度、"乡城二元"的社会保障制度、"乡城二元"的社会身份长期存在，无疑增强了"二元结构"论的解释力与生命力。乡镇企业在20世纪80年代突飞猛进，乡村工业得以快速发展，这种农村工业部门形

---

① 姚尚建：《特色小镇：角色冲突与方案调试——兼论乡村振兴的政策议题》，《探索与争鸣》，2018年第8期，第84～90页。

② ［美］威廉·阿瑟·刘易斯：《二元经济论》，施炜、谢兵、苏玉宏译，北京经济学院出版社，1989年，第149～156页。

③ 宋金平：《聚落地理专题》，北京师范大学出版社，2001年，第104～105页。

④ 王钊、邓宗兵、吴江等：《西部农村工业化与城镇化互动协调发展研究》，陕西科学技术出版社，2006年，第20～22页。

态既不同于现代工业部门，又有别于传统农业部门，使国民经济呈现出传统农业、乡村工业、现代工业三大系统并存的"三元结构"形态。① 乡村工业的发展吸纳了大量的农村剩余劳动力，改变了农村的产业结构、生产方式、生活方式，进而这种产业形式和居住形式的载体——小城镇成为与都市、乡村相并列的第三种社会实体，中国的城镇化道路开辟出一条"城—镇—村"三元并进的新道路②，"城—镇—村"的"三元结构"模型成为理解中国特色社会主义城镇化道路和农业现代化道路的新透镜。

城乡一体化"过渡"形态与"常态"的争论。在殖民主义与工业革命的推动下，西方发达资本主义国家走出了一条工业化促进城镇化，农村剩余劳动力由第一产业逐渐向第二、三产业转移，最终实现乡城一体化的道路。面临人口、资源、环境、财税、国际环境压力的中国很难复制西方城市化的发展路径，在城乡分割的二元体制之下，以重工业为主体的大中城市吸纳劳动力乏力，第三产业发展迟缓，走出了一条经由"农业部门、农村工业部门、城市工业部门"并存的三元结构时期逐步过渡到城乡一体化形态的现代化道路。③ 英国著名的城乡规划学家埃比尼泽·霍华德（Ebenezer Howard）描画了城乡一体化的另一番图景，在大城市和乡村中间建设"城市用地1000英亩，农业用地5000英亩，人口32000人"的"田园城市"，这样的田园城市结合了城市和乡村的优点。人们在城市、小城镇、乡村三块"磁铁"的作用下做出自由选择。霍华德从城乡规划的角度指出了小城镇（"城市—乡村"磁铁）在城乡一体化时期的"常态"分布。在霍华德"田园城市"思想的指引下，英国建设了莱奇沃思（Letchworth）和韦林（Welwyn）两座模范小城镇，也是在霍华德思想的指引下，欧美各国的"新城运动"和"卫星城"建设如火如荼地开展，"田园城市"运动发展成为一种世界性运动。④ 纵观当今世界城镇化率已超过80%的发达国家，如欧洲、日本、美国，小城镇约占城市总数的90%以上，这也是城乡一体化时代小城镇"常态"地位的现实佐证。从功能角度来看，我国网络化的城镇体系当中，小城镇的节点作用不可或缺，城市产业、服务、技

---

① 赵勇：《城镇化：中国经济三元结构发展与转换的战略选择》，《经济研究》，1996年第3期，第63~68页。

② 毛锋、张安地：《"三元结构"发展模式与小城镇建设》，《经济经纬》，2007年第5期，第76~79页。

③ 李克强：《论我国经济的三元结构》，《中国社会科学》，1991年第3期，第65~82页。

④ ［英］埃比尼泽·霍华德：《明日的田园城市》，金经元译，商务印书馆，2010年，第1~11页。

术、文化向乡村地区的辐射，总是呈现出波纹状的形式，由近及远，逐渐地、有层次地扩展开来，沿着大城市—中小城市—小城镇—"乡脚"—农村的路径扩展，小城镇起着类似输油管线上加压站的作用（也有学者将其比作"中途岛""传动齿轮"）。① 城镇等级体系中的大中小城市和小城镇是"共生性"关系。

城市化道路与城镇化道路的争论。我国的城市（镇）化道路一直以来都存在以大城市为主和以小城镇为主的战略论争。温铁军将中国的城镇化道路争论划分为"大"派和"小"派。"大"派可以分为国家计委提出的"都市圈战略发展理论"、中国改革研究基金会提出的"发展大型城市（100 万～400 万人口）理论"、主张发展 30 万～50 万人口城市理论三种。"小"派可以分为农业部政策法规司提出的重点发展"县级城关镇"理论、国务院体改办下面的小城镇改革发展中心提出的"小城镇理论"（重点是县以下的建制镇）、国务院发展研究中心农村社会发展部提出的"混合理论"（多元增长理论）。② 同样世界各国的城市（镇）化道路也呈现出"百花齐放"的局面，如自由放任的美国模式、分散型的法国模式、均衡发展的德国模式、集聚型的日韩模式、过度城镇化的拉美模式，不一而足。③ 规模经济、集聚效应、扩散效应、资源利用效益、世界城市化规律（城市化—郊区化—逆城市化—再城市化）、城市首位度（城市集中度）、基础设施与公共服务水平是支持大城市优先发展的常见依据，小城镇在中国城镇化道路中应该甘当配角，处于补充地位。大城市论者坚信"城市病"（交通拥堵、住房紧张、就业困难、环境污染、公共产品和服务短缺等问题）可以依靠良好的规划和管理水平的提升加以解决。就地转移农业剩余劳动力，低成本的农民市民化，带动农村发展，亲近自然、风景优美、恬静闲适，维护社会稳定，传承传统文化，符合国情，中国特色是支持小城镇优先发展的常见依据。优先发展小城镇政策偏好的成因在于：长期"崇小抑大"政策的思维惯性，城乡二元结构下"不得已而为之"的普遍化，惧怕"城市病"的"大城市恐惧症"，对发达国家"逆城市化"的错误认识，保护市民、限制农民的政策思维。城市化与城镇化道路争论的另一个焦点问题是大城市和小城镇孰是"鸡"孰是"蛋"的问题。两者都以京津冀、长三角、珠三角等城镇体系合

---

① 叶克林、陈广：《小城镇发展的必然性》，《经济研究》，1985 年第 5 期，第 62～67 页。

② 温铁军：《历史本相与小城镇建设的真正目标（上）》，《小城镇建设》，2000 年第 5 期，第 31～35 页。

③ 张志前、王申：《进城圆梦——探寻中国特色城镇化之路》，社会科学文献出版社，2014 年，第 168～174 页。

理布局的城市群为例，前者认为小城镇的健康有序发展是大城市带动辐射的结果，后者认为大城市的健康有序发展依赖于点多面广、星罗棋布小城镇的良性发展。"人多地少"的国情是两派立论的共同出发点，以大城市为主的城市（镇）化模式是在城市自然发展历史上形成的，带有"自发性"；以小城镇为主的城市（镇）化模式是国家城市政策干预的产物，带有"自觉性"。[①] 城市（镇）化道路的选择要受到一国历史、地理、资源、文化、人口分布、产业结构、财税状况、发展阶段、国际环境、制度设计等诸多因素的影响，理论推演、现实关怀、文化偏好对于城市（镇）化道路选择无异于"盲人摸象"。

小城镇发展的繁荣与困境的争论。改革开放40年，建制镇数量由1978年的2173个增长到2018年的18337个，增长近8倍；人口由1978年的5294万人增长到2018年的17610万人，其占全国人口比例的12.62%，占城镇人口比例的21.18%；小城镇的数量与人口吸纳展现出蓬勃的发展态势。仔细考究之下，宏观数据背后隐藏的是小城镇发展所面临的诸多困境，从基础设施方面来看，2018年建制镇燃气普及率为52.39%（城市96.70%），污水处理率为53.18%（城市95.49%），生活垃圾无害化处理率为60.64%（城市98.96%），人均公园绿地面积2.83平方米（城市14.11平方米），人均市政公用设施投资额768.59元（直辖市4594.25元，副省级市5245.60元，一般省会城市4204.57元，一般地级市3156.94元，县级市2074.21元，县城2605.70元）。[②] 从农民工流向分布来看，2015年农民工总量为27747万人，其中外出农民工16884万人。在外出农民工中，流入地级以上城市的农民工11190万人，占外出农民工总量的66.3%（直辖市1460万人，占8.6%；省会城市3811万人，占22.6%；地级市5919万人，占35.1%）；流入小城镇的农民工5621万人，占外出农民工总量的33.3%。跨省流动农民工7745万人，其中80%流入地级以上大中城市，19%流入小城镇；省内乡外流动农民工9139万人，其中54.6%流入地级以上大中城市，45.4%流入小城镇。[③] 2011年我国外出农民工仅有8.9%流入建制镇。[④] 小城镇产业薄弱、人口吸纳能力

---

① 叶克林：《发展新型的小城镇是我国城镇化的合理模式》，《城市问题》，1986年第3期，第9~13页。

② 中华人民共和国住房和城乡建设部：《中国城乡建设统计年鉴（2018）》，中国统计出版社，2020年，第132~133页。

③ 国家统计局：《2015年农民工监测调查报告》，http://www.stats.gov.cn/tjsj/zxfb/201604/t20160428_1349713.html。

④ 石忆邵：《德国均衡城镇化模式与中国小城镇发展的体制瓶颈》，《经济地理》，2015年第11期，第54~60页。

不足、镇区规模人口偏小、基础设施水平和资金投入偏低、教育医疗等公共服务缺乏、环境脏乱差、特色不足、文脉灭失等问题亟待破除。"小城镇 大战略"并没有成为现实。[①]

乡村问题的城市方案还是城市问题的乡村方案的争论。[②] 在城乡二元体制的长期束缚之下，费孝通在改革伊始看到的是"两头胀死，中间消沉"[③] 的城乡发展图景。从 20 世纪 80 年代苏南小城镇发展的实践中，费孝通总结出"农工相辅，家庭分工、'男耕女织'，商品流通，集市变集镇；剩余积累、兴办企业，农工商服、人口集聚，集镇变城镇，工农相辅、反哺农业，城乡一体"的"内生型"农村工业化、城镇化道路。一定意义上说，承担"人口蓄水池"功能的小城镇发展减缓了大城市的就业、粮食、住房等一系列问题，是"城市问题的乡村方案"。伴随城乡二元制度壁垒的逐渐破除和"人流、物流、信息流"的相对自由流动，大中城市在规模效应、集聚效应的牵引下，产业结构不断调整，人口吸纳能力不断增强。历经改革开放 20 年的快速发展，自下而上的城镇化模式也存在诸多问题：乡土工业乡土化制约企业发展，兼业模式阻碍规模经营，缺乏规划导致盲目和无序发展，产业层次低、结构不合理，面源污染影响可持续发展。（秦尊文将其称为"农村病"或"停滞病"——乡镇企业分散、小城镇建设无序、离农人口"两栖化"。石忆邵将其归结为"低、小、散、同、弱"。祝华军将其称为"小城镇病"——布局分散、土地利用粗放、集聚效应差、环境恶化。[④]）在"减少农民才能富裕农民"[⑤] 的共识下，"小城镇病"亟待城市化的有效扩散和带动，小城镇成为推动城镇化的重要一环。从这个意义上讲，小城镇发展是解决乡村问题的城市方案。2000 年，费孝通在中国城市经济学会第三次代表大会上指出："近些年我思想上产生了一些转变，农村继续前进和发展，离不开城市的带动和支持。"[⑥]

小城镇发展政策变迁动因的争论。温铁军认为，2000 年以前，中央"小

---

① 赵晖：《说清小城镇——全国 121 个小城镇详细调查》，中国建筑工业出版社，2017 年，第 3 页。

② 姚尚建：《特色小镇：角色冲突与方案调试——兼论乡村振兴的政策议题》，《探索与争鸣》，2018 年第 8 期，第 84~90 页。

③ 费孝通：《工农相辅 发展小城镇》，《江淮论坛》，1984 年第 3 期，第 1~4 页。

④ 祝华军、白人朴：《我国乡村城市化进程中的"小城镇病"》，《中国人口·资源与环境》，2000 年第 1 期，第 51~54 页。

⑤ 李铁：《从小城镇到城镇化战略，我亲历的改革政策制定过程》，《中国经济周刊》，2018 年第 43 期，第 38~40 页。

⑥ 费孝通：《城镇化与 21 世纪中国农村发展》，《中国城市经济》，2000 年第 1 期，第 7~9 页。

城镇 大战略"的"积极发展"小城镇政策的成因主要在于产业结构。新中国成立初期，朝鲜战争和国际环境的变化导致我国照搬了苏联的重结构工业模式，重结构工业化模式会产生追求投资和排斥就业的"资本增力排斥效应"，城市重工业无法解决就业问题，从而催生了限制要素流动的城乡二元体制，在大城市滞后发展的背景下地方政府寻求工业化和城镇化的努力率先在计划体制最薄弱的环节——小城镇实现，"积极发展"小城镇政策成为必然。[①] 赵燕菁认为"积极发展"小城镇政策是城乡二元体制下的被迫选择（杜润生也持同样的观点[②]）。城乡二元的制度设计使得大中城市与"三农"问题的解决无关，农民无法在不同层级的城市之间自由选择，结果造成了迁入大中城市的"迁移成本"过高，"积极发展"小城镇政策成为被迫的非最优选择。[③]

综上所述，"小城镇 大问题""小城镇 大战略""小城镇 大政策"的属性和地位决定了研究小城镇政策变迁的重要价值，"小城镇 大争议"折射出的理论和实务界关于小城镇现状、属性、定位、功能、前景的论争以及小城镇政策变迁动因的论争，提出了一个无法回避的问题：为什么"无序"矛盾的小城镇认知表现在小城镇政策变化上却是清晰"有序"的？这是本书使用政策变迁的经典中观解释框架探究小城镇政策变迁的个中缘由。多源流分析框架与小城镇发展政策的适恰性分析详见第二章第四节。

二、研究意义

20世纪80—90年代是小城镇发展的黄金时期，同时也是小城镇学术研究如火如荼的时期，1983年费孝通提出的"类别、层次、兴衰、布局和发展"的十字科目成为之后小城镇科学研究的指南，一定意义上说，现在的小城镇研究成果都是费孝通思想影响下的产物。进入21世纪，小城镇研究成为一片"被人遗忘的土地"，直到2016年特色小（城）镇的概念"横空出世"，小城镇研究才又重回政策、理论和实务者的视野。

本书以小城镇发展政策为研究对象，致力于回答"是什么""为什么"和

---

① 温铁军：《历史本相与小城镇建设的真正目标（上）》，《小城镇建设》，2000年第5期，第31~35页。

② 杜润生：《杜润生自述：中国农村体制变革重大决策纪实》，人民出版社，2005年，第327~328页。

③ 赵燕菁：《制度变迁·小城镇发展·中国城市化》，《城市规划》，2001年第8期，第47~57页。

"往哪走"的问题。首先，从改革开放以来我国城乡关系变迁的制度安排与历史演进出发，结合小城镇发展政策文本的分析，科学厘定 40 年小城镇发展政策的变迁图景。其次，运用政策变迁的经典理论——"多源流分析框架"解释为什么小城镇发展政策会由"积极发展"转向"重点发展"再转向"特色发展"。最后，基于 MSF 展望小城镇未来"文明发展"的前景。

（一）有利于摹画城乡关系变迁背景下的小城镇发展政策图景

小城镇研究是一个多学科交汇、多视角交叉、多层次互动的综合性研究领域。社会学自费孝通开始，致力于从乡土中国、礼俗社会入手，在保持乡村有机体的前提下探究小城镇发展。[1] 经济学，尤其是西方经济学从规模经济、集聚效应、选择效应、农民工市民化成本等方面切入，重在探讨其效率问题。

城市规划（地理）学从产业布局、功能分区、空间分布、基础设施配置、资源环境约束与承载力、文脉保存等视角切入探讨小城镇问题。[2][3] 公共管理学从公共服务均等化、组织机构设置、职能转变、财税制度入手探讨小城镇发展问题。[4][5][6][7] 主管部门从国情出发、从问题出发，结合国际发展经验，从意义、功能、现状、问题、对策着眼探讨小城镇发展问题。[8] "三农"专家从乡村振兴、农业剩余劳动力吸纳、就地城镇化、农民工返乡创业、经济辐射、生产生活服务配套等方面着眼探讨小城镇发展问题。小城镇专家从数量、类型、布局、动力、政策、文化等方面入手探究小城镇发展问题。

相对而言，以小城镇发展政策为研究对象的学术作品偏少，且散见于城市规划学研究的专著当中，作为城市规划方案的背景资料使用。数量有限的专门以小城镇发展政策为研究对象的期刊文章，一方面其时间跨度相对较短，另一方面对政策的分析仅限于数量、人口、产业等传统层面。[9] 从城乡关系发展角

---

① 费孝通：《小城镇四记》，新华出版社，1985 年，第 1~9 页。

② 顾朝林、柴彦威、蔡建明等：《中国城市地理》，商务印书馆，1999 年。

③ 汤铭潭、宋劲松、刘仁根等：《小城镇发展与规划（第二版）》，中国建筑工业出版社，2012 年。

④ 邰艳丽：《小城镇管理的制度思辨》，《小城镇建设》，2016 年第 5 期，第 78~83 页。

⑤ 国家体改委小城镇课题组：《体制变革与中国小城镇发展》，《中国农村经济》，1996 年第 3 期，第 11~16 页。

⑥ 孙柏瑛：《强镇扩权中的两个问题探讨》，《中国行政管理》，2011 年第 2 期，第 43~46 页。

⑦ 徐勇：《在乡镇体制改革中建立现代乡镇制度——税费改革后的思考》，《社会科学》，2006 年第 7 期，第 93~97 页。

⑧ 俞燕山：《我国小城镇改革与发展政策研究》，《改革》，2000 年第 1 期，第 100~106 页。

⑨ 张俊：《1978 年后中国小城镇数量与规模变化研究》，《上海城市管理职业技术学院学报》，2006 年第 6 期，第 32~35 页。

度出发研究小城镇发展问题的专著、期刊文章偏少，这些作品要么年代较早，要么聚焦于小城镇对促进城乡协调发展的意义，从城乡关系入手探讨小城镇发展的作品寥寥。①②

城乡关系实际上是一系列制度安排规范下的经济社会发展形态，一头是城镇化，关涉城市和市民问题；一头是农业现代化，关涉农村和农民问题。城乡关系形塑了小城镇发展的宏观制度结构，形成小城镇发展政策变迁的生态环境。小城镇的发展也会促使城乡关系发生改变，体现一定的能动性，但某一特定历史阶段，前者对后者的限定作用更明显。因此，从城乡关系嬗变的角度出发，结合小城镇发展政策本身的变迁，从人口、土地、产业、制度设计、文化、资源环境等方面切入，有利于全景式、立体化、跨时段科学厘定小城镇发展政策的变迁图景。

（二）有利于检视、修正和发展多源流分析框架

1984 年，约翰·W. 金登（John W. Kingdon）在《议程、备选方案与公共政策》（*Agendas, Alternatives, and Public Policies*）一书中正式提出多源流分析框架（MSF）。多源流分析框架旨在探究组织模糊性和决策者注意力稀缺前提下，美国联邦政府层面"前决策"环节的政策活动，重在回答：为什么有些主题被提上政府议程而其他主题则被忽略？为什么有些备选方案比其他备选方案更受重视？也就是议程设定和备选方案阐明两个问题。为了打开这两个"前决策"阶段的黑箱，金登于 1976—1979 年间在华盛顿就卫生领域和运输领域的 23 个案例③与国会议员、国会办事人员、行政任命官、文官、院外活动集团成员、新闻工作者、咨询顾问人员、学者及研究人员进行了 247 次深度访谈。MSF 的核心观点是：问题流、政策流、政治流三条独立的溪流流经整个政策制定系统，当政策之窗（也就是"决策机会"）开启之时，政策企业家④

① 费孝通：《城乡发展研究——城乡关系·小城镇·边区开发》，湖南人民出版社，1989 年。
② 曹晓峰、杨丽：《浅析城乡关系与小城镇建设》，《社会科学辑刊》，1997 年第 4 期，第 36~41 页。
③ 卫生领域 11 个：国民健康保险、医疗照顾项目、医疗补助项目、抑制医院费用（卡特政府）、健康维护组织、卫生人力、卫生服务队、健康计划（卫生系统机构）、职业标准审核组织、临床实验室规制、保健财务局的建立。运输领域 12 个：公路信托基金（洲际公路法令）、航空信托基金（航空发展）、公共交通基金筹措、水路用户收费、铁路恢复法令（1973 年区域铁路改革法令 [3-R]、1975 年铁路复兴和规制改革法令 [4-R]、联合铁路公司）、铁路国有化、全国铁路乘客公司、汽车安全（集中于 20 世纪 60 年代）、航空安全、航空运输规制改革、公路货运规制改革、铁路运输规制改革。
④ 愿意投入自己的资源——时间、精力、声誉以及金钱——来促进某一主张以换取表现为物质利益、达到目的或实现团结的预期未来收益的政策倡议者。

采取行动促使三条溪流汇合，这个时候产生新政策的概率最大。MSF 提出 30
多年来，获得了迅速发展与广泛应用，谷歌学术显示 1984 年版的《议程、备
选方案与公共政策》一书累计被引 23861 次（截至 2020 年 3 月 13 日）。

公共行政学家罗伯特·达尔（Robert Dahl）撰文指出：从一国行政环境
中得出的概括，不能被普遍应用于一个全然不同的公共管理环境中去。一个理
论与其他的场景是否适恰，首先需要检视那个不同的场景才可以断定。① MSF
作为一个从美国联邦政府层面和交通、卫生领域访谈抽象出来的一个逻辑分析
框架，当它跃出美国进入中国情景的时候，就特别需要研究中国的经济、政
治、社会、文化环境，尤其是决策过程中的"内输入"特质。本书希望通过文
献梳理和案例剖析，在遵循 MSF 基本分析逻辑的前提下，对缺乏预测性，缺
少制度考量、政治源流主导，政策企业家兼职化等问题做出回应，适度修正
MSF。从中外文献梳理中发现，MSF 迄今尚未应用于小城镇发展政策研究，
在一个崭新的领域加之崭新的国度修正和应用 MSF，无疑具有跨情景检验的
功效，另外，跨情景的修正、应用和检验也有利于 MSF 的知识积累和增长。

（三）有利于从中观视野探究小城镇发展政策的变迁逻辑

探究小城镇发展政策的变迁历程，一方面可以遵循以个人为中心，关注个
人利益、个体心理与个体行为的微观视角；另一方面也可以从社会制度、组织
结构的宏观视角切入。以费孝通为代表的人类学、社会学家就是从个体视角出
发，在"志在富民"理念的导引下，沿着个人、家庭、村庄、小城镇、区域经
济的逻辑进路，探究小城镇在商品流通、富裕农民、文明农民方面的功能、地
位、作用与历史变迁。新古典经济学派从"经济人"假定和理性选择视角出
发，秉持演绎的、个体主义的方法论，认为政策变迁本质上是理性个人基于个
人利益（主要是经济利益）考量，有目的、有意图的决策过程。以帕森斯为代
表的结构−功能主义学派强调人们的思维和行为被社会环境、社会结构、社会
观念完全制约，没有选择的余地。从一定意义上讲，在社会学家眼中仅有约束
而没有选择，在经济学家眼中仅有选择而没有约束。② 在小城镇发展问题上，
宏观制度、意识形态尤其是城乡关系的嬗变对小城镇发展政策选择发挥着不可
估量的形塑作用。

---

① Robert A. Dahl：The science of public administration：three problems，Public administration
review，1947，7（1）：1−11.

② 周雪光：《制度是如何思维的?》，《读书》，2001 年第 4 期，第 10～18 页。

从个体主义视角出发，遵循演绎逻辑的行动主义倾向于从整体主义视角出发，与遵循归纳逻辑的结构主义倾向之间存在长久的对立与紧张。如何破解行动与结构之间的对峙状态，融合不同视角的优势成为摆在社会科学家面前的一项历史任务。自韦伯以后的社会学家们，如福柯、吉登斯、布迪厄、哈贝马斯等都在努力缓解行动与结构之间的紧张，力图找寻二者的融合路径。[①] 1986年，玛丽·道格拉斯（Mary Douglas）在《制度是如何思维的》（*How Institutions Think*）一书中，从人类学视角出发，尝试沟通制度决定论和理性选择分析，她的核心观点是：制度塑造人们的思维，思维引导人们的行动，基于个人自利的行为又反过来强化集体思维，从而维持制度自身的生命力。这就形成了行为与制度的循环互动。[②] 20世纪80年代崛起的新制度主义学派也致力于从制度与行为互动的视角出发，消弭行为—结构对峙状态。[③]

政策变迁的机制性解释，就是尝试沟通宏观的结构解释和微观的行动解释，本质上是一种"中观理论"（Median-range Theory）。[④] MSF以独立决策为分析单元，强调政策企业家的作用，具备了"行动学派"特有的论证清晰性与强解释力，同时又将结构性因素、制度和文化融入三大源流与政策之窗的分析之中，兼具了"结构学派"贴合经验现实的理论特质。基于MSF探究小城镇发展政策的变迁机制，既不偏执于单纯理论分析的简洁、明了，也不醉心于纷繁复杂、变动不居的发展实践，而是在理论解释的真实性和普遍性之间寻求一种平衡。改革开放以来，"摸着石头过河"的政策传统暗合了MSF模糊性的前提假设。1995年，约翰·H.霍兰（John H. Holland）在《隐秩序——适应性造就复杂性》（*Hidden Order：How Adaptation Builds Complexity*）一书中提出了复杂适应性系统理论（Complex Adaptive System，CAS），CAS认为系统中的每一个元素、单位、个体都是有生命力的，能学习、思考和主动适应环境的"智能元"，这些"智能元"之间的相互复杂作用驱动着整个系统的演进，使系统产生了外部看不见的"隐秩序"。[⑤] 金登在《议程、备选方案与公共政策（第二版）》中指出：MSF所描述的过程是具有高度流动性的，流

① Roger Sibeon：Rethinking social theory，Sage Publications，2004.

② Mary Douglas：How institutions think，Syracuse University Press，1986.

③ 龚虹波：《"垃圾桶"模型述评——兼谈其对公共政策研究的启示》，《理论探讨》，2005年第6期，第104~108页。

④ 赵鼎新：《威权政体与抗争政治》// 肖滨：《中国政治学年度评论（2012）》，格致出版社，2012年，第10页。

⑤ 仇保兴：《复杂适应理论与特色小镇》，《住宅产业》，2017年第3期，第10~19页。

动性背后是一种陌生的非正统结构，这种结构非常类似霍兰所说的复杂适应系统。正是 MSF 与小城镇发展之间存在这样的复杂性、自适应性联结，使得本书从 MSF 出发探究小城镇发展政策变迁过程具有不同于宏观结构主义视野和微观行动主义视野的中观视野特质。同时，这种探究过程既不仅仅遵循理论逻辑，也不仅仅追随实践逻辑，而是结合两者的"政策逻辑"。

第二节　研究的内容和思路

一、研究内容

本书在科学厘定小城镇发展政策变迁阶段的基础上，运用修正过后的 MSF 探究小城镇发展政策由"积极发展"到"重点发展"再到"特色发展"的历史变迁过程，最后基于 MSF 展望迈向"文明发展"的小城镇政策。本书的研究内容分为八个部分。

第一部分，明确研究问题，阐明选题依据。明确本书的焦点问题：运用 MSF 探究改革开放 40 年小城镇发展政策的变迁"动因"与"逻辑"。阐明选题依据：小城镇问题的重要性（"小城镇　大问题""小城镇　大战略"）、小城镇政策的复杂性（"小城镇　大政策"）、小城镇认识的争议性（"小城镇　大争议"）、小城镇政策变迁的"有序性"。

第二部分，明晰研究对象，搭建分析框架。廓清小城镇的内涵和外延。以约翰·W. 金登的 MSF 为蓝本，结合国内外文献对 MSF 的应用、批判、修正和发展，联系小城镇发展实际，建构新的逻辑分析框架。

第三部分，改革开放 40 年来，小城镇的发展轨迹与政策变迁分析。系统梳理了改革开放 40 年来小城镇数量、规模、分布及"镇化贡献率"的变化趋势，以期全景式呈现小城镇发展历程。根据小城镇政策文本分析的结果，划定小城镇发展政策分期，同时理清各个时期宏观环境、城乡关系，小城镇分项政策、试点工作、功能作用的演变历程。

第四部分，基于 MSF 分析"积极发展"小城镇政策的形成逻辑。从问题流、政策流、政治流、政策之窗、政策企业家五大要素出发，聚焦农村富余劳动力压力和乡镇企业蓬勃发展的现实场景，考量"城乡二元"的制度设计与影响，结合费孝通经典内生式小城镇理论的时空演进过程与以费孝通为代表的

"个体政策企业家"的不懈努力，探究"积极发展"小城镇政策的形成过程。

第五部分，基于 MSF 分析"重点发展"小城镇政策的形成逻辑。因循 MSF 的分析结构与逻辑进路，聚焦城镇化快速发展，流动人口大规模、长距离迁徙的现实场景，考量"城乡统筹"的制度设计与影响，结合"非均衡"小城镇发展理论的形成过程以及以经济学者、城市地理学者、制度分析学者、体改工作者为代表的"集体政策企业家"的持续推动，探究"重点发展"小城镇政策的形成过程。

第六部分，基于 MSF 分析"特色发展"小城镇政策的形成逻辑。着眼浙江"特色小镇"的实践探索，关注新型城镇化与乡村振兴的战略导向，考量"城乡融合"的制度设计与影响，结合特色小镇政策的"M"型政策学习逻辑和非渐进爆发式政策扩散特征，当时浙江省主政者推动的先行先试，探究"特色发展"小城镇政策的形成过程。

第七部分，小城镇发展政策三次变迁的多源流对比分析。本部分从三大政策源流（问题流、政治流、政策流）的"内容""动力机制""成熟标志"，政策企业家的"类型""资源""策略"，政策之窗和耦合逻辑的"类型"共 14 个方面出发，回顾和总结三次政策变迁背后的逻辑或规律。

第八部分，结论与展望。结论部分，归纳基于 MSF 的三次小城镇政策变迁案例分析的结论，回应有关 MSF 的批判和质疑，阐明政策启示。展望部分，沿着 MSF 的基本分析逻辑，展望未来可能的"文明发展"政策图景。

二、研究思路

本书的八部分研究内容，从逻辑上讲大体分为五步。第一步，明确研究问题、阐释选题依据，指出"有序"的政策变迁与"无序"的小城镇认知之间的矛盾呼唤"更好的分析框架"。第二步，廓清小城镇的内涵与外延，在文献梳理基础上建构"新多源流"分析框架。第三步，改革开放 40 年，小城镇的发展轨迹与政策变迁阶段分析。第四步，运用"新多源流"分析框架分别剖析三次政策变迁过程，并揭示三次政策变迁背后的逻辑或规律。第五步，结论与展望。具体如图 1-4 所示。

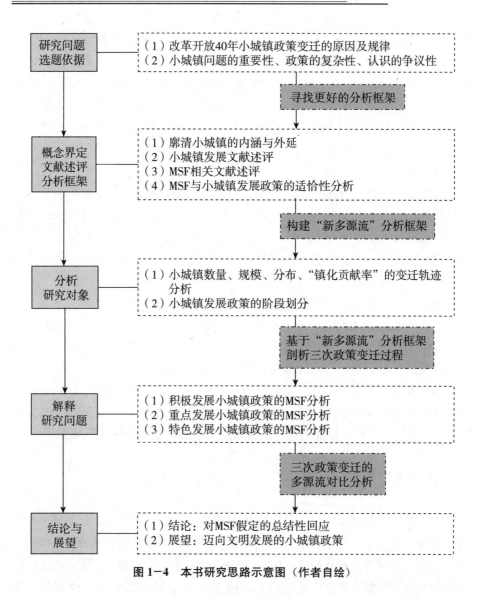

图1-4　本书研究思路示意图（作者自绘）

第三节 研究方法和创新

一、研究方法

"工欲善其事，必先利其器"，一项科学、规范的研究工作必须根据所研究问题的性质和类型选择适恰的研究方法。美国公共行政学家杰伊·D. 怀特（Jay D. White）将社会科学研究划分为实证研究（Positive）、诠释研究（Interpretive）和批判研究（Critical）。实证研究立足于实证主义哲学传统，致力于在相关变量之间建立可检验的因果关系法则或假设，以达到解释、预测和控制的目的。实证研究遵循演绎法则和概率归纳的逻辑。诠释研究立足于现象学、诠释学、语言分析哲学传统，致力于提升我们对处在一定社会情景中的个人言行的理解，致力于理解行动者赋予社会情景、自身及他人行为的意义，以达到完整理解社会关系和发现人的可能性（还原人的主体性）的目的。诠释学遵循部分和整体相互定义与塑造的解释循环逻辑。批判研究立足于现象学和社会批判哲学传统，致力于唤醒人们对决定自己行动和信仰的未察觉（无意识或潜在）的决定因素（社会制约因素）的意识，促使人们追求真正的自由意志，以达到改变原有行动和信仰的目的。批判研究遵循自我反省的逻辑，即有能力反省自身处理与物体、个人、社会情景有关的思想和行为。按照怀特的分类标准，本研究属于实证研究范畴；按照规范/经验的二元划分，本研究属于经验研究；从定性（质的研究）和定量（量的研究）的分野来看，本研究属于定性研究。正如在研究的意义部分指出的，本书所使用的分析框架是中观的，探究的变迁机制也是中观的，介于宏观结构与微观行动之间。① 具体而言，本书主要采用如下研究方法。

---

① 何艳玲：《"我们在做什么样的研究"：中国行政学研究评述（1995—2005）》//马骏、张成福、何艳玲：《反思中国公共行政学：危机与重建》，中央编译出版社，2009 年，第 35～36 页。

（一）文本分析法

政策文本一方面代表了政府对经济社会发展实践的认可或者对某种价值的倡导，另一方面反映了理论界对相关问题思考、探索和理论建构基础上的思想结晶。文本分析的对象包括改革开放 40 年来，与小城镇发展有关的历次党代会、全会的决议、决定、公报、报告（20 件），中央城市（城镇化）工作会议决议、公报（3 件），中央经济工作会议公报（26 件），中央农村工作会议公报（27 件），聚焦"三农"的中央一号文件（22 件），中共中央发布的通知、意见、规划等其他规范类文件（11 件）；全国人大通过的宪法（1 件）、法律（3 件）、五年计划/规划（8 件）、国务院政府工作报告（43 件）；国务院发布的行政法规和规范类文件（14 件），国务院各部委发布的规范性文件（17 件）。文字合计 278 万字。

上述 195 份政策文本的内容分析具体分为四个层次：（1）宏观政治、经济、社会层次；（2）城乡关系层次；（3）小城镇发展战略层次；（4）小城镇分项政策层次。每个层次的文本分析都采取作者通读政策文本，抓取关键词句，然后理出逻辑关系的思路进行。

第一层次的文本分析，结合国家统计局《改革开放 40 年经济社会发展成就系列报告》①、《新中国成立 70 周年经济社会发展成就系列报告》②、《辉煌 70 年：新中国经济社会发展成就（1949—2019）》③，以及上述党中央和全国人大的 164 份文件，将改革开放 40 年的宏观政治历程划分为中国特色社会主义制度建立、完善、发展三个阶段，将宏观经济历程划分为社会主义市场经济体制建立、完善、改革三个阶段，将宏观社会历程划分为乡土中国、城市中国、城市群中国三个阶段。

第二层次的文本分析，依据第一层次的核心文献，将改革开放 40 年的城乡关系划分为城乡二元时期（1978—2002）、城乡统筹时期（2003—2017）、城乡融合时期（2018—）。城乡关系的嬗变具体表现为城镇化和农业现代化的双轮驱动，改革开放 40 年的城镇化历程划分为二元城镇化阶段（1978—1999）、

---

① 国家统计局：《改革开放 40 年经济社会发展成就》，http://www.stats.gov.cn/ztjc/ztfx/ggkf40n/index.html。

② 国家统计局：《新中国成立 70 周年经济社会发展成就系列报告》，http://www.stats.gov.cn/tjsj/zxfb/201907/t20190701_1673407.html。

③ 《辉煌 70 年》编写组：《辉煌 70 年：新中国经济社会发展成就（1949—2019）》，中国统计出版社，2019 年。

主动城镇化阶段（2000—2012）、新型城镇化阶段（2013—）三个时期；农业现代化的历程划分为农村改革时期（1978—2005）、新农村建设时期（2006—2017）、乡村振兴时期（2018—）三个阶段。

第三层次的文本分析，依据党中央、全国人大、国务院的178份文件，将改革开放40年的小城镇发展历程划分为"积极发展"（1978—1999）、"重点发展"（2000—2015）、"特色发展"（2016—）三个时期。

第四层次的文本分析，依据国务院和国务院各部委发布的31份规范性文件，关注住建（建设）部、民政部、发改（体改）委、财政部、中央编办等主管部门有关小城镇行政区划、建镇标准、体制改革、财税制度、户籍制度、土地制度、社会保障、机构改革等分项政策。

第一层次和第二层次的文本分析结果构成三次小城镇政策变迁"政治流"的核心内容。第三层次的文本分析结果是小城镇政策"积极发展"—"重点发展"—"特色发展"的阶段划分依据。第四层次的分析结果是"问题流"的重要内容。

（二）案例分析法

案例研究无论是用于理论的构建还是理论检验，都是一种非常有效的研究设计。[1] 案例研究的一项长处是过程和机制分析，一项非常经典和著名的解释性案例研究是格雷厄姆·艾莉森（Graham Allison）和菲利普·泽利科（Philip Zelikow）运用理性行为体模式（Rational Actor Model）、组织行为模式（Organizational Behavior Model）、政府政治模式（Governmental Politics Model）分别解释古巴导弹危机中的美国政府决策过程。按照罗伯特·K. 殷（Robert K. Yin）的观点，案例研究适合于以下三种情况：（1）探究"是什么""为什么"的时候；（2）没办法对研究对象实施控制的时候；（3）考察当下正在发生的现实问题的时候。[2] 这三种情形与本书的研究对象和特质相符，其中，单案例研究可以用来对广为接受的理论进行验证、批判或者扩展[3]，这又与本书使用和修正MSF的理念一致。在殷所列举的案例研究六种证据来

---

① 张建民：《公共管理研究方法》，中国人民大学出版社，2012年，第19页。
② ［美］罗伯特·K. 殷：《案例研究：设计与方法（中文第2版）》，周海涛、李永贤、李虔译，重庆大学出版社，2010年，第2页。
③ ［美］罗伯特·K. 殷：《案例研究：设计与方法（中文第2版）》，周海涛、李永贤、李虔译，重庆大学出版社，2010年，第52~53页。

源①中，本书主要采用的是"参与式观察"法。1982 年，我出生在山东省泰安市一个普通农村家庭，我在这个村里读书一直读到 1994 年小学毕业，这 12 年的时间里我有大把的时间来体验中国北方农民的生活——粮食生产、水果种植是村里农民的主要收入来源，还有一家砖窑厂勉强算是"队办企业"，植桑养蚕是费孝通笔下"男耕女织"的鲜明写照。1994—1998 年的 4 年间，我到镇上（普通建制镇，非城关镇、非中心镇）读初中，学习间隙经常去集市（定期集市）上逛逛，购买少部分日用品，顺带体验了 4 年的农村商品流通场景。镇上的一家酱菜厂产品少量出口日本和韩国，算是效益比较好的乡镇企业，吸纳了附近村庄的上百个剩余劳动力。1998—2001 年，我又到另外一个镇上（中心镇，非城关镇）读高中，这个镇上除了定期集市之外还有沿街的 10～20 家商铺。这个镇就类似于费孝通笔下的震泽镇，有自己的"乡脚"。2001—2008 年，我到山东省济南市读本科和硕士（市中心二环以内），才开始真正体验城市文明，周围人们的生产生活方式都与乡村差距甚大，对城乡差距有了切身体会。2008 年至今，我在成都市新都区就业工作。因为"5·12"汶川大地震，2008 年下半年我参与四川省委组织部的灾后基层干部心理援助工作，走访了 16 个乡镇，当时直觉成都周边的农村发展要比山东省济南、泰安要好，后来才了解到是 2007 年 6 月成都获批"全国统筹城乡综合配套改革试验区"，还有成都"农家乐"文化、古镇文化较浓厚等诸多原因。2013 年我到中国人民大学攻读博士学位，逐渐领略到首都（直辖市）—成都（副省级城市）—新都区（市辖区）的中国城市行政等级所带来的资源配置、产业发展、基础设施、公共服务等方面的梯次化差异。2015 年，工作单位成立"基层治理与公共服务研究中心"。2017 年，我牵头成立"西柚公益服务中心"（民办非企业单位），因为业务开展和本专著写作等需要而走访过四川、江苏、浙江、甘肃、新疆等地的小城镇，留意观察其产业发展、人口流动、生态环保、文化传承等方面的现状，加深了对不同城市群内部小城镇的发展状况差异的认识，对"胡焕庸线"也有了更深的感触。我出生至今的近 40 年，与改革开放 40 年的时间跨度大致吻合，乡城转换使我更能体会城乡变迁图景下的小城镇发展，结合相关文献，对于变迁逻辑的体悟也更加深刻与真实，从而有利于开展本项政策变迁研究。"纸上得来终觉浅，绝知此事要躬行"，理论与实践的相互激荡方能揭开小城镇发展政策变迁逻辑的"黑箱"，也是本书选用案例研究的个中缘由之一。

---

① 六种证据来源分别是文件、档案记录、访谈、直接观察、参与式观察和实物证据。

二、本研究可能的创新点

学术研究是一项站在巨人肩膀上前行的工作，概括来说，学术研究的创新体现在三个方面：一是理论的创新，包括对理论的批判、修正、拓展以至创设全新的理论体系；二是方法的创新，即在具体问题的分析过程中借用其他学科的科学方法，更加深入、准确、合理地剖析问题；三是应用的创新，也就是在一个全新的领域应用一个相对成熟的理论、模型或分析框架，拓展原有理论的应用空间。具体到本书来看，创新点主要体现在如下三个方面。

（一）理论的创新

本书在金登经典多源流分析框架的基础上前行，做出适合中国情景和小城镇发展研究的修正。第一，吸纳金登、赫韦格、杨志军的观点，将"动力机制"和"成熟标志"嵌入三大源流，分别考察问题流的"利益调试"过程、政治流的"寻求共识"过程、政策流的"自然选择"过程，以及三大源流的主客观成熟标志。第二，吸纳扎哈里亚迪斯的观点，将"耦合逻辑"分问题寻找答案的"随之而来"模式与方案寻找问题的"教条"模式两种类型单独进行考察。第三，吸纳豪利特的观点，将政策之窗类型由"可预测""不可预测"两种细化为"常规型""溢出型""自由裁量型""随机型"四种。第四，吸纳扎哈里亚迪斯、赫韦格、杨志军的观点，在政治流中增加"中国共产党的执政理念"元素。第五，吸纳扎哈里亚迪斯和豪利特的观点，考察制度对耦合逻辑与政策之窗类型的影响。

（二）应用的创新

纵观应用 MSF 开展政策研究的文献，尚未发现其在小城镇发展政策领域的应用。小城镇发展政策这个全新的领域有其自身的特点：小城镇发展政策的综合性，非一般专项政策可比；政策变迁的长周期性，时间跨越 40 年，非一般单项具体决策可比；小城镇发展的枢纽性，很难做到就事论事；正是小城镇作为研究对象，小城镇发展政策变迁作为解释对象的这些全新特质，使得 MSF 在中国小城镇发展政策变迁场景下的应用有利于提升分析框架的解释力，拓展其应用空间，从而也能丰富小城镇发展政策变迁的理论视角。

（三）结论的创新

在本书第四～六章，运用"新多源流分析框架"对三次政策变迁进行细致分析的基础上，本书第七章分别从问题源流的"内容"（主导性问题）、"动力机制"（利益调试过程）、"成熟标志"（主/客观），政治源流的"内容"（中国共产党的执政理念）、"动力机制"（寻求共识过程）、"成熟标志"（主/客观），政策源流的"内容"（主导性理论）、"动力机制"（自然选择过程）、"成熟标志"（主/客观），政策企业家的"类型""资源""策略"，政策之窗的类型，耦合逻辑的模式等14个方面详细勾勒出改革开放40年小城镇政策变迁的"逻辑"或规律，揭示了隐藏在三次政策变迁背后的"隐秩序"。

第二章　概念界定、文献述评与分析框架

廓清小城镇概念的内涵和外延，有利于准确、明晰地界定研究对象的范畴，是后续政策变迁研究的基石。系统梳理小城镇发展的理论、文献有助于理清小城镇产生、发展、变迁的机理与逻辑脉络。全面审视 MSF 理论渊源、批判、修正、拓展与本土化有关的文献，有助于构建适恰的逻辑分析框架，也为后续案例分析提供了"思维导图"与方向指引。

第一节　小城镇的内涵和外延

一、小城镇的内涵

理论、政策和实践中的小城镇概念是有些含混、模糊和交叉的习惯用语。造成此类模糊的原因有三：一是基于行政管理的需要，民政部、住建部、发改委等主管部门对小城镇的区划、规划、土地、人口、经济做出不同口径的管理规定；二是基于不同的学术旨趣和学科背景会对小城镇的概念作出"裁剪"，以提高适用性；三是小城镇概念有一个伴随经济社会发展不断流变的过程，古代早期是军政单位，宋以后是商品流通和收取赋税的基层单位，伴随市场经济的发展又跃出农村地域的范畴与城市化相连接。

（一）历史变迁中的小城镇内涵

回顾历史，小城镇的发展与上下五千年中华文明史同寿，考古学上可以追溯到公元前 2800—2500 年的"龙山文化"时期。在中国古代，"大曰都，小曰邑"，"邑"字上部表示城，下部表示人，是指人聚落在周围有墙的地方，也就

是今天的小城镇。《荀子·富国》有言："入其境，甚田畴秽，都邑露，是贪主已。"① 这里的"邑"就是指分布在田间的小城镇。② 作为国家行政建制单位名称的"镇"（建制镇）始于北魏孝文帝（471—499 年）③，所谓"设官将禁防者谓之镇"④，这种镇是出于军事和行政管理需要的"军政合一"的镇。当时的镇有两类：一类设于长城沿线、边塞要地，镇将兼理军民政务。《魏书·官氏志》记载："旧制，缘边皆置镇都大将，统兵备御，与刺史同。"⑤ 另一类设于州、郡治所，镇将治军，刺史、太守管理民政，但多与镇将兼刺史、太守之任。《魏书·乐陵王思誉传》有言："高祖初，出为使持节镇东大将军和龙镇都大将营州刺史。""有商贾贸易者谓之市，设官防者谓之镇。"⑥ 伴随着人类社会由"渔猎社会"向"农业社会"过渡和定居农业的发展，畜牧业从农业中分离出来，农业和畜牧业的第一次社会大分工产生了少量的剩余产品，交换的需求随之产生，"庖牺氏设，神农氏作，列廛于国，日中为市，致天下之民，聚天下之货，交易而退，各得其所"⑦ 就是《易经·系辞下》中记载的原始社会"日中为市，日暮而散"于"市井"中"以物易物"的原始市集。⑧ 生产力进一步向前发展，手工业从农业中分离出来，商品交换的种类、数量、频次、距离都有所发展，到南北朝时期，开始出现农副产品和手工业产品的定期交换场所——草市。⑨ 隋唐时期，受制于坊市管理制度，对于市场交易的时间和空间都有严格规定，城郭内的正规市场（坊市）和城外的非正规市场（草市）相隔离。至唐末，"市"和"镇"的功能基本还是分离的，大多数镇仍是军事驻防要地，只有少部分镇有工商业功能。及至宋朝，农业、手工业的继续发展，货币"交子"出现，促进商品流通进一步繁荣，加上坊市制度的改革⑩，繁荣了

---

① 李波：《荀子注评》，上海古籍出版社，2016 年，第 147 页。

② 傅崇兰、黄育华、陈光庭等：《小城镇论》，山西经济出版社，2003 年，导论第 10 页。

③ 一说中国最早的建制镇始于北魏太武帝时期，沿长城要害处设镇，置镇将镇守，辖一定地域，史称北魏"六镇"。见 傅崇兰、黄育华、陈光庭等：《小城镇论》，山西经济出版社，2003 年，导论第 11 页。

④ 魏收：《魏书》，吉林人民出版社，1995 年，第 688 页。

⑤ 魏收：《魏书》，吉林人民出版社，1995 年，第 1732 页。

⑥ 魏收：《魏书》，吉林人民出版社，1995 年，第 320 页。

⑦ 顾朝林、柴彦威、蔡建明等：《中国城市地理》，商务印书馆，1999 年，第 13 页。

⑧ 冯国超：《周易》，华夏人民出版社，2017 年，第 390 页。

⑨ 因最早是在城门外供农民出售草料（饲料、燃料）等农产品的场所而得名。也可以理解为一种粗俗的市，不同于城内正规的市。

⑩ 宋太祖下诏改革坊市制度，延长商品交易时间，商业活动由过去的定时限地转变为全天候、不限地，甚至出现了夜市。

市场交易，冲破了城郭的限制和坊、市的界限，坊市和草市连为一体，定期集改为终日集，商业贸易的发展聚集了大批商业和手工业者常住定居，从而在县治和草市之间就有了"镇"的建制。《事务纪原》有言："民聚不成县而有税课者，则为镇，或以官监之。"① 这表明在商业流通基础上建立起来的"镇"成为县下的一级行政单位，实现了"市""镇"合一，这样宋朝的"镇"就具有城市性质，成为城市聚落。此时的镇就不再是一个"朝满夕虚"的交易场所，而是一个地理实体、经济实体。镇和市的区别在于"以商况较盛者为镇，次者为市"，镇是比集市更高一级的经济中心和经济区划，宋朝的镇开始摆脱军事色彩，而立足于工商业发展之上。明清时期，伴随着手工业、商业、银行业等产业专业化和民族资本主义萌芽，在商品经济繁荣的地区，形成了江西景德镇、广东佛山镇、湖北汉口镇、河南朱仙镇四大名噪一时的小城镇。②

　　除却以上梳理的，还有"草市→集市→小城镇""内生式"的发展路径，即：先有生产力发展，社会分工产生工农业剩余，产品互市，"日中而市，日暮而散"，形成农村区域的草市；然后工商业进一步发展，"终日而市，定点而市"，形成集市，伴随"坊市"制度的改革，坊市、草市连为一体，吸纳工农商贸服常住人口；最后政府修筑城池、派驻官吏、收取赋税，形成立足于经济繁荣之上的小城镇。在 5000 年中华文明长河中还存在其他形式的小城镇发展路径。如：发轫于政治军事中心、宗教寺庙、行政建制等的"外生型"小城镇，起源于现代工业、交通枢纽、文化旅游、厂矿学校等的其他"内生式"小城镇也是小城镇生发逻辑的注脚。

（二）多学科视域下的小城镇内涵

　　视野转回当下，从历史转入现实来看，小城镇是一个多学科相互激荡的文献荟萃之地，社会学、经济学、政治学、城市地理学、城市规划学、公共管理学等学科并驾齐驱，以贡献自己学科的智慧为己任，"盲人摸象"，砥砺前行，力图使我们获得一幅小城镇发展的"全息图"。

　　社会学将小城镇看作一个富有文化底蕴的社会有机体。它强调小城镇是在农村社区基础上，在礼俗社会的伦理规约下，"老树新芽"，伴随经济、技术、社会发展，发挥满足农民生产生活，辐射带动一定农村地域的功能，本质上又与农村和城市相异的，具有特定地域空间、社会空间、经济空间、文化空间的

---

① 高永：《事务纪原》，中华书局，1989 年，第 358 页。

② 傅崇兰、黄育华、陈光庭等：《小城镇论》，山西经济出版社，2003 年，导论第 11 页。

社会实体。中国小城镇发展理论首倡者，社会学和人类学家费孝通的界定颇具代表性。1983 年 9 月 21 日，费孝通在南京"江苏省小城镇研究讨论会"上指出："之前我在农村搞调查研究时就意识到了存在一个比农村社区高一层次的社会实体，它由一批从事非农业劳动生产的人口为主体组成。从人口、地域、环境、经济等因素看，它们都既有不同于农村社区的特点，又都与周围农村保持着不可或缺的联系。我把这种社会实体称作'小城镇'。"① 1995 年 10 月，费孝通在"中国小城镇发展高级国际研讨会"上又提出：小城镇是一种新型的正在从乡村性社区转变为多种产业并存的朝着现代化城市蜕变的过渡性社区。它大体上已经脱离了乡村社区的性质，但尚未完成城市化的过程。② 从费孝通前后两次界定中可以清晰地看出，在社会学视域下，小城镇是一个集产业、空间、社会、文化、生态于一体的综合实体，与广大农村有不可割舍的血肉联系，同时又要接受城市文明的辐射，与城市的工业、商业、服务业、信息、技术、生活方式相连通，是一个城乡枢纽型的流变的社会有机体。

经济学并未对小城镇的内涵做出明确界定，更多地将其作为经济研究的一个载体。经济学强调小城镇在劳动力、资本、技术、产业、公共服务等要素总量和密度方面与城乡相异的特质，并从供求关系的角度解释这种差别。茅于轼认为城镇规模是由规模效应、拥挤成本和交易费用三大因素决定的，人们对商品需求的多样化导致城市取代集市，需求的多样化和增长刺激了供应和生产的发展，在市场机制作用下城市拥有了自我扩张的动力并产生了集聚和规模效应，这种规模效应又受到城市住房、交通拥挤、环境恶化和供水紧张等拥挤效应的限制，同时分工的细化又受制于交易费用的增加，由此形成了规模不等的城镇。③ 唐耀华指出，基于劳动力一定规模数量而产生的消费需求具有突变性，存在一个临界点阈值，只有突破这个阈值，人们的潜在需求才会变成现实需求，小城镇才会向城市演变，形成自我扩张机制。这就从人口和消费需求增长关系的角度指出了小城镇和城市经济学意义上的本质区别。④

城市地理学和城市规划学将小城镇界定为具有一定人口密度、地理界限、

---

① 费孝通：《小城镇　大问题（之一）——各具特色的吴江小城镇》，《瞭望周刊》，1984 年第 2 期，第 18～20 页。

② 费孝通：《论中国小城镇的发展》，《中国农村经济》，1996 年第 3 期，第 3～5 页。

③ 茅于轼：《城市规模的经济学》，《中国投资》，2001 年第 2 期，第 30～33 页。

④ 唐耀华：《论城镇向城市演进时的拐点——城镇与城市经济学意义上的本质区别》，《广西民族学院学报（哲学社会科学版）》，2006 年第 2 期，第 137～141 页。

建筑景观特征的居民点或人口聚落①，更多的是从物理实体（空间）形态上区分小城镇与城市和乡村。晏群指出，小城镇系指介于设市建制的城市与农村居民点之间的、兼有城与乡特点的一种过渡型居民点。② 他还认为从城市规划角度看，小城镇是指行政建制"镇"或"乡"的"镇区"部分，是"点"状的地理概念意义上的居民点，有别于"面"状的行政区划意义上的"镇域"。城市地理学倾向于将小城镇作为城镇体系的基础层次和农村聚落的最高级别，认为我国大量的建制镇是从农村自然集镇演化而来。③

政治学和公共管理学主要是从政权建设和一级行政建制和行政区划的角度定义小城镇，强调其拥有相应管辖权限、一定数量的公务人员、公共财政支撑、相应事权分配的政治法律管理特质。浦善新指出，建制镇即镇，是指国家根据一定的标准，经有关地方国家行政机关批准设置的一种基层行政区域单位。④

我国《宪法》规定："县、自治县下设乡、民族乡、镇。省级人民政府有权决定乡、民族乡、镇的建置和区域划分。"这明确表明，镇是县辖的一级行政机关。

跨学科整合视域下的小城镇内涵界定可以从工具书和历史类书籍的表述中窥其一斑。2009 年版《辞海（第六版　彩图本）》将"小城镇"定义如下："介于乡城之间，于农村中建立和发展起来的、具有城市的某些基本社会功能，以非农业生产人口为主的小型社区。涵盖县城及以下经济较发达的集镇或乡级行政机关、文化中心所在地，和位于大城市郊县的卫星城。小城镇是一定区域范围内经济政治文化与科技中心，是连接城乡的桥梁与纽带。"⑤ 2009 版《中国大百科全书（第二版）·24 卷》给"小城镇"的定义是："以非农业聚居人口为主体组成的社会经济有机体。小城镇属于城市范畴，但人口数量和经济规模比城市小。中国的小城镇是指县城和建制镇。"⑥ 《国史通鉴》的定义是："小城镇是指县城及以下比较发达的乡或集镇所在地和位于大城市周围农村的卫星城。它涵盖两个层次：一种是属于城市型的，即县城和县属镇；另一种是

---

① 何兴华：《小城镇发展争议之我见》，《小城镇建设》，2018 年第 9 期，第 10~11 页。
② 晏群：《对若干城镇概念的质疑》，《规划师》，2002 年第 3 期，第 79~81 页。
③ 袁中金：《中国小城镇发展战略》，东南大学出版社，2007 年，第 18 页。
④ 浦善新：《中国建制镇的形成发展与展望（一）》，《小城镇建设》，1997 年第 3 期，第 42~45 页。
⑤ 夏征农、陈至立：《辞海（第六版　彩图本）》，上海辞书出版社，2009 年，第 216 页。
⑥ 《中国大百科全书》总编委会：《中国大百科全书（第二版）·24 卷》，中国大百科全书出版社，2009 年，第 509 页。

村镇和乡镇，统称农村集镇。"① 这些界定凸显了小城镇介于城乡之间，作为城镇体系的基本单元和农村经济、社会、文化中心的基本属性。

也有学者从小城镇与城市和乡村的区别出发，分人口（非农人口规模）、经济（产业结构、经济总量、消费市场、收入水平）、空间（占地面积、建筑和人口密度、建筑形式）、社会（人际关系、生活方式、公共产品供给、公共治理）、文化（现代性、文化环境、人文精神）、生态（生态植被、污染物排放、生态观念）五个方面，从三者的共性和差异出发综合考量，以期更加立体、整合、系统地看待小城镇非城非乡、亦城亦乡的特质。

（三）小城镇相关概念辨析

建制镇和集镇。国务院 1993 年颁布的《村庄和集镇规划建设管理条例》指出："集镇，是指乡、民族乡人民政府驻地以及经县级政府确认由集市发展而来的作为农村特定区域文化、经济和生活服务中心的非建制镇。"② 集镇是与建制镇相对的概念，是历史上自然演化形成的农村商业中心，既无行政含义又无人口标准。集镇和建制镇的区别在于：集镇是经济社会发展的产物，建制镇是人为区划设置；集镇古已有之，建制镇是 20 世纪的产物；集镇边界模糊，建制镇有明确的地理界限；集镇呈"点"状分布，建制镇既可以是"切块设镇"的"点"也可以是"整乡改镇"的"面"。

中心镇和重点镇。中心镇是一个地理概念，是县域内若干乡镇的地理中心，历史上往往因为军队驻扎、交通便利、产业发达、商业繁荣等，拥有一定建设、发展基础，具有区域均衡性、经济中心性、历史积淀性和相对稳定性的特点。重点镇是一个政策概念，是特定时期、特定部门，基于特定事由和意图重点扶持和打造的一种"样板"小城镇，具有选择性、动态性和示范性的特点。③ 两者既相区别又相互补，发展中心镇可以带动区域均衡发展，发展重点镇可以突出某一时期的重点工作，两者协同发展可以实现效率性和均衡性的双重目标。

城市化（城镇化）是小城镇研究绕不开的一个名词。小城镇作为一种中间文明形态兼具城乡二元属性，考察乡城转换过程有利于探究其成长逻辑。经济学强调产业转换、劳动力在三次产业间的梯次转移，以及消费方式的改变。如西蒙·库兹涅茨（Simon Kuznets）指出："过去一个半世纪内的城市化，主要

---

① 郑新立：《中华人民共和国国史通鉴：第 4 卷（1979—1992）》，红旗出版社，1993 年，第 113 页。
② 住房和城乡建设部：《村庄和集镇规划建设管理条例》，http://www.mohurd.gov.cn/fgjs/xzfg/200611/t20061101_158933.Html。
③ 晏群：《关于"中心镇"的认识》，《小城镇建设》，2008 年第 1 期，第 33~34 页。

是经济增长的产物，是技术变革的产物，这些技术变革使大规模生产和经济变为可能。一个大规模的工厂含有一个稠密的人口社会的意思，也意味着劳动人口、从而总人口向城市转移，这种转移又转而意味着经济投入的增长。"[①] 社会学强调行为方式和生活方式的乡城转换及其社会后果。路易斯·沃斯（Louis Wirth）指出："城市化的本质是乡城生活方式的嬗变过程。"[②] 城乡差别主要体现为人口的密度、规模与异质性。人口学强调人口的乡城流动。乔·奥·赫茨勒（J. O. Hertzler）认为："城市化，就是乡村人口向大城市的流动和聚集过程。"[③] 地理学强调人口、产业的乡城地域转化与集中。综合以上观点可以看出，城市化（城镇化）是在人口规模密度、产业总量构成、空间建筑形态、生产生活方式、文化价值观念城乡分野前提下，乡村文明向城市文明转化的过程。这个过程如图 2－1 所示。

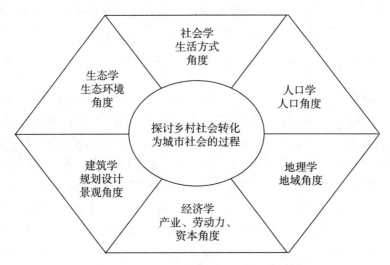

图 2－1 各学科城市（镇）化定义系统图

资料来源：高珮义：《中外城市化比较研究（修订版）》，南开大学出版社，2004 年，第 409 页。

在英文表述中，City（城）和 Town（镇）合称 Urban（城镇），与 Rural

---

① ［美］西蒙·库兹涅茨：《各国的经济增长：总产值和生产结构》，常勋译，商务印书馆，1985年，第 87 页。

② Louis Wirth：Urbanism as a way of life, American Journal of Sociology, 1938, 44（1）：1－24.

③ ［美］乔·奥·赫茨勒：《世界人口的危机：从社会学角度出发并与不发达地区特别有关的考察》，何新译，商务印书馆，1963 年，第 52 页。

（农村）相对，其都是行政建制单元，但无地位等级之分，区别在于人口和地域的规模。在美国一般 200 人的社区就可以申请设镇，城和镇都是城市社区，人口由农村向城和镇的流动都称为"城市化"（Urbanization）。而在中国囿于镇非城非乡、亦城亦乡的特点，"城市化"在实际工作和政府文件中经常被称为"城镇化"。

二、小城镇的外延

小城镇内涵界定上的含混和交叠导致现实载体认识上弹性极高，差异巨大。一是 1984 年的设镇标准与经济社会发展变迁之间存在较大差异；二是建设（住建）部门、民政部门、体改（发改）部门、农业部门等主管部门基于事权和管理重心的差异会做出不同的界定；三是由于镇级区划的设置审批权限在省级政府，各省基于不同的标准①会作出宽严不一的界定。

（一）理论文献中的小城镇外延界定

由于小城镇处于我国"城镇"体系和"镇村"体系的交叉地带，如图 2-2 所示，不同学者对小城镇外延的界定差距很大，弹性极高。纵观国内关于小城镇外延的界定，以县城镇（城关镇）和建制镇为中心，向上可以延伸到 20 万人口以下的小城市，甚至 20 万～50 万人口的中等城市；向下可以延伸到乡政府所在地的集镇，甚至是经济发达的中心村庄。比如，谢扬基于人口密度标准，将建制镇、城关镇（县城）、12 万人口以下的县级市划入小城镇范畴，排除了集镇。② 郑志霄基于不同规模等级城市人口倍距标准，将 10 万人口作为城市和城镇的分界点，10 万人口以下的城镇划分为小城镇（5000～20000）、中型城镇（20000～50000）、大城镇（50000～100000）三个等级；依据湖北省的实际情况，将行政建制镇分为专区城镇、县镇、集镇（县属镇）、社镇或乡镇四级。③ 费孝通依据小城镇在商品流通环节中的地位和作用，将吴江县的小城镇划分为三层五级：第一层县属镇（城镇），具有镇和公社双重商业机构，包括县城镇和非县城的县属镇两级；第二层公社镇（乡镇），具有公社商业机构，也分为两级，其中第三级拥有县属商业机构的派出机构，第四级仅有公社

---

① 省级政府对"非农人口"的统计口径不同，可以基于"从事职业""户籍性质""居住地点"三种标准。

② 谢扬：《中国小城镇辨析》，《新视野》，2003 年第 2 期，第 25～27 页。

③ 郑志霄：《小城镇规模等级与分类》，《城市规划研究》，1983 年第 1 期，第 46～49 页。

商业机构；第三层大队镇（村镇），无商业机构，作为第五级。① 这样费孝通笔下的小城镇就分为"城镇""乡镇""村镇"三个层次。虽然小城镇的外延范畴波动巨大，但有一点是大家公认的，即建制镇（包括县城镇）是小城镇的主体。

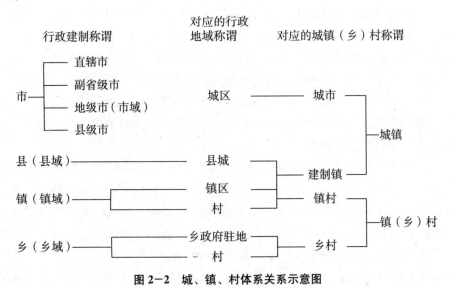

图 2-2　城、镇、村体系关系示意图

资料来源：汤铭潭、宋劲松、刘仁根等：《小城镇发展与规划（第二版）》，中国建筑工业出版社，2012 年，第 7 页。

（二）政策文件中的小城镇外延界定

1994 年，建设部等六部委联合印发的《关于加强小城镇建设的若干意见》（建村〔1994〕564 号）指出建制镇要根据《城市规划法》，集镇要根据《村庄和集镇规划建设管理条例》分别进行规划、建设和管理。② 这就从规划角度明晰了建制镇和集镇的区别。

实际工作中，小城镇的外延受一定时期国家"设镇标准"政策的约束和指导，体现了国家关于小城镇属性、地位、作用的思想认识变迁过程。新中国成立以来，我国分别于 1955 年、1963 年和 1984 年出台过"设镇标准"文件，对于小城镇的城乡属性和设镇口径做出过差异较大、宽严不一的界定。

---

① 费孝通：《小城镇大问题（续完）》，《瞭望周刊》，1984 年第 5 期，第 24～26 页。
② 建设部、国家计委、国家体改委等：《关于加强小城镇建设的若干意见》，《小城镇建设》，1995 年第 1 期，第 4～5 页。

1955年设镇标准以单一人口总量（聚居人口超过2000人）为标准，非农业人口采用定性指标，范围限定在县级及以上政府驻地，行政区划的调整权限在省级地方政府，符合当时的经济社会发展现状，以规范全国行政区划设置为主要目的。[①]

1963年设镇标准是在以农业为基础，工业为主导的国民经济发展方针指引下出台的，在人民公社化运动背景下，中共中央、国务院颁布的《关于调整市镇建制、缩小城市郊区的批示》收紧了设镇标准，突出了镇的城市属性。人口标准由1955年的单一聚居人口指标拓展为"人口总量＋非农人口占比"。人口标准分为两种：一是"总人口3000以上"，"非农人口占比超70％"；二是"总人口2500～3000"，"非农人口占比超85％"。设镇审批权仍归省级人民委员会，但须向国务院报备。[②]

1984年11月22日，国务院批转了《民政部关于调整建制镇标准的报告》（国发〔1984〕165号），适当放宽了设镇标准，实行镇管村体制，确立了撤乡建镇新模式。县级政府驻地均应设置镇的建制。撤乡建镇的人口标准降低到"非农人口占比超10％"[③]，较1963年标准下滑显著。此次设镇标准调整，突出了小城镇的城乡桥梁纽带作用，强调镇村一体。

党的十四大以来，社会主义市场经济体制逐步确立和完善，经济社会领域发生深刻变革，1984年设镇标准指标单一、标准偏低的问题凸显出来。2000年民政部出台了《设镇标准（征求意见稿）》，新标准增加了人口密度、财政收入、产值总量和构成的量化指标，对基础设施和公共服务水平做出了定性要求。具体标准如表2-1所示。

表2-1　民政部2000年设镇标准

人口密度 （人/平方公里）	50以下	50～150	150～350	350以上
总人口	1万人以上	1.5万人以上	2万人以上	3万人以上
财政收入	200万元以上	250万元以上	300万元以上	400万元以上

---

① 中华人民共和国国务院秘书厅：《国务院关于设置市、镇建制的决定》，《中华人民共和国国务院公报》，1995年第17期，第847～848页。

② 高岩、浦善新：《中华人民共和国行政区划手册》，光明日报出版社，1986年，第464～468页。

③ 国务院：《国务院批转民政部关于调整建制镇标准的报告的通知》，http://www.gov.cn/zhengk/content/2016-10/20/Content_5122304.htm。

续表

人口密度 （人/平方公里）	50 以下	50～150	150～350	350 以上
工农业总产值	1 亿元以上	1.2 亿元以上	2 亿元以上	3 亿元以上
驻地常住人口	总人口 30%以上			
二、三产业在 GDP 中的比重	50%以上			
注	特殊地方设镇问题：县级人民政府驻地及产业、地理位置特殊地区的建镇标准可以适当放宽。但政府驻地常住户口人口应在 3000 人以上，财政收入在 200 万元以上，工农业总产值在 1 亿元以上，二、三产业产值在国内生产总值中的比重达到 50%以上。			

资料来源：靳尔刚、陈德彧：《民政部将制定新的设镇标准》，《小城镇建设》，2000 年第 1 期，第 16～17 页。

2002 年 8 月 11 日，《国务院办公厅关于暂停撤乡设镇工作的通知》（国办发〔2002〕40 号）指出：伴随农村经济社会发展水平的持续提高和城镇化水平的稳步提升，建制镇人口规模不断增大。1984 年建镇标准门槛偏低，不利于提升小城镇发展质量和凸显规模效应。为引导小城镇健康发展，在新的设镇标准公布前，暂停撤乡设镇工作。[①]

在全面深化改革，推动简政放权、行政审批和放管服改革，实行新型城镇化战略背景下，国务院自 2015 年起用 3 年时间对不符合现行法律法规、不适应经济社会发展的国务院文件进行清理。《国务院关于宣布失效一批国务院文件的决定》（国发〔2015〕68 号）明确指出：2002 年《国务院办公厅关于暂停撤乡设镇工作的通知》（国办发〔2002〕40 号）失效。《国务院关于宣布失效一批国务院文件的决定》（国发〔2016〕38 号）明确规定 1984 年建镇标准已经失效。2019 年 1 月 1 日起施行的《行政区划管理条例》规定设镇标准由省级政府审批。此后，各省级单位纷纷出台设镇标准，全国各地的"撤乡设镇"工作重新启动。[②]

综合上文对小城镇内涵和外延的跨学科、多视角、兼顾理论和实践的审视与考量，本书对小城镇概念界定如下：小城镇是指国家依据一定的标准，经有

---

① 国务院办公厅：《关于暂停撤乡设镇工作的通知》，http://www.gov.cn/zhence/Content/2016-10/12/Content_5117943.htm.

② 与"撤乡设镇"工作相呼应的是尘封 20 年的"撤县设市"政策于 2017 年"解冻"，2017 年和 2018 年分别有 6 个和 12 个县获批设市。

关地方国家行政机关批准设置的一级行政区划，是介于城乡之间，以非农人口集聚和非农产业发展为主，在人口规模密度、产业总量构成、空间建筑形态、生产生活方式、文化价值观念等方面有别于城乡的一种文明形态。外延上包括县城镇和建制镇两种类型。本定义着重以下几点：（1）小城镇是一级行政单位；（2）小城镇具有城乡双重属性；（3）小城镇属于城镇体系而不属于乡村体系；（4）小城镇是一种"永恒"的文明形态，并非"过渡"形态；（5）小城镇包括县城镇和建制镇，不包括中小城市，不包括集镇和村庄。

第二节　小城镇发展的理论和文献述评

本部分主要回顾和评述小城镇相关的中外基础理论和文献。国外理论部分主要包括区位理论、非均衡发展理论、结构理论、人口迁移理论和城乡一体化理论。国内理论部分主要梳理费孝通的经典内生型小城镇发展理论。相关文献主要从小城镇的职能与城乡一体化、小城镇政策的阶段划分和动力机制两部分展开。文献回顾和评述的目的主要有两个：一是理清小城镇发生、发展、布局、兴衰的基本逻辑，二是为后续的 MSF 分析提供问题流、政策流和政治流的理论基础。

一、国外小城镇发展理论

本部分主要梳理和评析西方有关小城镇发展的基础性理论，包括素有"德国几何学"之称的"区位理论"，推崇规模效应和极化效应的"非均衡发展理论"，着眼于发展中国家经济结构特征及其转换规律的"结构理论"，探究乡城、产业间人口流动规律的"人口迁移理论"，追求乡城谐和的"城乡一体化理论"。

（一）区位理论

区位理论是由约翰·冯·杜能（Johann von Thünen）、阿尔弗雷德·韦伯（Alfred Weber）、沃尔特·克里斯塔勒（Walter Christaller）、奥古斯特·勒施（August Lösch）四位德国经济学家奠定和逐步发展起来的，保罗·R. 克鲁格曼（Paul R. Krugman）称之为"德国几何学"。区位理论旨在探讨经济活动在地理空间中的分布形态以及促使这种分布形态产生、发展的经济规律。

约翰·冯·杜能是现代区位理论的鼻祖，1826 年首次提出农业区位理论。

关于农业区位，杜能假定有一个与世隔绝的"孤立国"，全境都是土壤肥力相同的沃野平原，平原中央矗立着唯一一座城市，无河道通航，盐场和矿山皆处于城市附近，城市外围是农村和荒野。在生产、运输和地租成本低于或等于销售价格原则的约束下，农业的生产布局形成以城市为中心的同心圆形态，即"杜能环"。"杜能环"分为六个圈层：第一圈层主要生产蔬菜、水果、牛奶等鲜货，实行自由农作制；第二圈层主要发展林业生产，向城市出售燃料和木材；第三圈层为谷物与饲料的六区轮栽区；第四圈层为谷草休耕七区轮作区；第五圈层为谷牧三圃式三年轮作区；第六圈层主要经营畜牧业。杜能区位理论带给小城镇发展的启示是：（1）小城镇与周围农村腹地存在有机联系，城乡之间不断进行着工农业产品和服务的交换，生产和消费相互依赖。这与我国"农村包围城市"、城市市场"点"状分布、农村农产品和城市工业制成品的流通现状相契合。（2）"杜能环"50英里（1公里＝0.621英里）半径的理想范围启示我们注意小城镇的辐射范围和小城镇的合理布局。（3）级差地租、生产成本、运输费用和销售价格共同决定着农作物种类选择、农村产业规划和农业经营集约化水平。（4）遵循生产运输费用最小化和销售价格最低化的生产力布局原则，最有利于整体国民福祉的提升。（5）区位级差地租理论有利于市场经济条件下引导三次产业的合理配置，有利于指导我国进一步改革释放土地权能，增加农民财产权收益。

阿尔弗雷德·韦伯是现代工业区位理论的奠基人，于1909年出版的《工业区位论》一书中建立了一般区位理论，旨在寻找工业区位移动规律的"纯理论"。韦伯将决定工业区位的因素界定为两类：一类是决定工业分布的"区域性因素"，另一类是决定工业集中于某地的"集聚因素"。区域性因素和集聚因素又可以划分为一般因素和特殊因素。韦伯的工业区位"纯理论"只关注一般因素。韦伯将构成区域要素的七类成本要素抽象归结为"运输成本"和"劳动力成本"两大类，在此基础上将其工业区位理论归结为：区位单元首先在运输成本最低化的地区产生，而后，区位单元的变动又取决于集聚因素与劳动力成本的"竞争力"。（1）运输成本指向的工业区位分布。关于"运输成本"，韦伯将其决定因素抽象归结为"运距"和"运量"两种因素，可以用"吨公里"来表达。关于"运量"，韦伯强调原料重量和成品重量之间的比例关系，为此建立了"原料指数"（MI）和"区位重"（LW）的概念。工业原料分为产于特定地点的"地方原料"和随处可得的"广布原料"，地方原料和广布原料又分为"纯原料"（重量全部转入产品的原料）和"失重原料"（重量部分转入产品的原料）。"原料指数"（MI）＝地方原料重量/产品重量，"区位重"（LW）＝

（地方原料重量＋广布原料重量）/产品重量＝1＋MI。MI＞1，表示产品使用了地方失重原料，区位倾向于原料地；MI＜1，表示产品使用了地方纯原料和广布原料，区位倾向于消费地。（2）劳动力指向对运输成本指向的"调整"。劳动力成本的地区差异是影响工业分布的"区域性因素"，假如劳动力成本的节约超过运输成本的增加，则工业区位分布倾向于劳动力指向。（3）集聚因素对运输成本指向的"调整"。集聚要素是指由于集中于一地生产所带来的成本节约优势。集聚分为企业扩大自身再生产的"初级集聚"和众多企业形成组织化网络的"高级集聚"。高级集聚的成本节约表现在四个方面：第一，技术设备的发展促使生产过程专业化；第二，劳动分工要求完善灵活的劳动力组织；第三，集聚产生广泛的市场化，批量购买和销售降低生产成本；第四，集中化促进基础设施建设，降低"一般性开支"。集聚会引起地租的上涨，达到一定程度会产生反向的分散倾向。如果集聚指向节约的成本大于运输成本的增加，则工业区位分布倾向于集聚指向。

韦伯的工业区位论是运输成本指向、劳动力成本指向和集聚指向联合作用的结果。韦伯的工业区位论为单个经济客体最优区位决策提供依据，是一种静态的局部均衡区位理论。李纯英利用韦伯的工业区位论分析了我国乡镇企业分散布局的问题：首先运输成本指向原则导致原料指向的乡镇企业布局分散[1]，其次劳动力成本指向原则导致劳动密集型的乡镇企业布局分散，最后集聚指向原则导致分散布局的乡镇企业不利于技术发展、不利于产生规模效应、不利于降低交易成本、不利于治理污染、不利于小城镇的发展。[2] 这也启示我们，乡镇企业集聚深受原料运费、劳动力成本和集聚效应的影响，运费和劳动力成本占比较大的乡镇企业并不适宜集中，只有体积小、高价值的高附加值产业，资本和技术密集型产业适宜向小城镇集中，同时提升劳动分工水平和企业协作，完善劳动力市场，加大基础设施投资来提高集聚指向所带来的成本节约，方能产生"温州模式"一样的规模效应和集聚效应，从而促进小城镇的健康发展。

沃尔特·克里斯塔勒的中心地理论旨在从经济学理论出发探究支配城镇大小、数量和分布的规律。克里斯塔勒认同罗伯特·格拉德曼（Robert Gradmann）关于城镇的主要职能是充当周围农村的中心、地方交通与外部世

---

[1] 李纯英列举了20世纪80年代乡镇企业的十大行业：建材制品、纺织工业、机械工业、金属制品、食品制造、化学工业、电气机械、塑料制品、缝纫工业、煤炭采选业。大部分为原料指向，不适宜向城镇集中。

[2] 李纯英：《从韦伯的工业区位论看我国乡镇企业的发展与布局》，《调研世界》，2004年第6期，第14～15页。

界中介者的观点，进而将城镇的核心职能归结为充当区域的中心。为了凸显城镇的中心职能，克里斯塔勒选用了中心地（Central Place）一词，而弃用居民点（Settlement）的概念，以突出其经济学意涵。地方（Place）一词不是定居单位、政治社区、经济单元，而是包括政治社区（第一圈层）＋郊区人口（第二圈层）＋经济往来人口（第三圈层）的一个经济共同体。中心地的重要性或中心性①取决于其提供中心商品和服务②的数量和种类，中心地的发展依赖于中心地居民的纯收入。中心商品的销售范围呈环绕中心地的环状，这种环有上限和下限，上限是指消费中心商品的最远距离，下限取决于维持成本的中心商品的最低消费量。上限和下限之间的区域称为中心地的"补充区域"，补充区域决定了中心商品的盈利水平，从而也影响着中心地的繁荣兴衰。每一类中心商品都有自己的特定销售范围和补充区域，决定中心地规模、数量和分布的基本要素是中心商品的范围，中心商品的销售上限遵循需求（消费）原则，下限遵循供应（盈利）原则。理想化的市场原则支配下的中心地体系如图2-3所示。

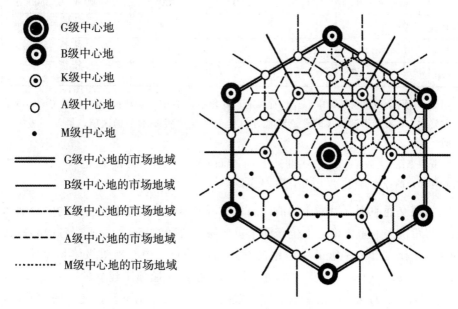

图2-3 市场原则下的中心地系统

资料来源：［德］沃尔特·克里斯塔勒：《德国南部中心地原理》，常正文、王兴中、李

---

① 重要性或中心性是指城镇相对于周围区域的重要影响，可以理解为提供除本地消费剩余后的商品和服务的数量。

② 中心商品和服务与分散商品和服务相对，包括集中供应和集中生产两种情况。

贵才等译，商务印书馆，2010年，第93页。

市场原则支配下的中心地体系呈六边形网络状形态，每个次级中心地都处在三个较高等级中心地所围三角形的中心，中心地等级体系呈1L、2P、6G、18B、54K、162A、486M几何倍数的等级序列。一个典型的L级中心地体系的典型特征如表2−2所示。

表2−2　市场原则支配下的典型L级中心地体系

类型	中心地数	补充区域数	区域范围（公里）	区域面积（平方公里）	提供的中心商品类型数	中心地标准人口	区域标准人口
M	486	729	4.0	44	40	1000	3500
A	162	243	6.9	133	90	2000	11000
K	54	81	12.0	400	180	4000	35000
B	18	27	20.7	1200	330	10000	100000
G	6	9	36.0	3600	600	30000	350000
P	2	3	62.1	10800	1000	100000	1000000
L	1	1	108.0	32400	2000	500000	3500000
总计	729	—	—	—	—	—	—

注：L跨区域首要城市中心；P省首府；G地区高级中心，地位超过B级中心；B地区主要中心；K县级镇；A设有镇级官方机构的村镇；M基本市场区位，最低一级的中心地。

资料来源：[德]沃尔特·克里斯塔勒：《德国南部中心地原理》，常正文、王兴中、李贵才等译，商务印书馆，2010年，第94页。

按照交通原则（以最小的消耗满足尽可能多的运输需求）建立的中心地体系，尽可能多的重要中心地位于两个重要城镇之间的交通线路上，各中心地布局在两个比自己高一级的中心地的交通线的中点，中心地等级体系呈1、3、12、48、192……即4的倍数的等级序列。按照交通原则建立的中心地体系，为满足某一范围的中心商品的供应，就需要比市场原则下设置更多的中心地，中心地的补充区域不再是最理想的蜂巢状六边形，而是呈非常不规则的形式。交通原则下的中心地体系如图2−4所示。

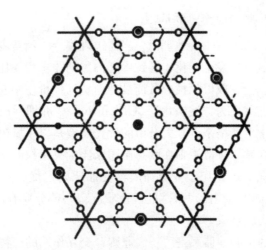

图2—4　交通原则下的中心地系统

资料来源：［德］沃尔特·克里斯塔勒：《德国南部中心地原理》，常正文、王兴中、李贵才等译，商务印书馆，2010年，第107页。

按照行政（区划）原则建立的中心地体系，由于人为的分割设计，低级中心地从属于一个高级中心地，中心地等级体系呈1、6、42、294、2058……即7的倍数的等级序列。按照行政原则（有时候也称分离原则）建立的中心地体系，为满足某一范围的中心商品供应，就需要比市场原则、交通原则下设置更多的中心地，如图2—5所示。

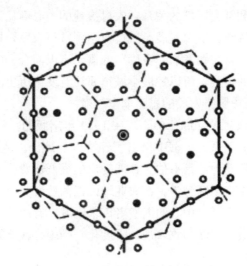

图2—5　行政原则下的中心地系统

资料来源：［德］沃尔特·克里斯塔勒：《德国南部中心地原理》，常正文、王兴中、李

贵才等译，商务印书馆，2010年，第111页。

如果从动态视角考察中心地理论，当需求规模——消费者根据需求迫切性程度安排需求等级——发生变化，导致中心商品的需求程度比对分散商品的需求程度更高时，就会造成以牺牲分散商品的消费为代价使中心商品消费增加的后果，克里斯塔勒称之为"城镇化"（Urbanizing），亦即散居人口转向适应城镇需求。从经济学上严格来讲，大城市的优先发展是以小城镇为代价的，因为它们要争夺补充区域。分散原则在联邦制国家比中央集权制国家占优，欧洲中世纪分散原则占优，19世纪工业革命时期交通原则占优。阿尔弗雷德·赫特纳（Alfred Hettner）指出："聚落的区位状况，一部分应看成是目前的结果，一部分应视作过去的结果。"①

克里斯塔勒的中心地体系是"三大原则"交互作用的产物。市场原则指导下的六边形图式是理论上整体经济效益最高的中心地体系。中心地理论带给小城镇发展的启示包括：（1）中心地按照提供商品和服务的种类与数量形成大小不等的中心地体系，理想状态是市场原则下的六边形排布，中心地数量按等级由高到低呈3倍关系递增。小城镇发展研究应该充分关注城镇体系的合理布局，要符合基本的金字塔形排布。（2）行政区划的调整要尽量符合市场原则、交通原则、分散原则的中心地布局体系，调整的原则有两种：一是经济活动类型的一致性原则，也就是"专业化区"，形成专业型小城镇；二是经济活动的互补性原则，也就是"综合区"，打造综合型小城镇。（3）小城镇与其周围的广大农村是中心地和补充区域的关系，农村腹地的中心商品消费量决定了小城镇的规模、数量和等级，所以发展小城镇要达到富裕农民，提升农民的物质文化生活水平的目的。这与费孝通"乡脚"的概念不谋而合。（4）新的中心体系总会留有旧有体系的痕迹，所以发展小城镇要注意发掘历史因素。这与费孝通"老树新芽"继承历史脉络发展的思路如出一辙。

奥古斯特·勒施（August Lösch）在1939年出版的《经济空间秩序——经济财货与地理间的关系》一书中提出了经济区位理论。他的主要观点包括：（1）生产力分布的原动力不是韦伯、杜能提出的最低运费或最低生产费用，而是最高利润。勒施将市场区分为：在农业地区以消费者为中心的生产者供给区域，在工业地区以生产者为中心的消费者需求区域。有两种力量决定区位的选择：生产者数目的最大限度和收入最大限度化。勒施将区位的集积分为点状的

---

① ［德］沃尔特·克里斯塔勒：《德国南部中心地原理》，常正文、王兴中、李贵才等译，商务印书馆，2010年，第163页。

集积、面的集积和区域的集积。关于城市区位问题，勒施认为城市是呈现点状集积形态的企业区位，在联合生产或集聚所产生的利润驱使下，即使是在最极端的同质平原地球表面上，城市也会出现，因为生产的联合或集聚会产生利益节约。（2）经济区是勒施的创作，他认为市场区域只通过各种纯经济力相互作用而发生，经济力分为大规模、专业化利益所驱使的"集中力"和运费与多样化驱使的"分散力"两种。经济区的最优形态是蜂窝状六边形。（3）勒施提出了国际贸易的基本思想——比较生产费用理论，指出地域劳动分工的两大原理——必然性和嗜好。勒施的经济区位理论带给小城镇研究的启示是：（1）经济区的分布秩序是"紊乱中的秩序"，是"隐秩序"，与小城镇发展规律有相通之处。（2）勒施强调，在自由经济下，区位选择在利润最大的地点；但就计划经济来说，应表述为企业是在对利益做到最好服务的地方建立起来的，其指出了小城镇发展计划的使命和本质。

（二）非平衡发展理论

弗朗索瓦·佩鲁（Francois Perroux）在 1950 年首次提出"作为经济要素之间关系"的"经济空间"概念。[①] 他将经济空间分为三种：统计学概念上的匀质经济空间、政策作用下的经济空间、作为"力场"的经济空间。1955 年在《略论发展极的概念》一文中，他又首次提出"发展极"（Poles of Development）的概念。英美学者大多使用"增长极"（Poles of Growth）或"增长点"（Points of Growth），地理学意义上还有增长带、增长轴、增长圈等不同称谓。佩鲁从"力场"经济空间中衍生出"增长极"的概念：假如将产生支配效应的经济空间比作力场，那么处于此一力场中的推动性单元（Propulsive Unit）就可称为"增长极"，增长极是处在特定环境中的，且与周围单元相互联系的推动性单元。[②] 佩鲁指出，增长不会同时在所有地方出现，它以差异化的强度首先出现在某些增长点（极）上，而后通过特定的渠道向外扩散，进而对整个经济体产生不同的最终影响。[③] 佩鲁认为经济发展的核心动力是创新与技术进步，创新是利润最大化的根本途径，但只有个别厂商和产业拥有创新能力，只有"创新成功"的厂商与"领头产业"才具有支配诱发和推进功能，产生"支配效应"和"扩散效应"。佩鲁增长极概念的核心逻辑是：

① 安虎森：《增长极理论评述》，《南开经济研究》，1997 年第 1 期，第 31～37 页。

② 王缉慈：《增长极概念、理论及战略探究》，《经济科学》，1989 年第 3 期，第 53～58 页。

③ 曾坤生：《佩鲁增长极理论及其发展研究》，《广西社会科学》，1994 年第 2 期，第 16～20 页。

领头产业具有支配功能，领头产业与其他产业之间存在连锁效应，连锁效应产生乘数效应带动关联产业发展，进而实现扩散效应。佩鲁的弟子，法国经济学家雅克-拉乌尔·布代维尔（Jacques-Raoul Boudeville）将抽象的经济空间概念转化为地理概念，提出"区域发展极"概念，相应地将空间地域划分为均质区域、极化区域和计划区域，强调极化效应的发挥依赖于推进型创新产业的前后向联系效应。布代维尔的"计划区域"是指国家计划和政策调节的空间区域，实际上已经将增长极划分为由市场机制支配的自发生成的增长极（极化区域）和由计划机制支配的诱导生成的增长极（计划区域）。缪尔达尔和赫希曼在后续研究中注意到增长极具有正负两种效应，缪尔达尔称之为"回波效应"和"扩散效应"，赫希曼称之为"极化效应"和"涓滴效应"（Trickling Down Effect），发达地区或产业向欠发达地区或产业的购买和投资产生扩散或涓滴效应，人才、资本、技术等生产要素向发达地区或产业的流动产生回波或极化效应。作为一种抽象宏观发展战略，增长极理论应用于区域经济发展中的效果一直存有争议。增长极战略实施中的主要问题有：（1）"飞地"效应，即领头产业或区域与周围环境缺乏有机联系；（2）计划区域和极化区域的非协调性；（3）增长极发展过分依赖外部力量，缺乏"内生性"；（4）地区差距、贫富差距越拉越大。基于这些问题，埃德加·奥古斯塔斯·杰罗姆·约翰逊（Edgar Augustus Jerome Johnson）于 1970 年提出"集镇建设计划"。他在对比了英、美、日、比等国的发展经验后指出，要实现增长极带动整个农村地区经济发展的效果，仅仅实现农村工业化和商业化是不够的，还必须建立完善的小集镇网络。① 安虎森认为发展极理论有其特殊的时代和区位背景，主要适合投入产出链完整、基本基础设施完备、基本城镇体系形成、产业发展步入成长和成熟阶段的区域。姜太碧认为资金、技术、人才和制度是阻碍我国农村产生增长极的主要因素。1975 年，以丹尼斯·A. 荣迪内利（Dennis A. Rondinelli）为代表的美国国际开发署区域研究组织开始对发展中国家内部的空间结构进行研究，主要研究城镇在乡村发展中的作用，1985 年提出了著名的"UFRD 探究法"（Urban Function in Rural Development，乡村开发中的城镇功能）。荣迪内利指出：要实现增长极的扩散效应，必须建构完善的中心地—次级中心地—乡村网络体系，并完善三者相互沟通的基础设施和管理机构。在推进乡村腹地发展、促进乡村由生计农业向商品农业发展和区域一体化过程中，小城镇是不可缺少的。布莱恩·贝利（Brian Berry）认为：一个市场体系和一个中心地等

---

① 王绪慈：《增长极概念、理论及战略探究》，《经济科学》，1989 年第 3 期，第 53~58 页。

级化体系是经济增长和区域全面发展的充分条件。[①]

美国著名城市规划学家约翰·弗里德曼（John Friedman）于1966年根据对委内瑞拉区域发展演化特征的研究，出版了《区域发展政策：委内瑞拉案例研究》（*Regional Development Policy：A Case Study of Venezuel*）一书，提出了"中心—边缘"理论模型（Core-Periphery Model 或 Center-Periphery Model，CPM），1971年又在《极化增长的一般理论》（*A General Theory of Polarized Development*）一文中将CPM由区域研究推向产业和企业关系研究。[②] 弗里德曼认为：发展起源于通信场（Communication Field）内具有高频相互作用潜力的少数"变革中心"（Centers of Change），创新总是从"核心区"（创新变革的主要中心）向"外围区"（依附性地区）扩散。核心区对外围区的支配地位依赖六大机制：（1）支配效应——资源、资本、人才由外围区向核心区的净流入；（2）信息效应——核心区通信场内信息的高频相互作用提升创新速度；（3）心理效应——核心区创新的低风险和高成功率心理预期；（4）现代化效应——核心区社会制度、组织结构、思想观念、生活习惯的现代化有利于创新；（5）连锁效应；（6）核心区产业集聚导致的生产效应。[③] 核心区的自我强化机制限制了边缘区的集聚和发展，弗里德曼将核心—边缘结构分解为核心增长区、向上转移地带、向下转移地带、资源边际区四部分。

瑞典经济学家冈纳·缪尔达尔（Gunnar Myrdal）于1944年首次提出循环累积因果理论（Circular and Cumulative Causation Theory），刻画了种族歧视、就业机会、收入水平、教育健康之间的相互依存和相互强化关系。[④] 在1957年出版的《经济理论与不发达地区》（*Economic Theory and Underdeveloped Regions*）一书中，缪尔达尔基于循环累积因果理论提出了"扩散效应"（Spread Effects）和"回波效应"（Backwash Effects）用以说明增长极核周围地区的相互作用关系。1968年出版的《亚洲的戏剧：对一些国家贫困问题的研究》一书分析了工业化水平和教育水平、低农业生产力和紧缩的乡村市场之间的循环累积因果关系。生产要素不断从欠发达地区向增长极流动的"回波效

---

① 费孝通：《城乡发展研究——城乡关系·小城镇·边区开发》，湖南人民出版社，1989年，第262～273页。

② 贾宝军、叶孟理、裴成荣：《中心—边缘模型（CPM）研究述评》，《陕西理工学院学报（社会科学版）》，2006年第1期，第4～11页。

③ 李仁贵：《区域核心—外围发展理论评介》，《经济学动态》，1990年第9期，第63～67页。

④ 吕守军、严成男：《循环累积因果论与资本主义的不平等——从法国调节学派理论看皮凯蒂的〈21世纪资本论〉》，《河北经贸大学学报》，2015年第6期，第9～13页。

应"造成的发达地区循环累积效应是我国区域发展不均衡的原因所在，要减低这种"回波效应"，区域间的开放程度应适当降低，区域之间必须有一定的"政策梯度"，即实施差别化的产业政策、人力资源政策、土地政策、资源政策、财政政策等。洪光荣认为：小城镇的良性发展要依靠交通条件、制度安排、集贸市场、资源利用之间的循环因果积累。[①]

著名发展经济学家艾伯特·赫希曼（Albert Hirschman）于 1958 年在《经济发展战略》一书中提出了"非均衡增长"（Unbalanced Growth）理论，指出核心区和边缘区之间同时存在资源和要素向核心区净流入的"极化效应"、核心区向边缘区投资和购买所引发的"涓滴效应"。赫希曼认为在市场机制作用下，极化效应大于涓滴效应[②]，政府应选择"前向联系效应"和"后向联系效应"[③] 最大的产业和项目作为投资重点[④]，以提升"涓滴效应"的效果，促进均衡增长。

戴维·F. 巴滕（David F. Batten）在《网络城市：21 世纪的创意城市群》一文中提出：由非均衡增长趋向均衡增长的城市化战略需要经过"增长极"发展阶段、"点-轴"发展阶段和网络发展阶段三个步骤。[⑤] 其空间演化形态如图 2-6 所示。

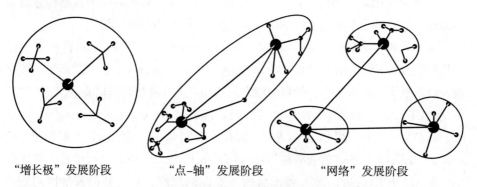

"增长极"发展阶段   "点-轴"发展阶段   "网络"发展阶段

图 2-6　以不平衡增长趋向平衡增长的城镇化战略

---

① 洪光荣、殷进平、黄恒栋：《小城镇的循环累积发展——基于太京镇规划的思考》，《孝感学院学报》，2006 年第 1 期，第 116~118 期。

② 张义：《政府干预与区域经济非均衡增长的研究——重新审视缪尔达尔-赫希曼假说》，《当代经济》，2016 年第 5 期，第 122~124 页。

③ 前向联系是指向制成品、最终产品等下游产业拓展，后向联系是指向原材料、初级产品等上游产业拓展。

④ 付东：《区域非均衡增长理论综述及评价》，《商场现代化》，2009 年第 5 期，第 218 页。

⑤ David F. Batten：Network cities：creative urban agglomerations for the 21st century，Urban studies，1995，32（2）：313-327.

资料来源：David F. Batten：Network cities：creative urban agglomerations for the 21st century，Urban studies，1995，32（2）：313—327.

不平衡增长战略的终极目标还是追求均衡增长，保罗·罗森斯坦·罗丹（Paul Rosenstein-Rodan）在《东欧与东南欧的工业化问题》和《略论"大推进"理论》等著作中提出了平衡发展和大推进的经济思想，保罗·罗森斯坦·罗丹认为：发展中国家的主要问题是收入低下带来的购买力不足和工业品市场狭小，为了创造市场，必须实施平衡增长战略，对所有工业部门进行投资，并将一波接一波的国家发展均衡地分配到不同区域中去，依靠投资本身的"大推进"来创造市场。[①]

（三）结构理论

著名发展经济学家威廉·阿瑟·刘易斯（William Arthur Lewis）于1954年发表在《曼彻斯特学报》（*The Manchester School*）上的《劳动力无限供给条件下的经济发展》（*Economic Development with Unlimited Supply of Labour*）一文正式提出了关于发展中国家经济的"二元结构"模型。模型的核心观点有三个：（1）发展中国家普遍存在传统与现代相对立的两大经济部门，现代部门依靠吸纳传统部门的劳动力而得以发展。（2）在两部门工资差的激励下，传统部门的劳动力源源不断地转向现代部门。（3）经济发展初期，传统部门非熟练劳动力的供给是充足的。刘易斯的二元经济结构模型刻画了大部分亚洲地区人口众多，资本和自然资源相对稀缺，传统农业部门沉淀了大量"隐蔽"失业人口，劳动的边际生产率很低，因此劳动力的供给是无限的这个现实。现代工业部门只需要支付比维持最低生活水平稍高的工资即可从传统农业部门吸纳所需的劳动力，从而实现资本积累和产业发展，当资本积累超过劳动力供给水平，出现劳动力短缺的时候，传统部门工资水平提高，二元结构开始向一元结构转换。我国学者也认识到刘易斯二元结构模型的现实意义，深刻认识到富裕农民就要减少农民的道理。[②] 汪小勤将二元结构理论归纳为：社会二元结构论、技术二元结构论、经济二元结构论（刘易斯的"二元经济结构论"＋金融二元结构论＋地理二元经济结构论）、组织或制度二元结构论。[③] 由于刘易斯的二元经济结构理论是建立在自由竞争的市场经济基础上的，与我国政府主导型市场

① 吴小渝、吴海东：《中国城市化与西部小城镇发展》，重庆出版社，2002年，第67~68页。
② 茅于轼：《"三农"问题的出路在于减少农民》，《江苏社会科学》，2003年第2期，第4~6页。
③ 汪小勤：《二元经济结构理论发展述评》，《经济学动态》，1998年第1期，第73~78页。

经济不同，故其经常被扭曲为城乡二元经济结构体制。① 正是基于我国特殊的国情和制度安排，基于现代部门和传统部门发展不协调，工业对农业剩余劳动力吸纳有限，城乡收入差距扩大的现实，很多学者认识到我国二元经济结构的转换需要经由农村工业化的中介环节，从而表现为特有的"三元结构"模式特征。②③④

费景汉（John C. H. Fei）、古斯塔夫·拉尼斯（Gustav Ranis）在 1961 年发表的《一个经济发展理论》（A Theory of Economic Development）一文和 1964 年出版的《劳动力剩余经济的发展：理论与政策》（Development of Labour Surplus Economy：Theory and Policy）一书中修正和发展了刘易斯的二元结构经济理论。费景汉和拉尼斯指出：（1）农业部门不仅提供剩余劳动力，还提供剩余农产品，农业剩余制约着农业剩余劳动力的转移和工业部门的发展。劳动力的释放取决于农业部门的技术进步，劳动力的吸收取决于工业部门的积累。（2）工业部门必须足够迅速地扩大其资本存量或促进技术进步为劳动力转移提供就业机会以摆脱马尔萨斯陷阱。（3）将刘易斯二元经济转变过程的"两阶段"重新划分为"三阶段"，提出了"隐性失业"的概念以及"短缺点"和"商业化点"两个拐点。⑤ 费景汉和拉尼斯将边际生产力为零的劳动力命名为"剩余劳动力"，把农业劳动力按照平均产出取得的农业收入称为"固定制度工资"（Constant Institutional Wage），将农业总产出减去农业部门总消费的余额称为"农业总剩余"（Total Agricultural Surplus），农业总剩余除以流出的农业劳动力总量等于"农业平均剩余"（Average Agricultural Surplus），将边际生产力大于零小于"固定制度工资"的劳动力称为"隐性失业人口"（The Disguised Unemployed）。费景汉和拉尼斯的农业劳动力转移过程三阶段划分如下：（1）剩余劳动力转移阶段。由于剩余劳动力边际生产率为零，所以此阶段的转移不影响农业总产出，不带来粮食短缺和价格上涨，不造

---

① 许经勇：《刘易斯二元经济结构理论与我国现实》，《吉首大学学报（社会科学版）》，2012 年第 1 期，第 105～108 期。

② 陈迪平：《我国二元经济结构特点与农村小城镇建设》，《农业现代化研究》，1999 年第 6 期，第 347～349 页。

③ 毛锋、张安地：《"三元结构"发展模式与小城镇建设》，《经济经纬》，2007 年第 5 期，第 76～79 页。

④ 王勋铭：《我国二元经济结构的转换选择——试论农业、农村工业、现代工业三元结构的形成》，《兰州商学院学报》，2000 年第 4 期，第 27～30 页。

⑤ ［美］费景汉、古斯塔夫·拉尼斯：《增长和发展——演进的观点》，洪银兴、郑江淮译，商务印书馆，2014 年，第 1～16 页。

成工业雇佣工资水平上涨。（2）隐性失业人口转移阶段。由于隐性失业人口的边际生产率大于零小于固定制度工资，农业平均剩余低于固定制度工资，提供给工业部门消费的粮食不足以按固定制度工资满足工人的需要，于是粮食价格上涨，工人工资提高。（3）商品化阶段。此阶段农业转移人口的边际生产率高于固定制度工资，必须按照边际产出支付工资，工资水平由市场决定。[1] 一、二阶段的分界点称为"短缺点"（Shortage Point），农业转移人口超过此点将会出现粮食短缺。二、三阶段的分界点称为"商业化点"（Commercialization Point），农业转移人口超过此点，工资水平将由市场决定。农业劳动生产率的提高可以将"短缺点"往后推移直至与"商业化点"重合为"拐点"（Turing Point）。费景汉和拉尼斯对于农业剩余的重视和"双拐点"理论契合了新中国成立以来党和国家领导人对"粮食安全"问题的重视与农业农村剩余对工业城市发展的历史贡献。同时"刘－费－拉"模型忽视了城市失业问题和服务业对劳动力的吸纳能力。

戴尔·W. 乔根森（Dale W. Jorgenson）在1961年发表的《二元经济的发展》、1966年发表的《二元经济发展的理论检验》、1967年发表的《剩余劳动力与二元经济发展》等文章中提出了动态二元经济模型。乔根森的二元经济模型放弃了劳动的边际生产率为零和维持生计部门的工资率由制度决定的假设。[2] 乔根森模型的核心观点包括：（1）农业剩余是工业部门产生、发展的前提条件和制约因素，也是劳动力向工业部门转移的必要和充分条件。（2）技术进步和资本积累同时提高工业和农业就业的工资水平，且工业和农业收入差距固定，不会出现劳动力流动超越需求的城市失业问题。（3）人口增长是经济发展的内生变量。乔根森持有马尔萨斯式的悲观主义态度，认为经济发展催生人口增长，人口增长有"最大生理极限"，经济增长超过人口增长会产生农业剩余。（4）劳动力转移起源于恩格尔定律作用下的消费结构转变，即粮食消费减少，工业品消费需求增加，农业剩余出现后，劳动力由农业向工业转移以满足日益增长的工业品消费需求。乔根森对于农业剩余的关注平衡了刘易斯对工业积累重要性的偏重，其消费结构转换也与历史发展相吻合，但其"最大生理极限"的概念与工农业收入和工资同步增长的假定跟事实不符。

美国发展经济学家迈克尔·P. 托达罗（Michael P. Todaro）在1969年

---

①　郭剑雄：《刘－拉－费二元经济理论中的农业发展观》，《延安大学学报（社会科学版）》，1999年第3期，第36~40页。

②　［日］速水佑次郎、［美］弗农·拉坦：《农业发展：国际前景》，吴伟东、翟正惠、卓建伟等译，商务印书馆，2014年，第27页。

发表的《欠发达国家劳动迁移和城市失业模型》一文和 1970 年发表的《劳动迁移、失业和发展：一个两部门分析》[1] 一文中提出了解释发展中国家人口迁移和城市就业问题的"托达罗模型"。模型的主要观点是：农业劳动力乡城迁移决策是综合权衡城乡收入差距心理预期和成为失业者风险的结果。在发展中国家二元经济结构造就的巨大城乡收入差距驱使下，城市新增就业岗位不足以容纳源源不断涌入的农村劳动力，城市失业率高企，增加城市就业岗位不足以解决城市失业率问题。托达罗模型的政策含义是：农村劳动力受教育水平越高，进入城市的预期收入水平越高；城市政策中的最低工资制度、失业人口生活补贴等干预措施，降低了失业风险，造成了要素供给的价格扭曲，在高收入预期和低失业风险的联合作用下，农村人口源源不断地涌入城市。[2] 我国计划经济体制下确立的城乡二元分割的经济社会制度，长期奉行的"控制大城市规模、积极发展中小城市和小城镇"的城市化政策，乡镇企业带动的农村工业化和农业现代化以及小城镇的发展对农村人口的"蓄水池"和截留功能，使得托达罗模型与我国现实的契合度较高。托达罗模型也存在如下缺陷：（1）没有考察迁移者的生活费用对失业风险的影响。（2）没有考虑城乡生育和子女抚养成本差异所引发的农村生育率偏高和"人地关系紧张"问题，"按下葫芦浮起瓢"，在预防"城市病"发生的同时有可能引发发展停滞的"农村病"。（3）没有充分考虑由于人口迁移和集聚所带来的第三产业发展对农民工的吸纳能力。（4）没有充分考虑农村人口收入增加对城市经济的拉动作用。[3]（5）农业不存在劳动力剩余和城市工业工资水平制度决定的预设不符合发展中的中国改革进程。[4]

美国芝加哥大学教授西奥多·W. 舒尔茨（Theodore W. Schultz）从 20 世纪 60 年代起将农业经济问题和人力资本理论结合起来研究，其思想集中体现在《改造传统农业》等一系列著作中。以刘易斯为代表的欠发达国家趋向现代化过程中的"工业中心论"式的二元经济转换模式认为：农业是落后的、农民是愚昧的，农村的主要功能是为工业发展提供农业剩余、劳动力和资本。舒

---

① John R. Harris, Michael P. Todaro: Migration, unemployment and development: a two-sector analysis, The American economic review, 1970, 60（1）: 126—142.

② 周天勇:《托达罗模型的缺陷及其相反的政策含义——中国剩余劳动力转移和就业容量扩张的思路》,《经济研究》, 2001 年第 3 期, 第 75~82 页。

③ 崔民初:《论托达罗模型的缺陷》,《鄂州大学学报》, 2002 年第 4 期, 第 62~65 页。

④ 衣光春、徐蔚:《对托达罗模型前提、变量及政策含义的新思考》,《北京行政学院学报》, 2004 年第 4 期, 第 36~40 页。

尔茨从"穷人经济学"的视角给出了不同解答。舒尔茨认为：传统农业是生产要素使用世代不变的农业，是生产方式长期不变，维持简单再生产的停滞的经济。传统农业停滞、落后的原因不是农业生产要素配置的低效率，也不是刘易斯所说的"隐性失业"问题或"零值农业劳动人口"问题。隐藏在储蓄率、投资率低下和资本、企业家缺乏表象之下的是传统农业中生产要素投资收益率低下问题。提升传统农业生产要素投入产出收益率的关键是引入"技术进步"和"新式农民"并以"市场机制"作为保障因素。[①] 有学者将刘易斯的工业优先发展战略称为"外延式"发展模式，将舒尔茨的农业发展理论称为"内涵式"发展模式，在我国经历过快速的工业化、城镇化阶段过后，要将"工业反哺农业，城市支持农村"的目标落到实处，必须注重舒尔茨"科技＋机制＋教育"的"内涵式"农业发展模式。[②] 实际上中国"离土不离乡"的就地城镇化和"离土又离乡"的异地城镇化兼顾了刘易斯模式与舒尔茨模式。[③] 就舒尔茨改造传统农业的意涵上来讲，小城镇一方面履行农村地域科技中心功能，承担农技推广任务；另一方面履行文明扩散功能，承担培育新式农民的任务。同时伴随着二元经济社会体制在小城镇层面的突破，传统农业改造的制度保障功能也落在小城镇头上。

1975 年，霍利斯·钱纳里（Hollis Chenery）和莫伊思·塞尔昆（Moises Syrquin）在《发展的型式：1950—1970》[④] 一书中提出了发展中国家就业结构转换滞后于产值结构转换的理论。钱纳里和塞尔昆指出：发达国家的工业化进程，工农业产值转换和就业结构转换同步发生，而发展中国家的工农业产值转换普遍先于就业结构转换。发展中国家就业结构转换滞后的原因一方面是资本和技术密集型产业创造产值的能力大于吸纳就业人口的能力，另一方面是工农业产品"剪刀差"的价格结构。就业结构转换滞后的表现是：欠发达国家的农业剩余劳动力首先被吸纳到劳动力密集型和技术不太先进的工业部门就业，当人均 GDP 达到 300 美元（国际上定义的"刘易斯拐点"）时，劳动生产率和技术水平并未达到发达国家水平。各国实践表明，工农业产值结构转换的中点是

---

① ［美］西奥多·W. 舒尔茨：《改造传统农业》，梁小民译，商务印书馆，1987 年。

② 王英姿：《中国现代农业发展要重视舒尔茨模式》，《农业经济问题》，2014 年第 2 期，第 41～44 页。

③ 孟艳春、苏志炯：《农村劳动力转移模式与中国农村发展的新路径——基于刘易斯与舒尔茨两种理论模型的思考》，《当代经济》，2015 年第 1 期，第 48～50 页。

④ ［美］霍利斯·钱纳里、［以］莫伊思·塞尔昆：《发展的型式：1950—1970》，李新华、徐公理、迟建平译，经济科学出版社，1988 年。

人均 200 美元，就业结构转换的中点是人均 400 美元①，欠发达国家的产值转换跨过"刘易斯拐点"之后，产值意义上的二元结构消失，但工业化质量需进一步提升，以实现高质量的就业结构转换。就业结构转换滞后理论带给小城镇发展的启示是：在乡镇企业吸纳了大量农村剩余劳动力，充当了人口乡城转移的"蓄水池"和"减压阀"之后，仅仅完成了我国城镇化的第一步，接下来还需要在提高劳动生产力和技术水平上下功夫，进一步提升城镇就业的质量。

（四）人口迁移理论

英国统计学家欧内斯特·乔治·拉文斯坦（Ernest George Lavenstein）于 1885 年在《伦敦统计协会杂志》上发表了《人口迁移规律》（*The Laws of Migration*）② 一文，文章利用英国 1871—1881 年间的人口统计资料，得出如下结论：（1）人口的短距离迁移是主流。（2）在特定时期内，迁出与迁入某地的人口呈平衡态势。（3）每一股大规模的迁移流都会伴生一个带有补偿性质的反迁移流。（4）长距离迁移者的目的地通常是大城市。（5）城镇居民的迁移倾向略微低于农村居民。（6）女性人口迁移量高于男性。③ 1889 年拉文斯坦又根据 20 多个国家的统计资料，同样以《人口迁移规律》④ 为题在《皇家统计学会杂志》上总结出拉文斯坦人口迁移七法则：（1）迁移与距离。大量移民仅是短距离流动，移民数量与迁移距离成反比，长距离迁移人口的目的地大多是大型工商业中心。（2）迁移呈阶梯性。人口迁移地域范围和距离呈由近及远的锁链式梯次迁移模式，同吸收（Absorption）相反的离散（Dispersion）具有相同特征。（3）流向与反流向。每一股大规模的迁移流都会伴生一个带有补偿性质的反迁移流。（4）迁移倾向的城乡差别。城镇居民的迁移倾向低于农村居民。（5）短距离迁移中女性居多。（6）迁移与技术。发达的工商业和便捷的交通工具是人口迁移的正向促进因素。（7）迁移动机由经济因素主导。在诸多迁移动机中，期望改善物质条件比强迫性法律、沉重的赋税、糟糕的气候、强迫（如买卖奴隶）等影响更大。拉文斯坦基于人口统计资料的观察，揭示了人口

---

① 张忠法：《国内外有关劳动力就业结构转换和劳动力市场的几个理论问题》，《经济研究参考》，2001 年第 3 期，第 23～29 页。

② E. G. Ravenstein：The laws of migration，Journal of the statistical society of London，1885，48（2）：167—235.

③ 马侠：《人口迁移的理论和模式》，《人口与经济》，1992 年第 3 期，第 38～46 页。

④ E. G. Ravenstein：The laws of migration，Journal of the royal statistical society，1889，52（2）：241—305.

迁移行为中的迁移距离、迁移流向、迁移动机、迁移者人口特性等一般规律，是人口迁移规律的奠基者。

英国《人口学》杂志于 1966 年刊发了埃弗雷特·李（Everetts Lee）题为《人口迁移理论》[①] 的文章，文章从影响迁移的因素、迁移量、迁移流向与反流向、迁移者特征四个方面考察人口迁移规律。李将导致迁移决定和过程的因素归结为个人因素类、迁入地类、介入障碍类、迁出地类四种。迁出地和迁入地都存在影响迁移决定的正向拉力、负向推力和中性力量三种主客观因素，介入因素包含迁移距离、迁移费用、移民法等地理、经济、政治因素，个人因素包括心理状态、生命周期、个人敏感性、知识水平、对迁出迁入地知晓程度等生理和心理因素。迁移量由迁出迁入地差异程度、人群差异程度、跨越介入障碍的难易程度、经济波动、时间、一国发展状况等因素决定。迁移流向与反流向的水平取决于正流向因素、反流向因素、流向效率、原住地与目的地差异程度、介入障碍水平和经济景气状况。迁移者特征包括迁移的选择性、积极选择人群特征、消极选择人群特征、迁移选择的两极分化态势、克服介入障碍的难度、生命周期、人口特征等方面，其中生理状况、受教育程度、职业收入水平、心理特质影响显著。[②] 埃弗雷特·李的人口迁移概念分析框架，为我们考察人口在乡村、小城镇和大中城市之间的迁移规律提供了一个系统完备的分析框架。

唐纳德·约瑟夫·博格（Donald Joseph Bogue）于 20 世纪 50 年代末提出了形象化的人口迁移"推力—拉力"理论（推拉理论），推拉理论强调个人迁移决定是由迁出地的消极因素和迁入地的积极因素综合作用的结果。迁出地的消极因素产生"推力"，具体包括资源匮乏、成本高昂、失业压力、收入低下等。迁入地的积极因素产生"拉力"，具体包括就业岗位多、工资待遇好、生活质量高、教育资源多、基础设施便利、文化娱乐丰富等。同时迁出地也保有积极因素：团聚的家庭生活、熟悉的生活环境、长久建立的社交圈子等。迁入地也具有消极因素：恼人的单身生活、激烈的职业竞争、恶劣的生态环境等。[③] 推拉理论刻画的是 19 世纪西方工业革命时期的场景。

17 世纪末，威廉·配第（William Petty）在《政治算术》中指出：从事农业、制造业、商业的收入水平依次递增，因此，劳动力会在三类产业间梯次

---

① Everett S. Lee: A theory of migration, Demography, 1966, 3 (1): 47—57.

② ［美］埃弗雷特·李：《人口迁移理论》，廖莉琼、温应乾译，《南方人口》，1987 年第 2 期，第 34~38 页。

③ 马侠：《人口迁移的理论和模式》，《人口与经济》，1992 年第 3 期，第 38~46 页。

移动。[①] 1940 年，科林·克拉克指出：伴随经济发展和人均收入水平的提升，劳动力从第一产业即农业向第二、三产业等非农产业部门转移是一个普遍规律，经济总量和国民富裕程度进一步提高，第二产业的劳动力又会向第三产业转移。[②] 这种由技术进步和经济发展所带来的劳动力产业分布变动规律被称为"配第-克拉克定理"。"配第-克拉克定理"后来也都得到美国经济学家西蒙·库兹涅茨（Simon Kuznets）和法国经济学家富拉斯蒂埃的实证检验。关于劳动力在三次产业间转移的原因，威廉·配第认为是比较利益驱动的结果。科林·克拉克认为第一、二产业劳动生产率提升速度超过对其产品的需求，第三产业的产品需求却快于劳动生产率的提升，因此，伴随人均收入水平的提升，劳动力在三次产业间渐次转移。富拉斯蒂埃认为技术进步一方面提高了生产总量；另一方面改变了生产结构，生产结构改变促使需求结构和消费结构发生转变，引发"第三产业饥饿症"。技术进步导致的生产结构和消费结构嬗变是劳动力产业分布转移的主要动因。[③] 富拉斯蒂埃预测，经济发达国家第一、二、三产业的就业比例分别在 5%、10% 和 85% 比较合理。截至 2018 年底，我国三次产业就业人数比例分别是 26.1%、27.6% 和 46.3%，按照富拉斯蒂埃的观点，我国尚有大量农业富余劳动力需要转移，第三产业发展潜力巨大；我国 21297 个小城镇（2018 年底数据）在就近吸纳农业转移人口就业和 28836 万农民工（2018 年底数据）返乡创业就业方面理应发挥更大的作用。

（五）城乡一体化理论

1898 年 10 月，英国著名城乡规划学家埃比尼泽·霍华德（Ebenezer Howard）的《明日：一条通向真正改革的和平道路》一书付梓，最初书名为《万能钥匙》（*The Master Key*，见图 2—7），1902 年第二版时书名改为《明日的田园城市》（*Garden Cities of Tomorrow*）并沿用至今。《明日的田园城市》是一本具有世界影响的城市规划专著，同时又饱含社会改革的思想，在书中思想的照耀下，1899 年英国创建了田园城市协会，建设了两座模范城市——莱奇沃思和韦林，后来奥地利等 10 国也都兴建了类型相似但名称各异的示范田园城市。

[①] 杨丽：《析配第-克拉克定理在我国西部经济欠发达地区的局限性》，《经济问题探索》，2001 年第 11 期，第 18~23 页。

[②] ［英］科林·克拉克：《经济进步的条件》，张旭昆、夏晴译，中国人民大学出版社，2020 年，第 135 页。

[③] 于刃刚：《配第-克拉克定理评述》，《经济学动态》，1996 年第 8 期，第 63~65 页。

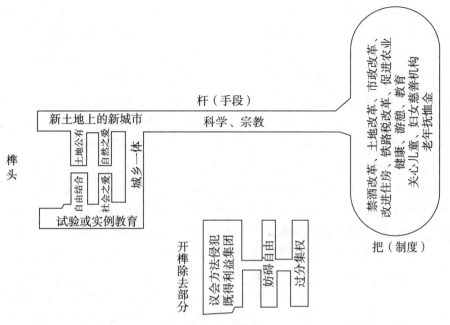

图 2-7 霍华德《万能钥匙》封面草图

资料来源：［英］埃比尼泽·霍华德：《明日的田园城市》，金经元译，商务印书馆，2010年，译序第6页。

历经一个世纪的发展，伦敦人口规模由110万扩张到650多万，跃升为全球最大的城市（1900年伦敦人口658万，纽约344万）。规划和管理的滞后引发了住房质量、生态环境、公共卫生、就业和收入等方面的诸多问题。大运量公共交通的匮乏，加之低下的收入水平使得大批穷人选择在工作地点居住，造成城市中心贫民窟林立的窘境。19世纪末叶的伦敦城社会抗议频仍，社会混乱横行。[1][2]

在伦敦身患"大城市病"的背景下，霍华德试图以城市规划改造城乡结构形态，重塑城市有机体，实现土地社区所有制，把乡村和城市的改进统一起来，建立城乡一体化的新型网络城市社会。霍华德指出：乡村和城市都各有优缺点，"田园城市"（Town-Country）磁铁则避免了两者的缺点。社会和自然不应该畸形分割，乡村和城市应该结婚，两者愉快的结合将缔造出新的生活、

---

[1] ［英］彼得·霍尔、［英］科林·沃德：《社会城市——埃比尼泽·霍华德的遗产》，黄怡译，中国建筑工业出版社，2009年，中文版序。

[2] 付强：《〈明日的田园城市〉与〈社会城市〉打开未来之门的"万能钥匙"——霍华德"田园城市"思想源起》，《西部广播电视》，2010年第Z1期，第88~95页。

希望与文明。

　　城市磁铁的优点是：社会机遇（Social Opportunity）、娱乐场所（Places of Amusement）、高工资（High Money Wages）、就业机会（Chances of Employment）、昂贵的排水系统（Costly Drainage）、街道照明良好（Well Lit Streets）、宏伟的建筑（Palatial Edifices）。缺点是：远离自然（Closing out of Nature）、相互隔阂（Isolation of Crowds）、远距离通勤（Distance from Work）、高房租和高物价（High Rents & Prices）、超时劳动（Excessive Hours）、失业大军（Army of Unemployed）、雾霾和缺水（Fogs & Droughts）、空气污浊（Foul Air）、天空朦胧（Murky Sky）、贫民窟与豪宅并存（Slums & Gin Palaces）。乡村磁铁的优点是：自然美（Beauty of Nature）、闲置土地（Land Lying Idle）、树木（Wood）、草地（Meadow）、森林（Forest）、空气清新且房租低（Fresh Air Low Rents）、水源充足（Abundance of Water）、阳光明媚（Bright Sunshine）。缺点是：缺乏社会性（Lack of Society）、工作不足（Hands out of Work）、提防非法侵入者（Trespassers Beware）、工作时间长且工资低（Long-Hours-Low-Wages）、缺乏排水设施（Lack of Drainage）、缺乏娱乐（Lack of Amusement）、住房拥挤（Crowded Dwells）、缺乏公共精神（No Public Spirit）、需要改革（Need for Reform）、村庄荒芜（Deserted Villages）。"田园城市"（Town-Country）磁铁则结合了城乡磁铁的优点：自然美（Beauty of Nature）、社会机遇（Social Opportunity）、接近田野和公园（Fields and Parks of Easy Access）、低房租且高工资（Low Rents，High Wages）、低税率（Low Rates）、工作机会充裕（Plenty to Do）、低物价（Low Prices）、无繁重劳动（No Sweating）、企业有发展空间（Field for Enterprise）、资金周转快（Flow of Capital）、纯净的空气和水（Pure Air and Water）、良好的排水系统（Good Drainage）、明亮的住宅和花园（Bright Homes & Gardens）、无烟尘（No Smoke）、无贫民窟（No Slums）、自由（Freedom）、合作（Co-operation）。霍华德的"三磁铁"模型揭示了城市、乡村、小镇三种竞争性生产生活方式和形态的合理性存在，具体如图2-8所示。

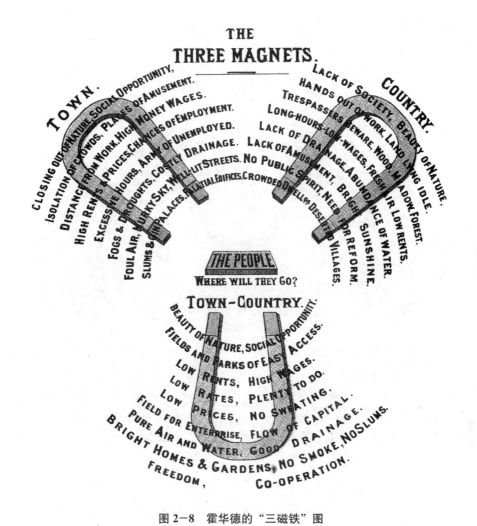

图 2-8 霍华德的"三磁铁"图

资料来源：Ebenezer Howard：To－morrow：a peaceful path to real reform, Swan Sonnenschein, 1898：8.

霍华德的田园城市示意图（具体如图 2-9 所示）表明：若干 3.2 万人口规模、0.9 万英亩土地尺度、风格各异的田园城市环绕在 5.8 万人口规模、1.2 万英亩土地尺度的中心城市周围，并且中间是由农业区域分割的城镇群。城镇群总人口 25 万，占地面积 6.6 万英亩。每座田园城市中城市用地 1000 英亩，农业用地 5000 英亩，总人口 32000 人，其中城区 30000 人，人均城市用地面积 135 平方米，田园城市提倡的是高居住密度，大约每英亩 15 户。霍华德的田园城市是兼具城乡特色空间、自治社区、集体土地制度的一种"社会城

59

市"改造方案。

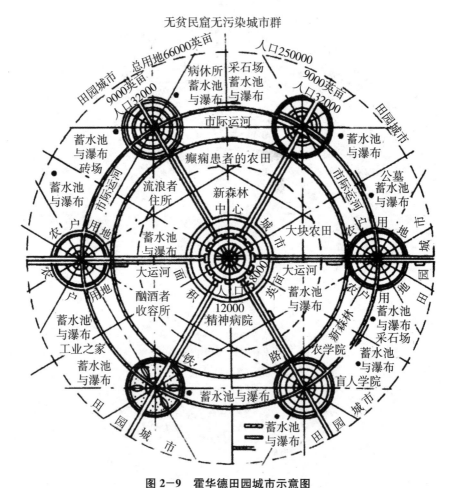

图 2-9　霍华德田园城市示意图

资料来源：Ebenezer Howard：Tomorrow：a peakful path to real reform，Swan Sonnenschein，1898：142.

霍华德所倡导的田园城市在地域空间和人口规模上与我国的建制镇相当，而且土地制度也与小城镇的集体土地制度相吻合，霍华德所倡导的作为一种文明形态的"田园城市"理念与我国实践中的小城镇建设不谋而合。他所提倡的"住在农村而从事农业以外的职业"的理想也由我国乡镇企业蓬勃发展带来的乡村工业大发展和"内生式"城镇化模式在"二元经济社会结构"的桎梏下所实现。霍华德理想中的田园城市磁铁目的在于逆转人口向城市迁移的潮流，并使他们返回故土。100多年前为破解伦敦"大城市病"而设计的"社会城市"

方案，在 20 世纪世界"逆城市化"潮流中催生了"卫星城"和"新城"建设热潮。

20 世纪 60 年代，美国著名城市学家刘易斯·芒福德（Lewis Mumford）对城乡关系的回答是：城乡不能对立分割，城乡地位平等，城乡理应有机结合；若问城乡孰轻孰重？答案是，自然生态比人造环境更重要。芒福德崇尚亨利·赖特（Henry Wright）的观点，即通过分散权利在现有城市周围建造众多"新的城市中心"，构筑更大尺度的"区域统一体"，城乡平衡可以在这里达成，区域整体发展可以在这里实现，城市生活的美好可以在这里为全体居民所共享。[①]

20 世纪 80 年代，加拿大地理学家特伦斯·加里·麦吉（Terence Gary McGee）对中国台湾地区的台北—高雄走廊、韩国的首尔—釜山走廊、泰国的曼谷大都市区、中国大陆的长江三角洲和珠江三角洲等亚洲地区的研究发现，城乡之间的传统差别和城乡之间的地理分割日渐模糊。"城乡混合体"（desakota）[②]（印尼语中 desa 是乡村，kota 是城镇）——一种介于城乡之间，农业与非农产业并存，城乡融合特征显著的地域实体涌现出来。desakota 有别于传统西方发达国家以城市为核心的城镇化风貌，是一种以区域为尺度的城市化景观。其主要特征是高频率、高强度的乡城互动，高度融合的农业与非农业产业，逐渐消弭的城乡差别。

二、费孝通的经典"内生型"小城镇理论

费孝通（1910—2005）是我国著名的社会学家、人类学家，其一生的学术生涯是在"志在富民"[③] 理念的指引下前行的。20 世纪 30 年代的江村经济调查是从一个村庄的微观社区角度"解剖麻雀"，探究中国农民消费、生产、分配和交易体系的人类学、社会学研究尝试。产出的成果是 1938 年伦敦大学政治经济学院的博士毕业论文《开弦弓——一个中国农村的经济生活》；1939 年

---

① 景普秋、张复明：《城乡一体化研究的进展与动态》，《城市规划》，2003 年第 6 期，第 30～35 页。

② Terence Gary McGee：The emergence of desakota regions in Asia // Norton Ginsburg, Bruce Koppel，Terence Gary McGee：The extended metropolis：settlement transition in Asia，University of Hawaii press，1991：3—25.

③ 费孝通：《农村、小城镇、区域发展——我的社区研究历程的再回顾》，《北京大学学报（哲学社会科学版）》，1995 年第 2 期，第 4～14 页。

在英国出版时改为《中国农民的生活》（*Peasant Life in China*）；1986 年由戴可景翻译成中文，以《江村经济——中国农民的生活》为题出版。费孝通一生曾 26 次造访江村，江村成为他学术研究的起点和中心点。20 世纪 40 年代，费孝通在昆明西南联大继续开展村庄微观社区的研究，对云南禄村、易村、玉村三个村展开调查，产出的成果是 1943 年出版的《禄村农田》，1945 年芝加哥大学出版社出版的 *Earthbound China*（1987 年中文版命名为《云南三村》①）。云南三村的调查跟江村对比就有了"类型比较学"方法的基础。1947 年，费孝通将 1946 年在西南联大和云南大学的"乡村社会学"讲义整理成《乡土中国》一书于上海观察社出版，《乡土中国》一书内容系理论性质的社会结构分析。

20 世纪 80—90 年代，费孝通的学术中心转移到小城镇研究上来，出版了以《小城镇四记》（1983 年的《小城镇　大问题》《小城镇　再探索》，1984 年的《小城镇　苏北初探》《小城镇　新开拓》）为代表的小城镇研究经典作品。费孝通为 1986 年版戴可景翻译的《江村经济——中国农民的生活》一书撰写的"著者前言"中指出："我自 1982 年起就以江村作为起点更上一层楼开始研究小城镇。从吴江县各镇入手，逐步扩大研究范围，包括苏州、无锡、常州、南通四个市。1984 年又扩大到苏北及南京、镇江两市。小城镇的研究，从我个人来说是江村研究的继续。"② 在农村调查和小城镇研究的基础上，费孝通又提升到区域经济研究的层次，提出了 1988 年的"黄河上游多民族经济开发区"建议、"以香港为中心的华南经济区"设想；1989 年的"黄河三角洲开发区"设想；1990 年的"长江三角洲经济开发区"建议；1991 年的"环渤海经济区"设想；1992 年的"欧亚大陆桥经济走廊"设想；最终形成两条龙（长江、大陆桥），两只虎（华南虎、东北虎）的"全国一盘棋"格局，实现城乡一体工业化。③ 费孝通一生的学术生涯就是以农村社区调查为起点，从农村农民视角看小城镇发展，然后再与区域经济相连接。费孝通在 1984 年 4 月 8 日写给沈关宝的信中指出：小城镇研究要放到整个国家的工业化、城镇化进程以

---

① 《云南三村》系 1943 年费孝通的《禄村农田》，1943 年张之毅的《易村手工业》，1987 年张之毅著、费孝通校的《玉村农业和商业》三份调查报告的合集。

② 费孝通：《江村经济——中国农民的生活》，戴可景译，江苏人民出版社，1986 年，著者前言第 3 页。

③ 费孝通：《农村、小城镇、区域发展——我的社区研究历程的再回顾》，《北京大学学报（哲学社会科学版）》，1995 年第 2 期，第 4～14 页。

及社会转型的大背景中去。① 2017 年，习近平总书记在"7·26"讲话中指出："中华民族实现了从站起来、富起来到强起来的历史性飞跃。"② 在这个伟大的历史进程中，费孝通以一个人类学家、社会学家的担当，在"富起来"的历史篇章中，用知识力促人民尤其是农民"吃饱、穿暖、有钱花"。

费孝通是我国小城镇系统研究的开创者和集大成者，他的小城镇思想和贡献可以概括为三个方面：（1）"类别、层次、兴衰、分布、发展"十字研究课目奠定了小城镇研究的理论体系。（2）开创了"工农相辅""离土不离乡"的小城镇"内生式"③ 发展模式。（3）初步探索了以乡村工业为中心的分散工业化模式和以大城市为中心的集聚工业化模式的关系，即"内生式"小城镇发展与"外生式"大城市发展之间的协调关系。

1983 年 9 月 21 日，费孝通在南京"江苏省小城镇研究讨论会"上作了《小城镇　大问题》的发言，首次提出"类别、层次、兴衰、布局、发展"的小城镇研究十字课目，奠定了我国小城镇研究的理论体系。关于"类别"，《小城镇　大问题》一文中，费孝通将苏州市吴江县的小城镇划分为五种功能类别：（1）专业化手工业型的盛泽镇；（2）交通枢纽型的平望镇；（3）政治中心型的松陵镇；（4）旅游文化型的同里镇；（5）商品集散中心型的震泽镇。④ 类型的划分是为静态的单个社区"解剖麻雀"用的，伴随着调查的深入和地域的扩展，费孝通逐渐用动态的"模式"概念来解剖一群麻雀，"模式"也就代替了"类型"，费孝通眼中的"模式"是指：特定时空历史条件下特色各异的经济社会发展过程。⑤ 费孝通先后总结出：（1）地处沿海、人多地少、农工相辅、背靠上海、集体社队（乡镇）企业带动的"苏南模式"；（2）地处沿海、人多地少、市场流通网络带动家庭工业的"温州模式"；（3）背靠香港、"三来一补""前店后厂"企业带动的"珠江模式"；（4）善于经商、农牧贸易、面向民族市场、以商带工的"临夏模式"；（5）葡萄种植、加工一体化的"民权模式"；（6）庭院经济带动的"湖南模式"。关于小城镇的层次划分，费孝通强调应该摒弃以人口为单一指标的划分模式，而应该结合小城镇的行政地位和商品

---

① 沈关宝：《〈小城镇　大问题〉与当前的城镇化发展》，《社会学研究》，2014 年第 1 期，第 1~9 页。

② 李贞：《从站起来、富起来到强起来的历史性飞跃》，《人民日报（海外版）》，2017 年 9 月 6 日第 5 版。

③ 日本的鹤见和子称之为"内发型发展论"。

④ 费孝通：《小城镇大问题（之一）——各具特色的吴江小城镇》，《瞭望周刊》，1984 年第 2 期，第 18~20 页。

⑤ 费孝通：《四年思路回顾（一）》，《瞭望》，1989 年第 27 期，第 20~23 页。

流通功能来划分。他将吴江县的小城镇划分为三层五级。第一层县属镇（城镇），分两级。第一级是县城镇，拥有县、镇、社三重商业机构；第二级是非县城的县属镇，拥有镇、社两重商业机构。第二层公社镇（乡镇），分两级。第三级是商业人口接近县属镇的公社镇，拥有县属商业机构的派出机构和公社商业机构；第四级是普通公社镇，只有公社商业机构。第三层大队镇（村镇），属于第五级，不附设商业管理机构。① 这样的划分与克里斯塔勒的"中心地理论"中根据"中心商品"的供给种类、数量和范围的划分方法相类似，综合考虑了政治和经济两个维度。关于小城镇的兴衰，费孝通指出：小城镇的兴盛表面上是多种经营、商品流通的结果，实质是社队工业发展的结果。城镇的衰落则是单一化的农业生产和不断消失的商品流通功能的结果。② 关于小城镇的布局，费孝通并没有专门的论述，他是在人口分布意义上讲小城镇的布局问题的。费孝通指出：改革开放初期全国人口分布呈现两头大、中间小的葫芦型：城市人口激增，农村人口过剩，集镇人口下降或停滞。人口这盘棋要下活，必须做两个棋眼：一个是缩小地区差距，增强人口流动，降低人口密度；一个是发展小城镇，充当调节乡城人口的蓄水池。③ 关于小城镇的发展，费孝通"工农相辅""离土不离乡"的小城镇发展模式被称为中国经典小城镇发展理论④或称乡村内生城市化理论。

费孝通的"内生式"小城镇理论，概括起来有如下特点：（1）内生于历史传统；（2）内生于农民需求；（3）内生于"工农相辅"；（4）内生于社会变迁。

关于"内生于传统"的论断，源于费孝通"文化推陈出新"的认识，他指出：要真正懂得中国的独特之处，并依据这些特点来推动社会主义现代化，就必须研究可以推陈出新的旧事物，甚至要借用旧的外壳来发展新事物，最终实现新旧转换。⑤ 就如鹤见和子所言：江南水乡的生长环境、家庭的熏陶和故乡的风气，一方面培养了费孝通对外来新知识的求知欲，另一方面却又培养了他对生养他的社会的传统学识和文化的保守态度。费孝通并没有局限于按照欧美发达国家的现代化蓝图改造中国传统社会的"外发型"发展模式，而是强调：

---

① 费孝通：《小城镇 大问题（续完）》，《瞭望周刊》，1984 年第 5 期，第 24～26 页。

② 费孝通：《小城镇 大问题（之三）——社队工业的发展与小城镇的兴盛》，《瞭望周刊》，1984 年第 4 期，第 11～13 页。

③ 费孝通：《小城镇的发展在中国的社会意义》，《瞭望周刊》，1984 年第 32 期，第 8～10 页。

④ 王星：《经典小城镇理论的现实困境——重读费孝通先生的〈小城镇四记〉》，《社会科学评论》，2006 年第 2 期，第 18～24 页。

⑤ 费孝通：《小城镇 大问题（之三）——社队工业的发展与小城镇的兴盛》，《瞭望周刊》，1984 年第 4 期，第 11～13 页。

构建适恰的自然生态系统，尊重原有的社会、思想结构传统，发挥本地居民的创造性，自主发展创造新的生产流通组织，在衣、食、住诸方面都有新的生活风格的"内发型"发展模式。① 正是对中华上下五千年绵延不断的文明形态的认知，费孝通的小城镇发展理论特别强调传统的重要性，比如："苏南模式"要挖掘"男耕女织、农工相辅"和手工业传统，"温州模式"要挖掘"海外做工"的传统，"珠江模式"要挖掘"侨乡侨汇"的传统，"临夏模式"要挖掘回民善于经商、茶马互市的传统等等。

关于"内生于农民需求"的论断，源于费孝通对于农民生产、生活的人类学调查。费孝通发现，苏南地区的小城镇在解放之前和解放初期的发展，是农产品剩余之后"日中而市"物资集散的需求催生的；改革开放之后的发展，则是基于农民"吃饱穿暖有钱花"的需求，兴办社队企业的结果。农民基于自身的物质精神需要，才使得从土地里长出了乡土工业，才会长出龙港这座农民城。

关于"内生于农工相辅"的论断，一方面源于"苏南模式"农工相辅的传统和社队企业对农业的反哺，乡镇企业对农业的反哺是在"集体"这个范畴内续写着根植于"家庭"范畴内的男耕女织传统，区别仅仅在于"相辅相成"的范畴由家庭上升到集体。正如费孝通所指出的：发生在中国农村的工业化是建立在农业繁荣基础上的，它反过来又促进了农业农村的发展，最终走上现代化的道路。资本主义国家现代工业的成长是以农村的崩溃为代价的。② "农工相辅"的另一个表现是"一五"计划时期苏联援建的大型国有企业（如包钢）、"三线建设"时期布局在西部的军工企业，往往成为所在区域的一块"飞地"。"飞地"产生的原因是"企业办社会，封闭内循环"，后果是不利于企业与社会融合，不利于工业反哺农业。解决的方法就是由封闭走向开放，由产品经济转向商品经济，发挥国营企业的技术优势，大力发展乡镇企业，促进小城镇发展，以承接企业剥离的社会职能。③ "飞地"的不良后果还可以从上文梳理过的"非均衡增长理论"中扩散效应的发挥角度得到解释，从另一个侧面说明了"农工相辅"的重要性。

关于"内生于社会变迁"的论断，一方面体现为费孝通学术研究从社区到

① ［日］鹤见和子：《内发型发展论的原型——费孝通与柳田国男的比较》，江苏人民出版社，1991年，第43页。

② 费孝通：《小城镇　再探索（之一）》，《瞭望周刊》，1984年第20期，第14～15页。

③ 费孝通：《发展商品经济　协调东西发展》// 费孝通：《城乡发展研究——城乡关系·小城镇·边区开发》，湖南人民出版社，1989年，第15～24页。

小城镇再到经济区的嬗变过程，也就是说小城镇研究的视野不断拓展。另一方面体现为他从未"故步自封，封闭僵化"。1984 年，费孝通在《小城镇 新开拓》一文中指出：乡镇企业处于成熟阶段的一个重要标志是趋向于智力、技术密集型。劳动密集型的乡镇企业吸纳了中国农村的"第一次劳动力剩余"，将来资本、技术密集型乡镇企业会出现劳动力的"第二次剩余"，某些经济发达地区第三产业的蓬勃发展给出了吸纳"第二次劳动力剩余"和促进城乡融合的答案。① 1988 年 5 月 9 日，费孝通在全国城乡关系和边区发展研讨会上指出："离土不离乡"是我在当时具体历史条件下从事小城镇研究所提出的一个概念，将来伴随经济社会继续往前发展，"离土又离乡"也是可能的，但是须具备两个前提条件：一是规模化的农业经营，二是完善的社会保险体系。② 2000 年，费孝通在中国城市经济学会第三次代表大会上指出："我是城市研究领域的一个新人。虽已 90 高龄，但我过去一直是从事农村研究的；近年来我思想上发生一些转变，就是觉得农村想要更进一步，必须依靠城市的支持和推动。"③费孝通认为：内发型工业化应与外发型大规模的工业化同时并存，相辅相成。这一系列表述都表明了费孝通与时俱进，在不断变迁的经济社会发展现实中，持续思考、修正和拓展"内生式"小城镇发展模式的理论品格。

进入 21 世纪，伴随我国经济社会快速发展转型和城镇化的高速增长，不少学者对主要诞生于 20 世纪 80—90 年代的经典内生式小城镇发展模式发出了一系列诘问和反思。概括起来有如下几个方面：（1）小城镇快速发展阶段已经过去，乡镇企业发展的黄金时期已经一去不复返，小城镇和乡镇企业发展的低质量和一系列弊端不断凸显，21 世纪的小城镇发展应该走高质量有重点的内涵式发展道路。（2）经典小城镇理论提倡的农村工业化带动农村小城镇化的模式不能适应经济落后的中西部地区发展实践，自下而上的内生式小城镇发展模式未能弥合东西部差距，产生了"实践逻辑"和"理论逻辑"的矛盾，欠发达地区的小城镇发展路径有别于以"苏南模式"为主的乡镇工业发动型的经典理论，理论解释面临困境。④（3）1992 年邓小平南方谈话之后，我国以大城市为主的城镇化发展快速推进，小城镇的主体作用式微，需要在现实情境中重新思

① 费孝通：《小城镇 新开拓（五）》，《瞭望周刊》，1985 年第 3 期，第 22~23 页。
② 费孝通：《发展商品经济 协调东西发展》//费孝通：《城乡发展研究——城乡关系·小城镇·边区开发》，湖南人民出版社，1989 年，第 16 页。
③ 费孝通：《城镇化与 21 世纪中国农村发展》，《中国城市经济》，2000 年第 1 期，第 7~9 页。
④ 王星：《经典小城镇理论的现实困境——重读费孝通先生的〈小城镇四记〉》，《社会科学评论》，2006 年第 2 期，第 18~24 页。

考小城镇在促进城乡一体化中的功能、作用与意义。① （4）乡村城镇化的内生动力源于农业、农村、农民的需求，但是促动变革的要素（资金、技术、管理等）和力量却来自外部，这里就存在效率和公平如何协调的问题，也就是说小城镇能否在良性发展的同时保证"工业反哺农业"和农民的主体地位？这些问题有一些费孝通已经注意到了，比如不同地区小城镇发展的启动力差异问题、东西差距需要协作互补的问题等。有一些是步入 21 世纪之后，工业化、城市化加速发展的实际，以及技术革命尤其是信息技术革命所带来的新挑战和新问题。

三、小城镇的职能与城乡一体化

纵观人类城乡关系发展的历史，城乡关系的嬗变遵循"'乡育城市'—'乡城分途'—'乡城对立'—'乡城联系'—'乡城融合'—'乡城一体'"② 的发展进路。城乡治理也体现出"合—分—合"的特征。③ 身处"城尾乡头"的小城镇在城乡关系演进的不同历史阶段履行不同的职能。传统中国城乡融合阶段，小城镇主要履行经济职能。改革开放前的城乡封闭阶段，小城镇主要履行政治职能。改革开放至 20 世纪末的城乡半分割阶段，小城镇重新履行经济职能。进入 21 世纪后的城乡统筹阶段，小城镇主要履行行政和社会职能。④ 城乡关系由融合走向分离和对立在西方是工业革命和资本主义发展所带来的工农产业收益差异的后果，在我国还要加上计划经济体制和工业追赶战略的因素。城乡关系由分离对立重新走向一体融合有赖于经济进一步发展和城乡收入水平的均衡，有赖于城乡两种生产生活方式和价值理念的交流互鉴。小城镇在由城乡二元向城乡一体的转变进程中发挥着举足轻重的作用。

从历史上看，小城镇一级政权始终承担着"汲取"和"整合"两大职能。⑤ 所谓"汲取"职能主要包括汲取税收经济资源和力役、征兵等劳动力资

---

① 王小章：《费孝通小城镇研究之"辩证"——兼谈当下中心镇建设要注意的几个问题》，《探索与争鸣》，2012 年第 9 期，第 44～48 页。

② 周加来：《城市化·城镇化·农村城市化·城乡一体化——城市化概念辨析》，《中国农村经济》，2001 年第 5 期，第 40～44 页。

③ 郑国、叶裕民：《中国城乡关系的阶段性与统筹发展模式研究》，《中国人民大学学报》，2009 年第 6 期，第 87～92 页。

④ 邬艳丽：《统筹城乡背景下镇之职能重设》，《小城镇建设》，2017 年第 2 期，第 38～44 页。

⑤ 杨永：《后农业税时代基层干部视野中的乡镇政府职能转变——对鄂、皖、渝三地乡镇干部的问卷调查》，《北京工业大学学报（社会科学版）》，2008 年第 5 期，第 8～12 页。

源。所谓"整合"职能主要是把广大的农村社会整合进国家治理体系，这种整合在长达 2000 年的封建社会主要是靠乡绅和地主，新中国成立后，基于快速工业化和城市化的需要，将国家治理体系的触角下沉到乡镇一级。[1] 新中国成立以后的城乡关系演进和小城镇职能设定大约分为三个时期。（1）新中国成立至改革开放前，我国城乡二元结构特征明显，城市和乡村在户籍、粮食、就业、社会保障等诸多领域相互隔离，在国家快速工业化政策和高度集中的计划经济体制背景下，小城镇担负着"汲取"农业剩余为工业发展提供原始积累的责任，为了减少交易成本和增加粮食供应，尤其是 1958 年开始推行的"政社合一"的人民公社体制，实现了国家治理触角的有效下沉，这一时期的小城镇职能主要是"汲取"农业剩余和政治统治职能。（2）改革开放至 20 世纪末，城乡二元体制逐步破除，户籍制度在小城镇层面开始破冰，劳动力的流动障碍逐渐破除，家庭联产承包责任制激发了农民的生产积极性，人民公社解体，乡镇企业异军突起、蓬勃发展，在建立乡镇一级财政[2]的刺激下，小城镇发展经济的积极性高涨。这一时期的小城镇职能主要是"汲取"财税资源和发展乡镇经济。（3）进入 21 世纪，城乡关系逐渐由城乡二元统筹走向城乡一体，"工业反哺农业"、取消农业税、撤乡并镇，城乡要素流动和社会文化交流加速，由于农业税的取消和"乡财县管"实践的推进，小城镇的"汲取"财富和"谋利"动机弱化，这一时期的小城镇职能主要是社会管理和公共服务。小城镇职能的这种历史演变背后还有我国农村社会由封建社会"一盘散沙"的"家—户主义"，到人民公社时期的"国家—集体主义"，到改革开放之后的"个人本位主义"，再到 21 世纪的"合作主义"的逻辑演进过程。由于乡镇一直未能成为一级完备的政府[3]，权（公共权力）、责（政治责任）、能（治理能力）不一致，呈现出"权小、责大、能弱"的状态[4]，导致小城镇在国家治理体系中的工具性特质明显，执行偏向明显。

城乡一体化是指：在生产力高度发达条件下，城乡完全融合，互为资源，互为市场，互相服务，达到城乡之间在经济、社会、文化、生态上协调发展的

---

① 李昌平：《乡镇体制变迁的思考——"后税费时代"乡镇体制与农村政策体系重建》，《当代世界社会主义问题》，2005 年第 2 期，第 3～10 页。

② 金太军、施从美：《乡镇财政制度变迁的路径依赖及其破解》，《学习与探索》，2006 年第 4 期，第 85～90 页。

③ 按照徐勇的观点，乡镇缺乏独立的决策和司法权力，财政保障能力和行政执法权力较弱。

④ 徐勇：《县政、乡派、村治：乡村治理的结构性转换》，《江苏社会科学》，2002 年第 2 期，第 27～30 页。

过程。就其内容而言，包括"城乡经济一体化""城乡生产、生活方式一体化""城乡居民价值观念一体化"[①]"城乡治理体系一体化"等方面。小城镇在促进城乡一体化中的作用，首先是促进城乡经济一体化，核心是促进资源、商品等生产要素的自由流动，构建乡城统一的市场体系。其次是生产、生活方式的一体化，主要是打破城市工业、乡村农业的固有格局和认识，小城镇的生产、生活方式逐渐多元化，乡村工业、服务业要接受城市工商业模式的扩散，乡村恬静优美的自然景观和亲自然的生活模式向城市扩散，"工业下乡""农村电商"等是城市生产生活方式向农村的扩散，"古镇游""农家乐""美式乡村装修风格"代表着农村生产生活方式向城市的扩散，而城乡碰撞的节点非小城镇莫属。"城乡居民价值观念的一体化"包含着对时间的观念、对工作的观念、对休闲的观念，进而是对生命的观念的相互激荡。"城乡治理体系的一体化"主要是破除城乡分割的一系列制度设计，使城乡居民享有同样的经济、政治、社会权利，目前来看，主要是土地制度、户籍制度和社会保障制度安排的一体化。城乡一体化不外乎"自上而下"和"自下而上"两种城乡互动路径，而这一上一下"极化效应"和"扩散效应"的实现，首要一点就是完善合理的城镇居民点体系，小城镇就是这个居民点网络体系中不可或缺的节点。要素的扩散、文明的交流就是这张网中流动的血液，小城镇则要承担调节流向、流量的责任。

城、镇、乡关系互动中，不仅存在以小城镇为中介的城乡关系（"乡村—小城镇—城市系统"和"城市系统—小城镇—乡村"的双向中介作用），同时还要考察以城市系统为中介的乡村和小城镇关系（"乡村—城市系统—小城镇"）、以乡村为中介的城市系统和小城镇的关系（"小城镇—乡村—城市系统"）。其具体关系如图2-10所示。

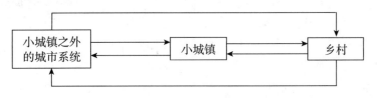

图2-10 城镇乡互动关系示意图

资料来源：周舵、刘世定：《从小城镇的角度研究城乡关系涉及的几个问题》//费孝通：《城乡发展研究——城乡关系·小城镇·边区开发》，湖南人民出版社，1989年，第254页。

[①] 张叶：《小城镇发展对城乡一体化的作用》，《城市问题》，1999年第1期，第9～12页。

前面已经分析了以小城镇为中介的城市系统和乡村的关系，接下来着重分析以"城市系统"和"乡村"为中介的城镇乡关系。我们可以通过几个例子来考察这种互动关系。比如：农民工流入大中城市打工，有了积蓄之后带着资本和技术到小城镇创业、定居，这样"城市系统"就成为小城镇和乡村沟通的媒介；古代小城镇籍贯的文人中举到城市系统工作，年迈之时告老还乡，也是以"城市系统"为媒介的沟通。再比如：在大中城市工作的工人将钱寄回给乡村的子女或亲属，子女或亲属到小城镇消费，这样就产生了以"乡村"为中介的城市系统和小城镇之间的沟通；"文化大革命"时期，知识青年下放农村，又被乡镇企业请去作技术指导，这也是以"乡村"为媒介的城市系统和小城镇之间的沟通。认识到城镇乡系统之间这种复杂的相互作用关系，为我们后续全面、系统考察城镇乡之间的人口、产业、信息、文化作用关系，科学界定小城镇在城镇化和农业现代化中的地位和功能奠定了基本的分析框架。

四、小城镇发展政策的阶段划分与变迁动因

关于小城镇发展政策的阶段划分，不同的学者基于数量、政策文本、城乡关系、文献计量等不同标准给出了不同的答案。纵观小城镇阶段划分的所有文献，存有一点共识，即他们都将 2000 年发布的《中共中央国务院关于促进小城镇健康发展的若干意见》（中发〔2000〕11 号）作为小城镇发展政策由"积极发展"（数量型）向"重点发展"（质量型）转变的标志性文件。王文录基于"数量"标准，将改革开放 30 年的小城镇发展历程划分为启动规划期（1979—1986）、迅猛发展期（1987—2003）、完善提高期（2004—）三个阶段。[①] 基于"数量+政策文本"的标准，袁中金将新中国成立以来的小城镇政策划分为恢复与初步发展时期（1949—1957）、萎缩时期（1958—1978）、快速扩张时期（1979—1999）、质量全面提升时期（2000—）四个阶段[②]，王志宪、吕霄飞将新中国成立以来的小城镇发展政策划分为波动发展时期（1949—1978）、迅速恢复及快速发展时期（1979—1999）、质量全面提升时期（2000—）三个阶段[③]，吴康、方创琳将新中国成立 60 年来的小城镇发展历程划分为恢复和初

---

① 王文录、赵培红：《改革开放 30 年我国小城镇的发展》，《城市发展研究》，2009 年第 11 期，第 34～38 页。

② 袁中金：《中国小城镇发展战略》，东南大学出版社，2007 年，第 75～78 页。

③ 王志宪、吕霄飞：《中国小城镇发展概述》，《青岛科技大学学报（社会科学版）》，2010 年第 2 期，第 7～10 页。

步调整期（1949—1957）、萎缩停滞期（1958—1978）、恢复发展期（1979—1983）、快速发展期（1984—2001）、协调提升期（2002—）五个阶段[①]，郭元阳将改革开放以来的小城镇发展政策划分为必要过渡期（1979—1983）、快速发展期（1984—1989）、稳定发展期（1990—2001）、调整发展期（2002—）四个阶段[②]。基于"数量+政策文本+城乡关系"标准，赵之枫将新中国成立以来的小城镇政策划分为迂回起伏时期（1949—1979）、蓬勃兴盛时期（1980—2000）、调整徘徊时期（2001—2011）、协调转型时期（2012—）四个阶段。[③]基于"数量+政策文本+文献计量+城乡关系"标准，蒲向军、马昭君将新中国成立70年来的小城镇发展政策划分为城乡分离背景下的起伏波动发展（1949—1977）、城乡关系改善背景下的高速无序发展（1978—1993）、城乡失衡背景下的健康有序发展（1994—2005）、城乡统筹背景下的全面协调发展（2006—2018）四个时期。[④]

小城镇发展政策变迁动因研究是一片"人迹罕至"的研究领域，少数聚焦此问题的文献可以归结为产业结构、制度安排、意识形态三个视角。温铁军认为我国"积极发展"小城镇政策是新中国成立后我国照搬苏联重结构工业模式的结果。"积极发展"小城镇政策形成的基本逻辑是：朝鲜战争爆发以后，我国被迫选择照搬了苏联的重结构工业模式，重结构工业化"资本增力排斥劳动"的效应导致城市就业不足，为了保证城市工业发展和城市就业，国家构筑起城乡二元的制度体系，地方政府寻求工业化的动机在计划经济体制最薄弱的环节——小城镇率先实践，乡镇企业蓬勃发展，"积极发展"小城镇政策成为客观现实的写照，要想实现小城镇发展政策变迁，根本的是转变产业结构，从而带动工农城乡要素流动，破除城乡二元体制。[⑤]赵燕菁认为"积极发展"小城镇政策是城乡二元体制背景下的被迫选择。她运用交易成本理论，分析指出：在城乡要素无法自由流动的二元体制环境下，人们进入大中城市的迁移成

---

①　吴康、方创琳：《新中国60年来小城镇的发展历程与新态势》，《经济地理》，2009年第10期，第1605~1611页。

②　郭元阳：《改革开放以来中国小城镇发展及其战略的历史沿革》，《内蒙古民族大学学报（社会科学版）》，2013年第5期，第82~84页。

③　赵之枫：《"镇"之辨析——城乡视角下小城镇发展历程与转型》//中国城市规划学会，《品质与共享——2018中国城市规划年会论文集》，中国建筑工业出版社，2018年，第37~45页。

④　蒲向军、马昭君：《中华人民共和国成立70年来小城镇发展历程研究》//中国城市规划学会，《活力城乡　美好人居——2019中国城市规划年会论文集》，中国建筑工业出版社，2019年，第1035~1045页。

⑤　温铁军：《历史本相与小城镇建设的真正目标（上）》，《小城镇建设》，2000年第5期，第31~35页。

本过高，囿于迁移成本收益的考量和小城镇的低迁移门槛，农民会作出"次优"选择，迁入小城镇。小城镇发展政策的变迁（或曰"最优选择"的达成）有赖于在打破城乡二元体制的同时，赋予农民更多的土地财产权利，增加其启动资本。① 周一星指出："控大促小"的积极发展小城镇政策是"备战备荒"城市思想的延续。② 马恩经典著作中有关"城市病""乡村工业""均衡城镇化""消灭大城市"的零星论述构成支撑"积极发展"小城镇政策的源头活水。党的第一代领导集体囿于管理城市经验的欠缺和国际环境的影响，形成了"反城市化"实践和"生产城市"认知。以上认识构成了"控大促小"城市方针的长期思维惯性。③ 另外，关于"大城市病"的恐惧，对于世界城市化规律的认识，对城市居民利益的保护也是政府长期奉行"控大促小"政策的影响因素。④

五、小结

小城镇发展理论和文献述评的主旨是洞悉小城镇发展规律，阐明小城镇发展各个阶段的主导性理论，理清改革开放 40 年来小城镇发展政策的阶段划分与变迁动因。

区位理论旨在回答产业和城镇布局规律，阐明了金字塔形城镇体系的理论依据。结构理论旨在回答城乡二元结构的转换规律及中国特色"城—镇—乡"三元体系的特征。人口迁移理论旨在阐明人口乡城迁移的影响因素及其规律。小城镇的职能经历了城乡融合背景下的"汲取整合"职能→城乡二元背景下的"汲取农业剩余"和"政治统治"职能→城乡半分割半开放背景下的"汲取财税资源"和"发展乡镇经济"职能→城乡统筹一体背景下的"社会管理"和"公共服务"职能的演变历程。城乡一体化理论旨在阐明小城镇在城乡互动中的地位、作用，以及"城—镇—乡"互动的多重路径。

费孝通"农工相辅，离土不离乡"，以小城镇为主体的城镇化理论是"积极发展"小城镇阶段的主导性理论。以"刘—费—拉"模型为代表的，强调规

---

① 赵燕菁：《制度变迁·小城镇发展·中国城市化》，《城市规划》，2001 年第 8 期，第 47~57 页。

② 周一星：《小城镇偏好政策争论的一点往事》，《小城镇建设》，2018 年第 9 期，第 8~9 页。

③ Richard J. R. Kirkby：Urbanisation in China：town and country in a developing economy 1949—2000 AD，Routledge，2018：1-20.

④ 孙自铎：《政府为什么偏爱小城镇》，《中国国情国力》，2001 年第 2 期，第 35~36 页。

模效应和极化效应的非均衡发展理论是"重点发展"小城镇阶段的主导性理论。霍华德的"三磁铁"模型和田园城市理论是"文明发展"小城镇阶段可能的主导性理论。特色小镇理论因其理论共识的薄弱性和实践特质，安排在第六章合并讨论。

《中共中央　国务院关于促进小城镇健康发展的若干意见》是小城镇政策由"积极发展"（数量型）向"重点发展"（质量型）变迁的标志性文本。少数聚焦小城镇政策变迁动因的文献可以归结为产业结构、城乡关系、意识形态三种视角，且均偏重宏观视角，这也凸显了运用多源流分析框架（中观视角）进行探究的价值。

第三节　多源流分析框架相关文献述评

MSF 的相关文献述评从国内外两方面展开。国外文献部分主要梳理其理论渊源、基本分析逻辑、遭受的批判、自身的修正发展、模型的解释力。国内文献部分主要回顾和评述其在中国的适用性、相关的修正以及主要的发展。本部分的作用是为接下来的分析框架奠定文献基础。

一、多源流分析框架的理论渊源

MSF 的理论渊源主要梳理其思想源泉和直接理论来源——垃圾桶决策模型，勾勒其建构的思想脉络。

（一）有限理性、渐进主义与模糊性

"教科书式"的全面理性模型因其简洁性在很长一段时间里主导着政策制定和政策变迁领域，同时因其过于严苛的假设，同时也持续遭受着过分"裁剪现实"的批判和质疑。有限理性和渐进主义因其"合现实性"地抵近实际生活的特质，成为替代全面理性的两大主流政策变迁理论。

1947 年，赫伯特·A. 西蒙（Herbert A. Simon）出版了《管理行为》一书，提出了"有限理性"决策理论，即囿于时间、精力、人类知识和推理能力的限制，人们只能寻求"满意决策"而不是"最优决策"，由于人们不可能对"目的—手段"和"事实—价值"作出清晰的划分，所以理性决策的三个步骤〔（1）列举所有备选策略；（2）确定执行每个备选策略所产生的所有后果；

（3）对多个结果序列进行比较评价〕不可能完全实现。决策过程中最关键的缺乏因素不是信息而是注意力。注意力的稀缺导致决策者不能搜寻所有的备选方案，而只能是有限数量的备选方案。①

1959 年，查尔斯·E. 林德布洛姆（Charles E. Lindblom）发表了《"渐进调试"的科学》（*The Science of "Muddling Through"*）② 一文，对"全面理性决策"提出三点批评：（1）决策者并不是面临一个既定的问题，问题常常是模糊的和结构不良的；（2）决策者不可能穷尽所有的备选方案；（3）决策者的偏好并不一致。在此基础上，他提出基于"按部就班原则""积小变为大变原则"和"稳中求变"三原则的"渐进主义"决策理论。③

1994 年，詹姆斯·G. 马奇（James G. March）在《决策是如何产生的》一书中指出：复杂世界中的决策充满了"无序"和"模糊性"，理性选择理论忽视了模糊性的重要性。"模糊性"是指对现实世界的认识、决策和结果（问题—答案）之间的因果关系，决策者的意图（偏好、身份）缺乏清晰性或一致性。现实生活中，决策者经常面临模糊的情境、模糊的目的、模糊的偏好、模糊的身份、模糊的结果、模糊的历史、模糊的经验、模糊的意义、模糊的规则……问题的解释常常具有模棱两可的多重建构属性，决策和结果之间的因果关系推断常常缺乏清晰性，决策者的认知、偏好、经验常常缺乏一致性。模糊性是决策生活的核心特点。④

叶海卡·德洛尔（Yehezkel Dror）于 1986 年出版了《逆境中的政策制定》（*Policymaking Under Adversity*）一书，研究了"逆境"（存在诸多困难和不确定性的社会紧张状态，德洛尔区分了三种政策制定"纯类型"：繁荣、逆境、灾难）状态下如何改进政府中枢决策系统（中央政策制定过程系统）的问题。德洛尔指出：具有深度复杂性和高度不确定性的"逆境"是政策制定的一个普遍条件。在"质的不确定性"（与量的不确定性相对）、"混合的不确定性"（部分可预测）、"易变的不确定性"和"无知"的情境下，德洛尔建构了一个"先验"的"模糊赌博"（类似吉凶难卜的纸牌游戏，即影响决策结果的

---

① ［美］赫伯特·A. 西蒙：《管理行为（原书第 4 版）》，詹正茂译，机械工业出版社，2004 年，第66～76 页。

② Charles E. Lindblom：The science of "muddling through"，Public administration review，1959，19（2）：79－88.

③ 丁煌：《西方行政学说史》，武汉大学出版社，2004 年，第 245～247 页。

④ ［美］詹姆斯·G. 马奇：《决策是如何产生的》，王元歌、章爱民译，机械工业出版社，2013年，第 136～149 页。

各种动因是不可知的，并表现出不确定、不连续和跳跃的形式）政策制定模型。"模糊赌博""震惊历史"（颠覆式创新）、"非预期后果"（有目的的社会行动产生的非预期后果①）构成逆境中政策制定的三大特征。逆境中的高质量政策制定需要处理议程设置、备选方案创新和"超理性"观念。议程设置负责分配稀缺的"注意力"资源，词语意义的模糊、矛盾和不断变化增加了问题界定和议程设置的难度，高质量的决策需要保持多样性和开放的问题表述和界定。逆境中备选方案的拟定亟须突破"封闭性思维"，实现颠覆式创新和"超理性"创造。逆境中的决策还需要承认"非理性""反理性"和"超理性思维"的合理性。②

德博拉·斯通（Deborah Stone）在 1988 年出版的《政策悖论与政治推理》一书中指出：我们生活在一个充满歧义、悖论、模糊的现实世界中，现实世界中的公共政策模型更像是一个"城邦模型"（政治模型）而不是理性选择模型（市场模型）。我们用来设定政策目标、界定政策问题和判定解决方案的每一个分析标准都具有政治意义的构造。决策使用的信息是不完全的、充满歧义的、可以多重解释和战略操纵的，由此诸如平等、效率、安全和自由等决策目标是模糊、冲突和变幻的。政策问题的界定是对实际情况的再现过程，是一个主观作用于客观的社会建构过程，不同的问题建构方法/语言类型（象征、数字、原因、利益、决策）会产生不同的问题界定。理性分析背后的思想范畴本身是在政治斗争的过程中构造起来的，理性分析必定是政治的，理性选择是不同版本的观察世界方式中的一种。现实世界（自然界和社会事务）是一个连续的整体，而边界、范畴、分类是"现实的社会建构"，是帮助人类认识现实世界的手段。作为连续性整体的世界有无限可能的分类方案，特定的诠释和语言类型导致了特定的政策目标、问题界定和行动方案（政策工具）。③

有限理性模型关于"注意力稀缺"的假定，渐进主义模型关于"问题模糊性"的判定，成为 MSF 的源头活水。马奇在复杂世界中无序和模糊性的"常态"认知基础上，建构起组织选择的"垃圾桶"决策模型，成为 MSF 的直接理论来源。德洛尔的"模糊赌博"政策制定模型，以及逆境中实现高质量决策

---

① Robert K. Merton：The unanticipated consequences of purposive social action，American sociological review，1936，1（6）：894—904.

② ［以］叶海卡·德罗尔：《逆境中的政策制定》，王满传、尹宝虎、张萍译，上海远东出版社，1996 年，第 153～177 页。

③ ［美］德博拉·斯通：《政策悖论——政治决策中的艺术：修订版》，顾建光译，中国人民大学出版社，2006 年，第 391～399 页。

须保持议程设置中问题界定多样性、开放性，备选方案须打破封闭性思维实现颠覆性创新的忠告与 MSF 的思想相吻合。斯通关于决策目标模糊性、冲突性、变动性特征，政策问题多重诠释性、多重社会建构性特征的刻画，与 MSF 高度一致。

（二）垃圾桶决策模型

1972 年，迈克尔·D. 科恩（Michael D. Cohen）、詹姆斯·G. 马奇（James G. March）、约翰·P. 奥尔森（Johan P. Olsen）发表了《组织选择的垃圾桶模型》（*A Garbage Can Model of Organizational Choice*），正式提出了"垃圾桶决策模型"。他们认为所有的组织某些时候都会处于一种"有组织的无序"状态，公共组织、教育组织和非法组织尤为明显。"有组织的无序"（organized anarchies）是指具有"不一致的偏好"（problematic preferences）、"不清晰的技术"（unclear technology）和"流动性参与"（fluid participation）三大特征的组织或决策情景。所谓"不一致的偏好"是指决策者的偏好经常是含混的、不一致的，组织的偏好通过行动表现出来，而不是在一致偏好的基础上采取行动。所谓"不清晰的技术"是指组织的成员并不理解组织的做事方法，组织的运作基于简单的"试错法"、过去的经验教训和必要的实用性发明创造。所谓"流动性参与"是指决策者每一次针对不同的领域，投入的时间和精力是不同的。因此，组织的边界是变化的，某类特定决策的决策者和受众是变化无常的。

"垃圾桶决策模型"的基本观点如下：决策机会从本质上来说是一个模糊的促发因素。这种组织观点特别关注伴随时间流逝，决策发生变化的方式。这种组织观点特别强调把握时机的战略意义，为此模型引入了决策、问题、可用精力的时间分配模式、组织结构等因素。模型将决策机会形象化地比喻为：参与者将数量众多的问题和解决方案倒入其中的垃圾桶。单个垃圾桶中垃圾的混合程度取决于可用垃圾桶的混合程度、其他垃圾桶上所贴的标签、现在正在产生的垃圾的内容、垃圾收集和清运的速度。模型非常关注组织中问题产生、人事安排、解决方案产出、决策机会之间的复杂互动过程。

"垃圾桶决策模型"假定决策是组织中四条相对独立的溪流相互作用的结果。（1）问题流。问题来源于组织内外部人员所关心的议题。（2）方案（答案）流。解决方案是某些人的产品。尽管格言说：只有形成了明确的问题才能找到答案，但是在组织的问题解决过程当中，经常是当你知道了答案才真正明白问题是什么。（3）参与者。参与者进进出出，参与者的变化源于参与者时间的稀缺。（4）决策机会。组织做出决策的时机。机会定期出现，每个组织都有宣示决策机会的方式。尽管源流之间并不是完全独立的，但每一个源流相对于体系来说都可视为独立的和外生的。每一条溪流中水流的速度和模式差异以及相互关联的不同程序会产生不同的后果。

在"有组织的无序"下，垃圾桶决策模型的运作逻辑具体如图 2－11 所示。

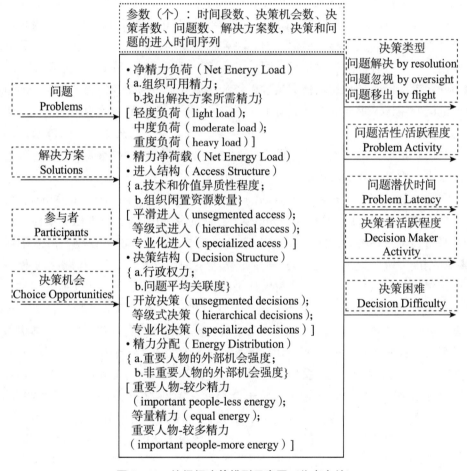

图 2－11　垃圾桶决策模型示意图（作者自绘）

资料来源：Michael D. Cohen，James G. March，Johan P. Olsen：A garbage can model of organizational choice，Administrative science quarterly，1972，17（1）：1—25.

图 2－11 中，左侧的四个箭头代表四个相互独立的溪流要素：问题、解决方案、参与者、决策机会。中间上方的虚线框内表示运用垃圾桶模型所设定的

参数，包括 5 个固定参数（时间段数、决策机会数、决策者数、问题数、解决方案数）和两个可变参数（决策的进入时间序列、问题的进入时间序列）。中间实线方框内表示的是四个组织结构要素：净精力负荷、进入结构、决策结构和精力分配（大括号内的分类是可观察的指标，中括号内的分类是纯粹理想化的类型划分）。右侧的五个箭头是垃圾桶模型 324 种情形下运作结果的其中五个方面的输出结果分析。

仿真模拟的过程分析显示出垃圾桶决策过程的八大特征：（1）从决策类型来说，"问题移出"和"问题忽略"是垃圾桶决策的主要特征。（2）垃圾桶决策过程对负荷的变异相当敏感。（3）决策者和问题在决策过程中有相互追踪的倾向。（4）垃圾桶决策过程无法同时做到减少决策时间、降低问题活跃度、缩短问题潜伏期。（5）垃圾桶决策过程经常伴随着剧烈的交互作用。（6）与不重要的问题相比，重要的问题更有可能被解决。早出现的问题比晚出现的问题更有可能被解决。（7）相对于不重要的决策而言，重要的决策更不可能解决问题。（8）虽然大部分的决策会做出，但决策错误却集中在最重要和最不重要的决策中。中等重要的决策最终总是会做出。

乔纳森·本多（Jonathan Bendor）、特果·M. 莫（Terry M. Moe）、肯尼斯·W. 肖特（Kenneth W. Shotts）系统回顾和检视了垃圾桶决策模型以及马奇、奥尔森的后续发展后指出：1972 年的"垃圾桶决策模型"对政治科学和制度理论产生了重大影响，塑造了人们的组织理念。他们同时指出了模型的诸多缺陷：（1）理论版的"垃圾桶决策模型"和计算机语言模拟版的"垃圾桶决策模型"是两个完全不同的世界：计算机语言模拟版的"垃圾桶决策模型"缺少了"解决方案流"这个溪流要素；理论版是一个认知模型而计算机版模型奠基在精力概念基础上；计算机版的参与者变成了一个没有明确目标和不能被激发的机器人；理论模型描述了一个随机和不确定的世界，而仿真模拟在本质上是确定的；仿真模拟没有充分显示"有组织的无序"的三个特征。（2）关于问题、解决方案、参与者、决策机会四大源流的独立性和外生性假定。首先，真实世界中，问题是由组织参与者识别和提上议事日程的，解决方案也是特定参与者面临某些问题时纳入组织中的，参与者是问题和解决方案的携带者。垃圾桶模型也假定决策机会类似于参与者将问题和解决方案投入其中的垃圾桶，这说明三者之间并不是独立的。其次，解决方案（solution）通常是指"解决问题的行动或过程"，解决方案依附于特定问题，不能独立存在，并不是指一个物体（如电脑）或思想（如分权）。因此，经验现实中四个源流之间并不是完全独立的。（3）关于组织结构。首先，垃圾桶决策模型假定组织结构是外生的，且对组织决策过程和运作结果有重要影响。现实生活中，组织中的领导者或权威人物会基于特定目的改变组织结构，从而使得垃圾桶决策过程不再是"有组织的无序"状态而是有序的和高效的。其次，组织结构要素中没有系统考察权威、授权和控制关系，而把参与者当作一个个无目的的个体，恰巧进入某一决策机会。（4）关于有组织的无序。"有组织的无序"的范围是模糊的，究竟是"不一致的偏好""不清晰的技术"和"流动性参与"三个特征必须同时具备还是只需具备其一即可？①

　　龚虹波认为，垃圾桶决策模型旨在消弭"行动"学派与"结构"学派之间的鸿沟。模型因袭了有限理性学派所秉持的个体主义的、演绎的研究方法，把单一的决策作为分析单位，具有行动学派特有的"清晰"优势，同时将"有组织的无序"的三大特征作为结构性前提引入，将组织结构概念化为四个结构性变量，实现了行动因素和结构因素的融合。融合的代价是因果解释力的下降，理论的真实性和普遍性不可兼得。② 张才新、夏伟明认为：垃圾桶决策模型是超越理性决策和渐进决策的"第三条道路"，以反"阶段论"和关注组织行为中的"非理性"因素的面目出现。③ 郭巍青认为：垃圾桶决策模式是一种"反理性主义"的模型，它秉持"后实证主义"的认识论传统和复杂组织（"有组织的无序"）的理念，旨在描述真实的决策过程，缺乏预测能力。④ 丘昌泰认为：垃圾桶决策模型描述的仅仅是公共政策中的"病态"部分，并非常态现象。⑤

　　奥尔森在 2001 年的回应文章中指出：本多、莫和肖特对垃圾桶决策模型的批评秉持的是"实证主义"的认识论传统，而"垃圾桶决策模型"的主旨是提供"目的—手段"理性主义认识论之外的新"洞见"，目的是整合不同的理论范式以更好地认识现实。⑥

---

　　① Jonathan Bendor, Terry M. Moe, Kenneth W. Shotts: Recycling the garbage can: an assessment of the research program, American political science review, 2001, 95（1）: 169—190.

　　② 龚虹波:《"垃圾桶"模型述评——兼谈其对公共政策研究的启示》,《理论探讨》, 2005 年第 6 期, 第 104～108 页。

　　③ 张才新、夏伟明:《垃圾桶决策模式: 反理性主义的声音》,《探求》, 2004 年第 1 期, 第 35～38 页。

　　④ 郭巍青:《政策制定的方法论: 理性主义与反理性主义》,《中山大学学报（社会科学版）》, 2003 年第 2 期, 第 39～45 页。

　　⑤ 丘昌泰:《公共政策: 当代政策科学理论之研究》, 巨流图书公司, 1999 年, 第 236 页。

　　⑥ Johan P. Olson: Garbage cans, new institutionalism, and the study of politics, American political science review, 2001, 95（1）: 191—198.

二、多源流分析框架的基本逻辑

约翰·W. 金登在 1984 年出版的《议程、备选方案与公共政策》（*Agendas, Alternatives, and Public Policies*）一书中首次提出"多源流分析框架"（MSF），迄今已有 38 年的历史。这部著作被誉为"公共政策研究的不朽之作"，2003 年被收入著名的《朗曼政治学经典著作》。金登在 1976—1979 年间，针对卫生和运输政策领域的 23 项案例进行了 247 次深入的访谈研究，对"问题是如何引起政府官员关注的、备选方案是怎样产生的、政策议程是如何建立的"这样一些被人们长期忽视的重要问题进行了系统分析和回答，颇有说服力地率先对公共政策的核心环节——议程建立和公共政策形成的内在机理——进行了科学的探讨。

（一）MSF 的解释对象：议程设定、备选方案阐明与政策形成

MSF 的核心解释对象有三个：（1）政策议程是如何设立的？也就是说问题是怎样引起官员注意的？具体来说，就是为什么某些问题能够得到重视从而被提上政府的议事日程，而另外一些问题却得不到重视从而被长期拖延？（2）备选方案是如何产生的？在政府官员注意力稀缺的背景下，为什么某些备选方案会进入政府的视野，而另外一些则被舍弃？（3）政策是如何形成的？也就是假定独立流淌的问题流、政策流和政治流在什么时候、什么条件下会聚合到一起，从而最有可能产生一项新的公共政策或修订一项既有的公共政策。

（二）MSF 的基本要素与运转逻辑

MSF 的基本结构包括五大要素：问题溪流、政策溪流、政治溪流、政策企业家和政策之窗。MSF 将议程设定和政策形成的过程比作三条主要独立流淌的溪流在政策企业家的持续努力之下，在政策之窗开启之时，实现溪流汇合，形成新的公共政策的过程。三大溪流的汇合能大大提升项目进入"决策议程"进而形成新政策，实现政策变迁的概率。一个领域的成功有助于相邻领域的成功，"外溢"是极为有力的议程建立者。

问题溪流（问题识别）。"问题流"主要关注是什么因素促使决策者注意或忽略某些问题，状况是如何界定为问题的。指标、焦点事件、现行项目的反馈，三者联合促使状况向问题转化。指标不只是对事实的直接识别，对指标的解释促使"状况"转化为"问题"。"焦点事件"包括危机事件、拥有广泛共识

的符号、决策者的人生经验。决策者的工作负荷也会影响问题进入政策议程的机会。

政策溪流（政策原汤）。生命科学家将生命诞生以前的混沌状态称为"原汤"。思想在 MSF 众多政策参与者所构成的各类共同体中四处游走，分化组合，原初的思想胚芽分分合合并逐渐凝结为备选方案的过程像极了生物界中的"自然选择"过程。形形色色的思想观点（元政策）在"政策原汤"环境中碰撞重组，只有符合某些标准的思想才会幸存下来。[①] 这些标准包括价值可接受性、技术可行性、资源充足性等，同时还取决于政策共同体和网络整合的状况。政策共识的形成依赖说服和传播。

政治溪流（与选举、政党或压力集团有关的政治活动）。国民情绪、利益集团的争斗、议席分配情况、政府更迭、意识形态转变是政治溪流的核心内容。政策制定者对国民情绪[②]的意识或知觉可以促进或阻止某些议题进入议程。政治溪流中的共识往往要靠讨价还价来达成。

政策之窗与政策企业家。政策企业家是指甘愿投入知识、渠道、时间、金钱、精力等资源以推出自己所钟意的政策方案的人群。政策企业家利用指标、焦点事件、符号、反馈等方法提升问题在议程上的地位。政策企业家通过出庭作证、发表论文、私人接触、草根动员等方式，"软化"广大民众、专业化的公众以及政策共同体本身，增加政策方案入选的概率。"政策之窗"是指问题或方案得到关注的机会，在问题溪流中开启的称为"问题之窗"，在政治溪流中开启的称为"政治之窗"。政策之窗开启的确切时间有时可预测（如事先公布的国会议案），有时不可预测（如焦点事件和选举结果）。政策之窗开启时，解决办法就会成群结队地涌向窗口，造成信息超载。政策制定系统的能力约束（时间和处理能力有限）和策略约束（为需要优先考虑的主题预留政治资源）导致敞开的政策之窗非常稀少。政策企业家的作用不仅在于推出政策建议，他们的重要性在于政策之窗开启时，使三条独立流淌的溪流汇合到一起。

MSF 认为：实践不是分时期、按步骤或阶段很整齐地进行的，流经政策制定系统的独立溪流各有自己的特性，并且是相互均等的，在政策之窗打开时结合在一起。参与者不是先识别问题再寻找解决办法，现实中往往是先有解决办法倡议，后有附着其上的问题；先有解决方案而后问题才被提上议程。

① ［美］约翰·W. 金登：《议程、备选方案与公共政策（第二版）》，丁煌、方兴译，中国人民大学出版社，2004 年，第 148 页。

② 有时候也被称为国家的气候、公共舆论、广泛的社会运动、一种总的社会趋势、大批民众的共同思考方式等。

MSF 特别关注结合的重要性，关注思想得以放飞的可接受性气候；全面理性决策模型、利益集团压力模型、政党政治模型和渐进主义模型有其真理性的成分，但不够完备。尽管议程设立、备选方案阐明和政策形成过程中某些个别角色在很多时候可能会很理性，但涉及许多角色并且他们在这一过程中"漂进漂出"时，全面理性决策模式就不太准确了。全面理性决策可能适合描述过程中的某些部分（比如备选方案的比较），但整体上并不太适合，这个过程有些松散和混乱，没有全面理性模型所描述的那样严格、有序。渐进主义适合描述拟定备选方案和政策建议的过程，却不适合描述革命性的议程变化过程。

虽然政策形成过程伴随着混乱、意外、偶然的结合以及纯粹的运气，但MSF 在本质上并不是随机的，而是存在某种程度的"模式"。每一条溪流的过程、形成种种结合的过程、政策制定系统的一般约束都不是"随机的"，而是存有一定"模式"或"结构"。MSF 是一种"陌生的非正统结构"，是一个"概率模型"，与复杂性理论、混沌理论和垃圾桶决策模型一样，都在一些非常复杂、流动并且似乎不可预测的现象中发现了模式和结构；当人们尽其所能地识别了结构之后，仍然还会留下一种剩余的随机性，以致会给人以惊奇和不可预测的感觉；这些模型都具有历史的偶然性（"蝴蝶效应"）。不可预测性一方面来源于初始条件的随机性和"剩余随机性"；另一方面源于"巨人的重要性"，"大人物"碰巧出现并且支配了事件。政策企业家被描绘成"等待大浪的冲浪者"，虽不能控制风浪，却可以乘风破浪。政策企业家在结构之内发挥作用，同时又可以预测结构，某种程度上使结构服务于他们的目的。MSF 是一个既重视个人又重视结构的模型。金登在对联邦政府的组织特性认识上，接受了约翰·H. 霍兰（John H. Holland）的复杂适应性组织理论；在对组织决策过程的认识上，接受了迈克尔·科恩（Michael Cohen）等人的"垃圾桶决策模型"。

"垃圾桶决策模型"是 MSF 的直接理论来源和出发点。"垃圾桶决策模型"以大学为例说明了"有组织的无序"状态的三大特征：不一致的偏好、不清晰的技术、流动性参与。这种状态也适合于联邦政府。MSF 同样将美国联邦政府视为"有组织的无序"，接受不一致的偏好、不清晰的技术、流动性参与三大组织属性界定，但是 MSF 强调的不是"无序"而是"有组织"，也就是寻求随机现象背后的"模式"和"结构"，也可以理解为霍兰所说的"隐秩序"。MSF 接受"垃圾桶决策模型"分离的溪流的假定，认为每条溪流都有自己的特性，但却将溪流的数量由 4 条变为 3 条，将参与者独立出来与三条过程溪流做出区分，认为参与者在三条过程溪流中活动，将决策机会改造为"政策之窗"，从参与者之中分离出"政策企业家"的角色单独考察。"垃圾桶决策模型"中的垃圾混合隐喻也变成了 MSF 中的溪流汇合隐喻，并假定溪流汇合的时刻最有可能产生议程变化和政策变化。MSF 的基本分析逻辑如图 2-12 所示。

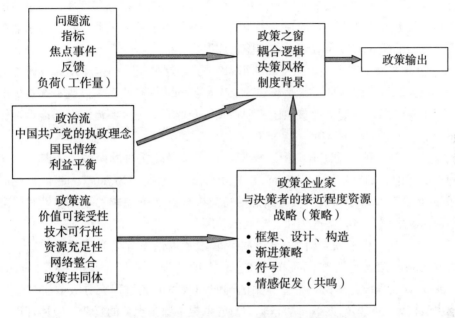

图 2-12　多源流分析框架（MSF）逻辑结构示意图

资料来源：Michael D. Jones, Holly L. Peterson, Jonathan J. Pierce, et al：A river runs through it：a multiple streams meta-review, Policy studies journal, 2016, 44（1）：13-36.

（三）简短的评价

MSF 拓展了公共政策的研究领域。MSF 研究的焦点是"前决策阶段"的问题，也就是"议程设立"和"备选方案阐明"的问题。具体来说，就是研究问题是如何提上"政府议程"和"决策议程"，又是如何淡出"政府议程"和"决策议程"的；备选方案是如何产生的，范围是如何缩小的。其潜在地研究了政策是如何形成的，丰富了政策阶段过程论的研究。

MSF 旨在描述丰富、生动的公共政策实践。金登指出：全面理性决策模型、利益集团压力模型、政党政治模型和渐进主义模型有其真理性的成分，但都不够完备，MSF 所描述的结构更能贴近美国联邦政府政策过程的实际。

MSF 寻求的是理论解释的真实性和普遍性。

MSF 探究的是"模糊"情景下的政策过程。因为它接受了"垃圾桶决策模型"关于"有组织的无序"的组织状态假定，并将美国联邦政府视为典型。

MSF 寻求的是"随机"中的"结构"或"模式"。MSF 不同于"垃圾桶决策模型"的重要一点是，它不满足于政策过程的随机状态和特性，而是通过一种修正的分析结构和施加在三大源流以及参与者上的约束条件，来揭示随机事件背后的模式或曰隐藏其下的"隐秩序"。

MSF 兼顾了"个人行为"和"组织结构"，这种兼顾一是体现为政策参与者在三大源流内的活动，二是体现为三大源流的结构和约束条件既有客观标准又有主观认知，三是这种兼顾还体现在政策企业家对三大源流汇合的能动性作用上。

MSF 是一种"动态非均衡"模型，它将议程设立的过程描述为弗兰克·鲍姆加特纳（Frank Baumgartner）和布赖恩·琼斯（Bryan Jones）所说的"间断均衡"或者是"不时被打断的平衡"状态。MSF 追求的不是惯性和静态平衡而是发展、适应、进化和"永远的新颖"。

"太阳底下没有新东西"，MSF 的议程设置理论充分汲取了新闻传播学的研究成果，尤其是罗杰·科布（Roger Cobb）和查尔斯·埃尔德（Charles Elder）的议程设置理论，备选方案的阐明和政策形成过程充分吸收了"垃圾桶决策模型"的理论见解。动态非均衡的思想来源于霍兰的复杂适应性理论。

三、多源流分析框架的批判与回应、拓展、修正、发展

多源流分析框架所受到的批判集中于"三大源流的独立性问题""模型的预测能力问题"或者说"能否析出可检验的假设的问题"。多源流分析框架的拓展主要集中于应用领域拓展、理论适用体制拓展、分析单元拓展。多源流分析框架的修正主要体现为框架元素的修正和框架结构的修正。多源流分析框架的发展主要集中于纳入制度因素和与其他政策过程模型的结合。

（一）多源流分析框架的批判与回应

批判 1：问题流、政策流、政治流之间是否真正独立？

三大源流之间的独立性是多源流分析框架经常遭受的诟病之一。加里·穆希尔劳尼（Gary Mucciaroni）认为：MSF 应该强调源流之间的联系和相互依赖性，而不是强调它们之间的独立性。通过强调源流之间的相互依赖和相互追

逐，议程设置的不确定性和随机性将减少，同时目的性和战略性将增强。被提上议程的项目更多地展示出源流之间的强关联性和强一致性。某一源流中的变化可以触发和强化其他源流中的变化，从而提升耦合的概率。从这个观点来看，源流之间的汇合贯穿整个过程而不是在最后的时间节点上。能够提上议程的项目在某两个源流之间的联系强于其他源流之间的联系，按照联系的紧密程度看，依次是"政策流—政治流""问题流—政治流""问题流—政策流"。最后，穆希尔劳尼以税收改革和放松规制两个案例说明了这种源流之间的两两联系强度。[①] 斯科特·E. 鲁宾逊和沃伦·S. 埃勒（Scott E. Robinson & Warren S. Eller）在得克萨斯州各学区的预防暴力政策的案例分析中指出：从参与者的角度来看，问题流和政策流既不是独立的，也不是精英或有组织的利益集团主导的，参与者在问题流和政策流中的活动是一致的。精英（联邦政府官员和有组织的集团）和非精英（父母和教师）都参与了问题流和政策流中的活动，非精英的参与频率更高。[②]

回应 1：源流之间是一种"松散的结合"

金登在《议程、备选方案与公共政策（第二版）》中对源流独立性问题作出回应。他指出：人们通常试图"解决问题"，这就意味着有时问题流和政策流是有联系的。政策幸存的标准包含了对决策者可接受性的考量，这意味着政策流和政治流在一定程度上是相互关联的。但是，总体上来看，三大溪流都有自己的特性，主要都是独立地向前流动的。就问题流和政策流的关系来看，解决方案与问题并不是一一对应的，一方面解决方案的提出可能是基于利益和价值的考量，而不仅仅是为了处理某一特定问题；另一方面为了处理特定问题而提出的政策建议可能被用于解决其他问题（比如，公共交通项目就被先后用来解决交通拥堵、污染和能源短缺问题）。如果不承认问题流和政策流各自具有独特的起源和动态特性的话，就无法解释这些案例和源流结合的原因。就政策流和政治流的关系来看，这两个源流涉及的人群不同（专业人员 VS 民选官员），人群的取向和偏好不同（技术细节、具体建议 VS 赢得选举、政治支持），标志性事件不同（重要会议、研究项目 VS 总统选举、政党重组）。三大

①　Gary Mucciaroni：The garbage can model and the study of policy making：a critique，Polity，1992，24（3）：459-482.

②　Scott E. Robinson，Warren S. Eller：Participation in policy streams：testing the seperation of problems and solutions in subnational policy systems，Policy studies journal，2010，38（2）：199-215.

源流在最终汇合之前，交汇是偶尔出现的，源流彼此之间是一种"松散的结合"。① 扎哈里亚迪斯认为：假定源流之间的独立性是逻辑上必需的环节，有利于研究人员揭示理性的规律。关键问题是要说明什么时候问题和解决办法之间不存在或存在较少的联系。②

批判 2：多源流分析框架缺乏可检验的假设和预测能力

社会科学的三大任务是描述、解释和预测，多源流分析框架从诞生之日起就被界定为描述和解释实际政策过程的模型，而不是一个可以预测未来结果的前瞻性理论。安东尼·金（Anthony King）在对 1984 年第一版《议程、备选方案与公共政策》的书评中毫不客气地指出：金登的著作对公平性和准确性无所助益，他没有建构起议程设置的一般性理论。MSF 不是理论或模型，而是为关注议程设置的社会科学家们开列了一个长长的影响因素清单。金登提供给读者的是一个没有条理、令人迷惑的"隐喻丛林"，这些隐喻包括"溪流""垃圾桶""防洪闸门""窗口""锚""溢出效应""时尚/潮流""许多肥沃的土地"和"政策原汤"。MSF 更多的是一种启发性的框架，而不是政治议程设置的普遍理论。③ 尼古劳斯·扎哈里亚迪斯（Nikolaos Zahariadis）指出：框架有描述和预测两个目的。MSF 致力于描述而不是预测，它提供了一幅政策制定过程的复杂图景。MSF 受到的最强烈的批评在于它更像是一种启发式工具，而不是一种经得起实证检验的政策分析向导。MSF 将政策制定过程视为高度流动性的，它比理性选择理论和倡议联盟框架的预测性更差。④ MSF 致力于提供一幅政策制定的现实场景，目标更多地定位于理解和解释。它详细规定了模型描述的政策制定过程接近现实的背景条件，当背景条件的模糊性不符合规定时，MSF 就不能准确地描述，更不用说预测了。⑤ 金登形象化的语言使得MSF 的概念操作化和框架的可证伪性变得十分困难，保罗·A. 萨巴蒂尔（Paul A. Sabatier）认为：MSF 没有明确的假设，框架的结构和操作化具有

---

① John W. Kingdon: Agendas, alternatives and public policies (2nd ed.), Longman, 2003: 228—229.

② Nikolaos Zahariadis: Ambiguity, time and multiple streams // Paul A. Sabatier: Theories of the policy process, Westview, 1999: 82.

③ Anthony King: Agendas, alternatives and public policies (book review), Journal of public policy, 1985, 5 (2): 281—283.

④ Nikolaos Zahariadis: Comparing lenses in comparative public policy, Policy studies journal, 1995, 23 (2): 378—382.

⑤ Nikolaos Zahariadis: Comparing three lenses of policy choice, Policy studies journal, 1998, 26 (3): 434—448.

很大的流动性，致使其可证伪性非常困难。①

回应 2：多源流分析框架可以发展出可证伪的假设

尼古劳斯·扎哈里亚迪斯（Nikolaos Zahariadis）将 MSF 拓展应用到具有"议行合一"和政党主导特征的英国，并以英国铁路私有化为例，发展出政策企业家在源流耦合中的作用，以及"政策之窗"类型与三大源流汇合之间关系②的两大因果假设——假设 1：具有良好政治关系和坚忍不拔意志，并且采用"异端策略"（Heresthetical Devices：维度操控、议程控制、策略性投票）的政策企业家更有可能成功地使源流汇合。假设 2：当"问题之窗"开启时，耦合遵循"随之而来"的模式，也就是为某一给定的问题寻找解决方案；当"政治之窗"开启时，耦合遵循"教条"模式，即为某一给定的解决方案寻找问题。最终的政策结果取决于政策企业家的职位、策略以及"政策之窗"的类型。③ 瓦莱里·里德尔（Valéry Riddle）将 MSF 用于探究西非国家布基纳法索的卫生政策执行失败案例时，抽离出 7 个假设，同时证伪了 2 个假设。他将 MSF 应用于卫生政策执行阶段时抽离出 2 个假设——假设 1：公共政策执行主要取决于问题流和政策流的耦合。假设 2：只有政治源流支持问题流和政策流的耦合时，成功的政策执行才会发生。他同时提出决定社会行动者将状况界定为问题的 9 个因素：意识到状况是重要的，辨别出状况的起因，具体说明状况的后果，涉及人群是已知的，这是一个新情况，行动者接近那个状况，有相关的严重事件、危机、象征符号出现，有相关的情况反馈，与社会价值相一致。他将 MSF 应用于地方层级政策执行问题时，抽离出 1 个假设——假设 3：如果问题的解决方案由中央创始，则集权体制下的地方政策执行更有可能成功。他在探讨个人政策企业家和集体政策企业家的关键角色时，抽离出 1 个假设——假设 4：如果议程设置和政策形成是国际化的，则机构在政治溪流中扮演至关重要的角色。他在考察机会之窗的角色时，抽离出 3 个假设：假设 5：出现并且抓住找到问题解决方案的机会是政策执行成功的必要条件。假设 6：一国公共政策的执行越需要外部援助，溪流耦合的机会之窗越多。假设 7：只

---

① Paul A. Sabatier: Fostering the development of policy theory // Paul A. Sabatier: Theories of the policy process（2nd ed.），Westview press，2007：327.

② 扎哈里亚迪斯识别了英国铁路私有化的 6 次"政策之窗"，其中包括 4 次"政治之窗"（1974 年工党上台执政；1979 年保守党上台执政；1987 年保守党第三个连续任期，撒切尔夫人连任成功；1992 年保守党胜选）和 2 次"问题之窗"（1982 年铁路工人罢工，1988—1989 年发生在克拉彭和珀利的两次撞车事故）。

③ Nikolaos Zahariadis: Selling British rail: an idea whose time has come?，Comparative political studies，1996，29（4）：400−422.

有当作为政策企业家和致力于开启一扇新机会之窗的机构与现存推进机构共享一套价值观时，政治溪流中的"外溢"现象才会发生。布基纳法索的政策执行案例同时证伪了金登 MSF 的两个假设：未出现外溢效应和未抓住现存机会之窗。[①] 妮科尔·赫韦格（Nicole Herweg）等将总统制情景下的 MSF 应用到政党扮演重要角色的议会制国家，并发展出一套关于议程设置和决策系统可证伪的假设。问题溪流中抽离出假设 1：一个状况越有可能威胁到决策者的连任，就越有可能在问题溪流中开启政策之窗。政治溪流中抽离出 2 个假设——假设 2：政党更有可能采纳如下的政策建议——属于他们可以掌控的议题领域，选民当中流行的议题，强大的利益集团不会发动社会运动反抗的议题。假设 3：如果他们意识到某项政策建议是处理某个持续存在下去将会危及其连任的问题的方法，执政党更有可能采纳不受欢迎的或者利益集团可能发动社会运动抗议的议题。政策溪流中抽离出 2 个假设——假设 4：政策建议如果能够被附着在政党的基本意识形态上，或者已经阐明了一个众所周知的核心立场，则其更有可能被某一政党采纳。假设 5：如果一项政策建议不符合选择标准，那么它获得议程地位进而耦合的概率将显著降低。政策之窗和溪流汇合过程中抽离出 3 个假设——假设 6：如果一扇政策之窗开启，三大源流都已经成熟，有一位政策企业家推动议程变迁，则实现议程变迁的可能性更大。假设 7：政策企业家接近核心决策者的机会越多，他（她）更有可能在政策之窗开启期间成功地促使三大源流汇合。赫韦格等将金登的源流耦合过程区分为"议程耦合"（agenda coupling）和"决策耦合"（decision coupling）两个过程，并针对决策耦合过程发展出 2 个假设——假设 8：符合以下特征的政策更有可能被采纳——政策建议由身居政府领导职位的政策企业家提出，政策建议由不受其他否决者限制的执政党或执政联盟提出，不同政党所支持的不同的可行备选方案能够整合为一个政策包裹，提议的政策所要解决的问题在选民中间非常突出。假设 9：如果执政党之外的行动者拥有否决权（比如不分党派的第二议院），并且强势利益集团反对建议草案，那么被采纳的政策将与原初建议明显不同。[②] 赖穆特·索恩赫费尔（Reimut Zohlnhöfer）以社会民主党为主体的联合政府带头采纳的极具争议的德国劳动力市场改革方案为例，检验了从 MSF 发

---

① Valéry Riddle：Policy implementation in an African state：an extension of Kingdon's multiple-streams approach，Public administration，2009，87（4）：938−954.

② Nicole Herweg，Christian HUß，Reimut Zohlnhöfer：Straightening the three streams：theorising extensions of the multiple streams framework，European journal of political research，2015，54（3）：435−449.

展出的 9 个假设，案例分析显示连任的压力在解释改革立法的采纳中处于核心地位。① 科普兰和詹姆斯（Copeland & James）②、扎哈里亚迪斯③也发展出了一系列可证伪的假设。特拉维斯（Travis）和扎哈里亚迪斯建立了一个交互量化模型来解释和验证基于 MSF 的美国对外援助分配方案假定。④

（二）多源流分析框架的拓展应用

多源流分析框架是在美国联邦政府层面的卫生领域和运输领域的多案例比较研究中，处理议程设置和备选方案阐明的"前决策"阶段的政策过程模型。MSF 的原初理论建构情景强调美国联邦政府的"有组织的无序"特征（不一致的偏好、不清晰的技术、流动性参与）。体现在美国的宪政制度安排上，分权制衡体制（尤其是国会和总统的权力分割与制衡），松散的政党纪律，政府官员（尤其是政治任命官）的流动性较大，众多的利益集团，这些都符合 MSF 的"模糊性"特质。MSF 探究的是联邦政府层面的决策问题，牵涉到不同的政府分支，这尤其体现在政治溪流的结构中。MSF 建构的实证基础是卫生领域和运输领域的多案例比较，金登强调案例的选择需要符合"广度、变化、对比"三大特点。MSF 处理的政策过程局限于"议程设置"（问题进出政府议程）和"备选方案阐明"（范围从众多备选方案缩小到决策者实际考虑的可行备选方案的过程）两个"前决策"阶段，而不涉及实际的政府决策过程。实际应用过程中，众多实证研究将其推向不同的政策阶段、不同的分析单元和不同的体制情景。

拓展 1：政策阶段适用的拓展

保罗·A. 萨巴蒂尔指出：MSF 可以扩展应用到整个政策过程。⑤ 扎哈里亚迪斯在英国和法国电信业的私有化案例研究中，将 MSF 拓展应用到整个"政策形成"阶段，包含议程设定和决策两个环节。扎哈里亚迪斯认为这样的

---

①　Reimut Zohlnhöfer：Putting together the pieces of the puzzle：explaining German labor market reforms with a modified multiple-streams approach，Policy studies journal，2016，44（1）：83-107.

②　Paul Copeland，Scott James：Policy windows，ambiguity and commission entrepreneurship：explaining the relaunch of the European Union's economic reform agenda，Journal of European public policy，2014，21（1）：1-19.

③　Nikolaos Zahariadis：The shield of Heracles：multiple streams and emotional endowment effect，European journal of political research，2015，54（3）：466-481.

④　Rick Travis，Nikolaos Zahariadis：A multiple streams model of U. S. foreign aid policy，Policy studies journal，2002，30（4）：495-514.

⑤　Paul A. Sabatier：Toward better theories of the policy process，Political sciences and politics，1991，24（2）：147-156.

拓展使用与金登的本意相一致，因为 MSF 的前身（垃圾桶决策模型）就是一个旨在理解决策过程的概念模型。① 扎哈里亚迪斯将议程设置和决策视为"决策者从之前已经产生的有限备选方案中作出权威性抉择"过程的两个部分。② 斯特芬·布伦纳（Steffen Brunner）运用 MSF 分析了德国排放量交易制度由宽松的溯及既往的"祖父原则"（按原二氧化碳的排污程度配给初始排放权）到排量封顶和排放权拍卖的政策变迁过程。③ 乔伊丝·M. 利伯曼（Joyce M. Lieberman）运用 MFS 分析芝加哥公立教育系统政策的议程设置和政策形成问题。④ 彼得拉·本德尔（Petra Bendel）⑤、赖穆特·索恩赫费尔（Reimut Zohlnhöfer）和妮科尔·赫韦格（Nicole Herweg）⑥⑦也做了相似的拓展应用。路易·德默和樊尚·勒米厄（Louis Demer & Vincent Lemieux）运用 MSF 探究加拿大魁北克省医院急救服务政策的兴起、形成和执行问题。⑧ 马克·埃克沃西（Mark Exworthy）等运用 MSF 解释了英国工党政府推行的卫生平等化政策是如何在地方执行过程中遇挫的。⑨⑩ 瓦莱里·里德尔（Valéry Riddle）

① Nikolaos Zahariadis：To sell or not to sell? telecommunications policy in Britain and France，Journal of public policy，1992，12（4）：355—376.

② Nikolaos Zahariadis：Ambiguity and choice in public policy：political decision making in modern democracies，Georgetown University Press，2003：10.

③ Steffen Brunner：Understanding policy change：multiple streams and emmisions trading in Germany，Global environmental change，2008（18）：501—507.

④ Joyce M. Lieberman：Three streams and four policy entrepreneurs converge：a policy window opens，Education and urban society，2002，34（4）：438—450.

⑤ Petra Bendel：Migrations- und integrationspolitik der Europäischen Union：widersprüchliche trends und ihre hintergründe // Sigrid Baringhorst，Uwe Hunger，Karen Schönwälder：Politische steuerung von integrationsprozessen：intentionen und wirkungen，Verlag für sozialwissenschaften，2006：95—120.

⑥ Reimut Zohlnhöfer，Nicole Herweg：Paradigmatischer wandel in der deutschen arbeitsmarktpolitik：die hartz - gesetze // Friedbert W. Rüb：Rapide politikwechsel in der bundesrepublik：theoretischer rahmen und empirische befunde，Nomos，2014：94—127.

⑦ Nicole Herweg：Against all odds：the liberalisation of the European natural gas market - a multiple streams perspective // Jale Tosun，Sophie Biesenbender，Kai Schulze：Energy policy making in the EU：building the agenda，Springer，2015：87—105.

⑧ Louis Demers，Vincent Lemieux：La politique Québécoise de désengorgement des urgences，Canadian public administration，1998，41（4）：501—528.

⑨ Mark Exworthy，Lee Berney，Martin Powell：How great expectations in Westminister may be dashed locally：the local implementation of national policy on health inequalities，Policy and politics，2002，30（1）：79—96.

⑩ Mark Exworthy，Martin Powell：Big windows and little windows：implementation in the "congested state"，Public administration，2004，82（2）：263—281.

运用 MSF 解释低收入西非国家（布基纳法索）的地方卫生政策执行差距（失败）问题。① 尼古劳斯·扎哈里亚迪斯（Nikolaos Zahariadis）和西奥法尼斯·埃克萨达克提洛斯（Theofanis Exadaktylos）将 MSF 拓展到政策执行阶段，并基于希腊高等教育改革案例考察了政策采纳和执行之间的交互关系。他们认为：耦合的努力不仅存在于政策形成阶段，同样存在于执行阶段。政策形成阶段的主要任务是三大源流的汇聚，而政策执行阶段的主要任务是防止源流"脱耦"。② 艾丽斯·杰瓦梅（Iris Geva－May）将 MSF 拓展应用到政策终结阶段。③

从现有文献来看，MSF 的拓展应用主要集中在政策制定环节中的政策形成和变迁研究，"后制定环节"（执行、评估、监控、终结）中的应用很少。

拓展 2：不同体制情境适用的拓展

现今，将 MSF 应用到议会体制国家已经是司空见惯的事情。乔·布兰克诺（Joe Blankenau）应用 MSF 对比分析了美加两国的国民健康保险政策制定问题。④ 乌尔里克·邦德戈德（Ulrik Bundgaard）和卡斯滕·弗朗巴克（Karsten Vrangbæk）运用 MSF 和 IRC（Institutional Rational Choice，制度理性选择）分析了丹麦公共部门改革的案例。⑤ 尼古劳斯·扎哈里亚迪斯（Nikolaos Zahariadis）运用 MSF 分析了英国铁路私有化问题。⑥ 保罗·凯尔尼（Paul Cairney）运用 MSF 考察了大不列颠与北爱尔兰联合王国自分权化改革以来，"理念"在英格兰、威尔士、苏格兰和北爱尔兰的公共场所禁烟政策移植中所起的不同作用。⑦ 伊恩·贝奇（Ian Bache）和路易丝·里尔登

---

① Valéry Ridde：Policy implementation in an African state：an extension of Kingdon's multiple－streams approach，Public administration，2009，87（4）：938－954.

② Nikolaos Zahariadis, Theofanis Exadaktylos：Policies that succeed and programs that fail：ambiguity, conflict, and crisis in Greek higher education，Policy studies journal，2016，44（1）：59－82.

③ Iris Geva－May：Riding the wave of opportunity：termination of public policy，Journal of public administration research and theory，2004，14（3）：309－333.

④ Joe Blankenau：The fate of national health insurance in Canada and the United States：a multiple streams explanation，Policy studies journal，2001，29（1）：38－55.

⑤ Ulrik Bundgaard, Karsten Vrangbæk：Reform by coincidence? explaining the policy process of structural reform in Denmark，Scandinavian political studies，2007，30（4）：491－520.

⑥ Nikolaos Zahariadis：Selling British rail：an idea whose time has come?，Comparative political studies，1996，29（4）：400－422.

⑦ Paul Cairney：The role of ideas in policy transfer：the case of UK smoking bans since devolution，Journal of European public policy，2009，16（3）：471－488.

（Louise Reardon）运用 MSF 探讨了幸福感议题提上英国政治议程的问题。[①]
将 MSF 应用到半总统制国家的文献较少。杰里米·阿亨（Jeremy Ahearne）
运用 MSF 分析了公共知识分子在法国文化和教育政策形成中扮演的角色。[②]
尼古劳斯·扎哈里亚迪斯（Nikolaos Zahariadis）运用 MSF 研究了英法两国石
油、电信和铁路部门的私有化政策问题。[③] 尼古劳斯·扎哈里亚迪斯
（Nikolaos Zahariadis）和克里斯托弗·艾伦（Christopher Allen）利用政策网
络和 MSF 考察英德两国私有化理念的演进过程，阐明了不同的政策网络结构
对政策创新和理念的影响。[④] 自 20 世纪末期以来，MSF 不断被应用于欧盟层
面的政策制定过程。罗伯特·阿克里尔（Robert Ackrill）等运用 MSF 分析了
欧盟的决策过程。[⑤] 罗伯特·阿克里尔（Robert Ackrill）和阿德里安·凯
（Adrian Kay）运用 MSF 分析了 2005 年的欧盟食糖政策改革案例。[⑥] 苏珊
娜·博拉斯（Susana Borrás）和克劳迪奥·M. 拉达埃利（Claudio M.
Radaelli）运用 MSF 分析了欧盟治理架构"里斯本战略"在国家层面的创设、
演进和影响。[⑦] 保罗·科普兰（Paul Copeland）和斯科特·詹姆斯（Scott
James）运用 MSF 分析了 2010 年欧盟重启经济改革议程，并且通过"欧洲
2020"战略的政策过程。[⑧] 安妮·科比特（Anne Corbett）运用 MSF 分析了
欧盟的高等教育问题。[⑨] 妮科尔·赫韦格（Nicole Herweg）运用 MSF 分析了

① Ian Bache，Louise Reardon：An idea whose time has come? explaining the rise of well－being in British politics，Political studies，2013，61（4）：898－914.

② Jeremy Ahearne：Public intellectuals within a "multiple streams" model of the cultural policy process：notes from a French perspective，International journal of cultural policy，2006，12（1）：1－15.

③ Nikolaos Zahariadis：States，markets，and public policy：privatization in Britain and France，University of Michigan Press，1995.

④ Nikolaos Zahariadis，Christopher Allen：Ideas，networks，and policy streams：privatization in Britain and Germany，Policy studies review，1995，14（112）：71－98.

⑤ Robert Ackrill，Adrian Kay，Nikolaos Zahariadis：Ambiguity，multiple streams，and EU policy，Journal of European public policy，2013，20（6）：871－887.

⑥ Robert Ackrill，Adrian Kay：Multiple streams in EU policy－making：the cale of the 2005 sugar reform，Journal of European public policy，2011，18（1）：72－89.

⑦ Susana Borrás，Claudio M. Radaelli：The politics of governance architectures：creation，change and effects of the EU Lisbon strategy，Journal of European public policy，2011，18（4）：463－484.

⑧ Paul Copeland，Scott James：Policy windows，ambiguity and commission entrepreneurship：explaining the relaunch of the European Union's economic reform agenda，Journal of European public policy，2014，21（1）：1－19.

⑨ Anne Corbett：Universities and the Europe of knowledge：ideas，institutions and policy entrepreneurship in European Union higher education，1955－2005，Palgrave Macmillan，2005.

欧洲天然气市场的自由化过程。①② 尼古劳斯·扎哈里亚迪斯（Nikolaos Zahariadis）运用 MSF 剖析了欧盟的模糊性特质与政策制定过程，并着重探讨了政策之窗和耦合动力两大元素的影响。③ 伊恩·贝奇（Ian Bache）运用 MSF 探究了欧盟测量生活质量政策议题的议程设置动力问题。④ MSF 在发展中国家和转型国家的应用十分稀少。约翰·T. S. 基勒（John T. S. Keeler）运用 MSF 的思想分析了东欧国家一系列政策改革的动力机制问题。⑤ 萨拉·阿特金斯（Salla Atkins）等运用 MSF 分析了南非首都开普敦结核病治疗由"直接观察疗法"转向授权导向的"强化结核病遵从方案"政策变迁过程。⑥ 杰森·W. 理查森（Jayson W. Richardson）运用 MSF 分析了世界银行贷款 3 亿美元所资助的墨西哥教育改革项目为什么会取得成功。⑦ 瓦莱里·里德尔（Valéry Riddle）运用 MSF 解释低收入西非国家（布基纳法索）的地方卫生政策执行差距（失败）问题。⑧

综合现有文献来看，跃出金登 MSF 最初适用的美国联邦政府体制之后，议会体制国家和欧盟的研究居多，半总统制国家和发展中国家的案例应用偏少。

拓展 3：不同政策领域应用的拓展

金登 1984 年的 MSF 最初是从卫生政策和运输政策两个领域抽象出来的，1995 年第二版的时候扩充到财政（预算和税收）政策领域。30 多年来，MSF

① Nicole Herweg：Against all odds：the liberalisation of the European natural gas market－a multiple streams perspective // Jale Tosun, Sophie Biesenbender, Kai Schulze：Energy policy making in the EU：building the agenda, Springer, 2015：87－105.

② Nicole Herweg：Explaining European agenda－setting using the multiple streams framework：the case of European natural gas regulation, Policy sciences, 2016, 49（1）：13－33.

③ Nikolaos Zahariadis：Ambiguity and choice in European public policy, Journal of European public policy, 2008, 15（4）：514－530.

④ Ian Bache：Measuring quality of life for public policy：an idea whose time has come? agenda－setting dynamics in the European Union, Journal of European public policy, 2013, 20（1）：21－38.

⑤ John T. S. Keeler：Opening the window for reform：mandates, crises, and extraordinary policy－making, Comparative political studies, 1993, 25（4）：433－486.

⑥ Salla Atkins, Simon Lewin, Karin C. Ringsberg, et al.：Towards an empowerment approach in tuberculosis treatment in Cape Town, South Africa：a qualitative analysis of programmatic change, Global health action, 2012, 5（1）：14385. available online at：https://doi.org/10.3402/gha.v5i0.14385.

⑦ Jayson W. Richardson：Toward democracy：a critique of a World Bank loan to the United Mexican States, Review of policy research, 2005, 22（4）：473－482.

⑧ Valéry Ridde：Policy implementation in an African state：an extension of Kingdon's multiple－streams approach, Public administration, 2009, 87（4）：938－954.

案例研究涵盖的政策领域不断扩大，目前在能源政策①、环境政策②③、卫生政策④、食药品政策、气候政策⑤、林业政策⑥、教育政策⑦、私有化政策⑧、性别政策⑨、宪法政策⑩、外交政策⑪、生活质量政策⑫⑬，新闻媒体政策⑭等诸多领域都得到了应用。

拓展 4：不同分析单元适用的拓展

金登最初将美国联邦政府视为具备"有组织的无序"三大特征的典型组织。从卫生领域和运输领域的 23 个具体案例中抽象出 MSF 的模型架构。金登将联邦政府视为"垃圾桶"，多案例比较和多样化问题是建构理论的工具。尼古劳斯·扎哈里亚迪斯（Nikolaos Zahariadis）运用 MSF 系统研究了英法两国的石油、电信、铁路私有化政策问题，英德两国的私有化理念演进过程，希腊

① Ian H. Rowlands：The development of renewable electricity policy in the province of Ontario：the influence of ideas and timing, Review of policy research，2007，24（3）：185−207.

② Marc V. Simon, Leslie R. Alm：Policy windows and two−level games：explaining the passage of acid−rain legislation in the Clean Air Act of 1990, Environment and planning c：government and policy，1995，13（4）：459−478.

③ Douglas J. Lober：Explaining the formation of business − environmentalist collaborations：collaborative windows and the paper task force, Policy sciences，1997，30（1）：1−24.

④ Jan Odom−Forren, Ellen J. Hahn：Mandatory reporting of health care−associated infections：Kingdon's multiple streams approach, Policy, politics, and nursing practice，2006，7（1）：64−72.

⑤ Sabine Storch, Georg Winkel：Coupling climate change and forest policy：a multiple streams analysis of two German case studies, Forest policy and economics，2013（36）：14−26.

⑥ Jessica E. Boscarino：Surfing for problems：advocacy group strategy in US forestry policy, Policy studies journal，2009，37（3）：415−434.

⑦ Michael K. McLendon：Setting the governmental agenda for state decentralization of higher education, Journal of higher education，2003，74（5）：479−515.

⑧ Adam White：The politics of police 'privatization'：a multiple streams approach, Criminology and criminal justice，2015，15（3）：283−299.

⑨ Daniel Béland：Gender, ideational analysis and social policy, Social politics，2009，16（4）：558−581.

⑩ Michael Münter：Verfassungsreform im Einheitsstaat：Die Politik der Dezentralisierung in Großbritannien, VS verlag für sozialwissenschaften，2005.

⑪ B. Dan Wood, Jeffrey S. Peake：The dynamics of foreign policy agenda setting, American political science review，1998，92（1）：173−184.

⑫ Ian Bache：Measuring quality of life for public policy：an idea whose time has come? agenda−setting dynamics in the European Union, Journal of European public policy，2013，20（1）：21−38.

⑬ Ian Bache, Louise Reardon：An idea whose time has come? explaining the rise of well−being in British politics, Political studies，2013，61（4）：898−914.

⑭ Christian Herzog, Kari Karppinen：Policy streams and public service media funding reforms in Germany and Finland, European journal of communication，2014，29（4）：416−432.

外交政策问题。

扎哈里亚迪斯是将单一政策问题视为一个"垃圾桶",实现了分析单元的具体化。① 有少量的文献聚焦于 MSF 的"次国家层面"应用。乔伊丝·M. 利伯曼（Joyce M. Lieberman）运用 MFS 分析芝加哥公立教育系统政策的议程设置和政策形成问题。② 刘新胜（Xinsheng Liu）等运用 MSF 探究美国墨西哥湾地区佛罗里达州、路易斯安那州、得克萨斯州地方政府层面政策精英对议程设置的感知和备选方案的选择问题。③ 斯科特·E. 鲁宾逊（Scott E. Robinson）和沃伦·S. 埃勒（Warren S. Eller）用 MSF 分析美国得克萨斯州各学区的预防暴力政策问题。④ 国际层面的应用也初露端倪,比如,希瑟·洛弗尔（Heather Lovell）以澳大利亚智能用电计量政策为例,考察国际政策转移在 MSF 中的角色。⑤

（三）多源流分析框架的修正

修正 1：元素修正（增减）

扎哈里亚迪斯将金登政治源流中的三个维度（国民情绪、利益集团、换届）替换为单一概念变量——执政党的意识形态,对于集权体制和强政党国家而言这种替换是非常有意义的。扎哈里亚迪斯 2015 年的一篇文章又以希腊试图阻止国际社会对前南斯拉夫马其顿共和国的认可案例,探讨"国民情绪"的重要作用。文章认为：畏惧心理越强烈,持续时间越久,任务陌生度和复杂性越高,偏好越不一致,则政策变迁的可能性越小。政策制定是在情绪有效发挥作用情景下作出的。⑥ 奥萨·克纳戈德（Åsa Knaggård）在 MSF 的政策溪流中加入了"问题经纪人"（问题掮客）元素,问题经纪人的职责是将状况建构

① Nikolaos Zahariadis：Ambiguity and choice in public policy：political decision making in modern democracies，Georgetown University Press，2003.

② Joyce M. Lieberman：Three streams and four policy entrepreneurs converge：a policy window opens，Education and urban society，2002，34（4）：438−450.

③ Xinsheng Liu，Eric Lindquist，Arnold Vedlitz，et al.：Understanding local policymaking：policy elites' perceptions of local agenda setting and alternative policy selection，Policy studies journal，2010，38（1）：69−91.

④ Scott E. Robinson，Warren S. Eller：Participation in policy streams：testing the seperation of problems and solutions in subnational policy systems，Policy studies journal，2010，38（2）：199−214.

⑤ Heather Lovell：The role of international policy transfer within the multiple streams approach：the case of smart electricity metering in Australia，Public administration，2016，94（3）：754−768.

⑥ Nikolaos Zahariadis：The shield of Heracles：multiple streams and emotional endowment effect，European journal of political research，2015，54（3）：466−481.

为公共问题，并力图使决策者接受这样的问题建构方式。克纳戈德认为加入问题经纪人之后，可以更好地支撑 MSF 关于源流独立性的假设，可以单独考察问题溪流的流淌过程。① 马丁·鲍威尔（Martin Powell）和马克·埃克沃西（Mark Exworthy）在分析英国国民医疗保健体系政策时，采纳了金登的源流思想，同时将三大源流改造为政策流、过程流和资源流。② 迈克尔·明特罗姆（Michael Mintrom）和菲莉帕·诺曼（Phillipa Norman）评析了"政策企业家"的概念，以及在解释政策变迁诸理论——渐进主义、多源流分析框架、制度主义、"间断—均衡"、倡议联盟框架中的使用情况。③ 迈克尔·豪利特（Michael Howlett）按照制度化水平从高到低将"政策之窗"划分为"常规政策之窗""溢出政策之窗""自由裁量政策之窗"和"随机政策之窗"四种类型，制度化水平越高的政策之窗类型出现频率越高，可预期性也越强。④ 帕特里恰·罗兹比卡（Patrycja Rozbicka）和弗洛里安·施波尔（Florian Spohr）考察了利益集团在问题流、政治流和政策流中的活动方式。⑤ 卡琳·古尔德布兰松（Karin Guldbrandsson）和比约恩·福苏姆（Bjöörn Fossum）用瑞典的9 个案例证实了"政策之窗"和"政策企业家"两个理论概念的可识别性。⑥ 托马斯·A. 伯克兰（Thomas A. Birkland）和梅甘·K. 瓦内门特（Megan K. Warnement）探讨了焦点事件与议程设置和政策变迁的逻辑关系。⑦⑧⑨ 尼

① Åsa Knaggård：The multiple streams framework and the problem broker，European journal of political research，2015，54（3）：450—465.

② Martin Powell，Mark Exworthy：Joined－up solutions to address health inequalities：analysing policy，process and resource streams，Public money and management，2001，21（1）：21—26.

③ Michael Mintrom，Phillipa Norman：Policy entrepreneurship and policy change，Policy studies journal，2009，37（4）：649—667.

④ Michael Howlett：Predictable and unpredictable policy windows：institutional and exogenous correlates of Canadian federal agenda－setting，Canadian journal of political science，1998，31（3）：495—524.

⑤ Patrycja Rozbicka，Florian Spohr：Interest groups in multiple streams：specifying their involvement in the framework，Policy sciences，2016，49（1）：55—69.

⑥ Karin Guldbrandsson，Bjöörn Fossum：An exploration of the theoretical concepts policy windows and policy entrepreneurs at the Swedish public health arena，Health promotion international，2009，24（4）：434—444.

⑦ Thomas A. Birkland，Megan K. Warnement：Refining the idea of foucusing events in the multiple－streams framework // Reimut Zohlnhöfer，Friedbert W. Rüb：Decision－making under ambiguity and time constraints：assessing the multiple－streams framework，ECPR Press，2016：91—108.

⑧ Thomas A. Birkland：After disaster：agenda setting，public policy and focusing events，Georgetown University Press，1997.

⑨ Thomas A. Birkland：Foucusing events，mobilization，and agenda setting，Journal of public policy，1998，18（1）：53—74.

古劳斯·扎哈里亚迪斯（Nikolaos Zahariadis）和西奥法尼斯·埃克萨达克提洛斯（Theofanis Exadaktylos）将企业家战略引入 MSF，并以希腊高等教育改革为例，考察企业家战略是如何削弱法律执行的。他们考察了在存有争议的法律条款中，与采纳联盟相交叠的执行联盟使用诸如议题联系和框架、选票交易、操纵制度规则等企业家策略来阻碍或限制政策执行。[①]

修正 2：结构或逻辑修正

迈克尔·豪利特（Michael Howlett）、艾伦·麦康奈尔（Allan McConnell）、安东尼·珀尔（Anthony Perl）在《源流与阶段：调和金登和政策过程理论》一文中，首先回顾了 MSF 与政策阶段论相结合的三次尝试——"三合一支流汇聚模型""三源流两阶段模型""四源流模型"，然后提出了自己的"五源流模型"。[②] 迈克尔·巴泽雷（Michael Barzelay）[③] 的"三合一支流汇聚模型"认为：议程设置阶段的三大独立源流在政策形成和决策阶段汇聚为一条干流。克里斯托弗·胡德（Christopher Hood）认为"三合一支流汇聚模型"在政策形成和决策阶段排除政治源流的独立性是不恰当的。[④] 议程设置阶段的三条支流汇聚为政策形成和决策阶段的一条干流的隐喻，增加了模型的包容性，但却丧失了敏锐性。尼古劳斯·扎哈里亚迪斯（Nikolaos Zahariadis）的"三溪流两阶段模型"[⑤] 在议程设置阶段承继了金登的三源流：问题流、政策流、政治流。决策阶段将问题流替换为过程流，形成新的三源流：政策流、政治流、过程流。该模型的缺点是：对问题的竞争性界定在决策阶段依然存在，问题界定会发生变化但不会消失。[⑥] 科恩、马奇、奥尔森的四源流模型（问题流、解决方案流、参与者流、决策机会流/过程流）[⑦] 的缺点是：四个源

---

① Nikolaos Zahariadis, Theofanis Exadaktylos: Policies that succeed and programs that fail: ambiguity, conflict, and crisis in Greek higher education, Policy studies journal, 2016, 44 (1): 59—82.

② Michael Howlett, Allan Mcconnell, Anthony Perl: Streams and stages: reconciling Kingdon and policy process theory, European journal of political research, 2015, 54 (3): 419—434.

③ Michael Barzelay: Introduction the process dynamics of public management policymaking, International public management journal, 2003, 6 (3): 253—254.

④ Christopher Hood: The blame game: spin, bureaucracy and self—preservation in government, Princeton University Press, 2010.

⑤ Nikolaos Zahariadis: The multiple streams framework: structure, limitations, prospects // Paul A. Sabatier: Theories of the policy process (2nd ed.), Westview Press, 2007: 65—92.

⑥ Carsten Daugbjerg: Sequencing in public policy: the evolution of the CAP over a decade, Journal of European public policy, 2009, 16 (3): 395—411.

⑦ Michael D. Cohen, James G. March, Johan P. Olsen: A garbage can model of organizational choice, Administrative science quarterly, 1972, 17 (1): 1—25.

流之间的相互作用机制缺乏清晰的逻辑。迈克尔·豪利特（Michael Howlett）等提出的"五源流"模型涉及三个阶段，分别是议程设置阶段的问题流、政策流、政治流，政策形成和决策阶段的政治流、问题流、过程流、政策流、方案流。具体如图 2-13 所示。议程设置阶段保留金登的原初假设，三大源流的交汇点是议程设置阶段的结束与政策形成阶段的开始，议程设置阶段的源流汇聚产生一个"旋涡"，漩涡处会产生动荡，议题将会从公众视野中隐去，继而是政策制定者（政策制定机构）对该议题的初始战略性评估，具体包括是否和如何进行处理，对问题的原初假设是否依然有效，评价阶段以一个"亚交汇点"结束。这个亚交汇点同时是政策形成阶段源流合并和配置的开始。在政策形成阶段，除却议程设置阶段的三条支流之外，新加入"过程流"和"方案流"两条支流。过程流负责审查备选议题、辅助权威性决策等。过程流设定未来审议的时间表和源流向前流动的总体进程。方案流用来校订新的方案并与已有方案相整合。这样，进一步的源流交汇和亚交汇点的出现成为可能，每一个交汇点都能为事件的流动带入一些不同的东西：新的活动者、新的源流、新的策略。每一个交汇点都表现为金登的"政策之窗"，但是流经每一个交汇点的时候都伴随着源流的重新配置。政策形成阶段过后是决策阶段，决策阶段同样以一个评价"涡流"开始，涡流代表着潜在的动荡，这时政策制定者将注意力集中在议题的进展情况上：备选方案的可及性、利益相关者的反馈等，并且关注如何达成最终的决定。这一次评估阶段以一个亚交汇点ⅡA结束。继而进入最终的源流合并和调配过程，指向一个最终的政策解决（决策）。政策过程的复杂性可能形成不同的"主导源流"，图 2-13 表示的是政治源流主导的情形。"五源流"模型（或称"三阶段五源流"模型）更加复杂、具体，更具包容性，对现实的刻画能力也更强。豪利特本人对"五源流"模型的评价是："五源流"模型仅仅是一个启发框架而不是一个政策形成过程的科学模型。迈克尔·豪利特（Michael Howlett）、艾伦·麦康奈尔（Allan McConnell）、安东尼·珀尔（Anthony Perl）在《编织公共政策：比较和整合政策过程研究的当代框架》一文中，以英国 1985 年"人头税"案例初步演示了"五源流"模型的应用。①

① Michael Howlett, Allan McConnell, Anthony Perl: Weaving the fabric of public policies: comparing and integrating Contemporary frameworks for the study of policy processes, Journal of comparative policy analysis: research and practice, 2016, 18 (3): 273-289.

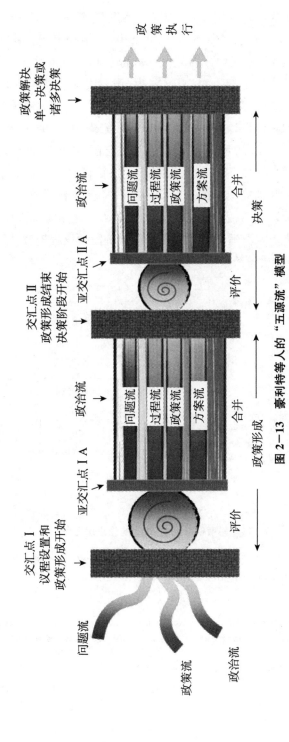

图 2-13　豪利特等人的"五源流"模型

资料来源：Michael Howlett, Allan Mcconnell, Anthony Perl: Streams and stages: reconciling Kingdon and policy process theory, European journal of political research, 2015, 54 (3)：419－434.

妮科尔·赫韦格（Nicole Herweg）、克里斯蒂安·胡斯（Christian Huß）、赖穆特·索恩赫费尔（Reimut Zohlnhöfer）结合金登和扎哈里亚迪斯的观点，将 MSF 的耦合过程划分为"议程耦合"和"决策耦合"，同时区分了"议程之窗"和"决策之窗"对应于"议程设置"和"决策"两个政策阶段。议程耦合的结果是产生了一个精心设计的待决策的提案，决策阶段的主要任务是对政策提案的具体设计进行讨价还价，决策耦合成功的结果是通过一项法案。[①] 其具体如图 2-14 所示。"议程之窗"开启在问题流或政治流之中，而"决策之窗"开启在政策流之中。政治流对于"决策耦合"是至关重要的，问题流和政策流的重要性则较低，在图 2-14 中的"决策耦合"阶段，问题流的箭头用"虚线"连接，政治流的箭头用"加粗实线"连接。同时，赫韦格认为：金登的"个体企业家"适合于分析议程设置阶段的议程耦合过程，而"集体企业家"[②] 适合描述决策阶段的决策耦合过程。

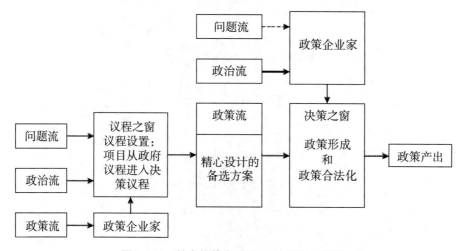

图 2-14　赫韦格等人对 MSF 的修正示意图

资料来源：Nicole Herweg, Christian Huß, Reimut Zohlnhöfer：Straightening the three streams：theorising extensions of the multiple streams framework, European journal of

---

① Nicole Herweg, Christian Huß, Reimut Zohlnhöfer：Straightening the three streams：theorising extensions of the multiple streams framework, European journal of political research, 2015, 54（3）：435-449.

② "集体企业家"是指拥有不同技能、知识和职位，但却有共享理念，自发采取行动促使政策变迁的群体。参见：Nancy C. Roberts, Paula J. King：Policy entrepreneurs：their activity structure and function in the policy process, Journal of public administration research and theory, 1991, 1（2）：147-175.

political research，2015，54（3）：435－449.

　　樊尚·勒米厄（Vincent Lemieux）认为：政策形成阶段涉及政策流和政治流的耦合，执行阶段涉及政策流和问题流的耦合，在这两种耦合过程中，政治流都"在场"（出现），但却是松散耦合的。[①] 瓦莱里·里德尔（Valéry Riddle）整合了金登和勒米厄的观点，将政策过程划分为议程设置、政策形成和政策执行三个阶段，并认为：议程设置阶段，主要是问题流和政治流的耦合，政策流仅仅是松散耦合；政策形成阶段，主要是政策流和政治流的耦合，问题流仅仅是松散耦合；政策执行阶段，主要是问题流和政策流的耦合，政治流仅仅是松散耦合。[②] 具体如图 2－15 所示。

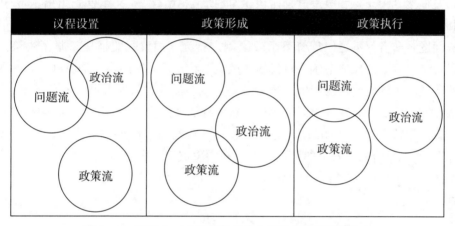

图 2－15　里德尔对金登和勒米厄多源流分析框架的修正

　　资料来源：Valéry Ridde：Policy implementation in an African state：an extension of Kingdon's multiple－streams approach，Public administration，2009，87（4）：938－954.

（四）多源流分析框架的发展

　　保罗·凯尔尼（Paul Cairney）在《站在巨人的肩膀上：我们如何在公共政策研究中结合多元理论的洞见？》一文中指出：多元理论的结合需要处理本体论、认识论、方法论和一些实际的议题。多元理论的结合存在三种途径：（1）综合，在多元理论基础上发展出一种新的理论；（2）互补，使用不同的理

---

　　① 　Vincent Lemieux：L'étude des politiques：les acteurs et leur pouvoir（2nd ed.），Les Presses de L'université Laval，2002.

　　② 　Valéry Ridde：Policy implementation in an African state：an extension of Kingdon's multiple－streams approach，Public administration，2009，87（4）：938－954.

论发展出一系列洞见或解释；（3）对立，比较不同理论的洞察力然后选定一个最优者。三种结合途径都面临一些挑战：综合途径需要处理多元理论的不同知识传统以及赋予同一关键术语不同含义的问题，互补途径需要处理学术资源有限情况下使用多元理论和追求不同研究议程所需要的实际限制，对立途径或称"决斗"途径需要处理评价标准问题和经验叙事对理论选择的影响问题。①

发展1：MSF与其他理论模型的结合

迈克尔·豪利特（Michael Howlett）、艾伦·麦康奈尔（Allan McConnell）、安东尼·珀尔（Anthony Perl）在《推动政策理论发展：将MSF和ACF嵌入政策周期模型》一文中，将多源流分析框架（MSF）、倡议联盟框架（ACF）和政策过程阶段论/周期论相结合。② 文章首先指出了MSF和ACF各自的局限性：MSF主要解决议程设置问题，ACF主要解决政策形成问题，两者都不足以理解整个政策制定行为。倡议联盟框架忽略了决策过程，倒退到"前拉斯韦尔"时代的"黑箱"状态，黑箱的输入是通过成功的联盟形成的，联盟的融合产生了政策结果。众多的政策阶段模型在阶段的名字、数量和顺序上会有些许不同，但却保有同样的"阶段—反馈"循环结构和"问题解决"特质。③ 与其醉心于模型之间为争夺政策过程研究的皇冠而进行"决斗"，不如结合模型各自的优点，在互补中发展出一种整合性分析框架。具体如图2-16所示。

---

① Paul Cairney: Standing on the shoulders of Giants: how do we combine the insights of multiple theories in public policy studies?, Policy studies journal, 2013, 41 (1): 1—21.

② Michael Howlett, Allan McConnell, Anthony Perl: Moving policy theory forward: connecting multiple stream and advocacy coalition frameworks to policy cycle models of analysis, Australian journal of public administration, 2017, 76 (1): 65—79.

③ Michael Howlett, M. Ramesh, Anthony Perl: Studying public policy: policy cycles and policy subsystems (3rd ed.), Oxford University Press, 2009.

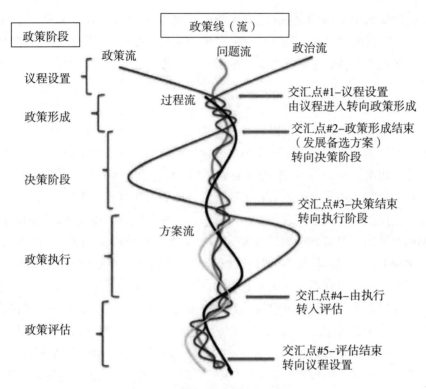

图 2—16 政策过程的"五源流"模型

资料来源：Michael Howlett, Allan Mcconnell, Anthony Perl: Moving policy theory forward: connecting multiple stream and advocacy coalition frameworks to policy cycle models of analysis, Australian journal of public administration, 2017, 76 (1): 65—79.

"五源流"模型中，每一个交汇点都带入一些新的东西（新的活动者、新的策略、新的资源），并加入政策制定事件流中。交汇点代表金登意义上的"政策之窗"，会产生一个政策输入的不同配置，流经每一个特定的交汇点时都会产生不同的政策模式，这就像政策制定模型的"循环"方式所建议的那样。[①②] 图 2—16 显示：议程设置阶段保留了金登的"三源流"结构，政策形成阶段过程流汇入，决策阶段政策流分离，政策执行阶段方案流汇入、政治流分离。图 2—16 与图 2—13 相比，覆盖了政策过程的全阶段，过程流和方案流

---

① Erik Hans Klijn, Geert R. Teisman: Effective policy making in a multi-actor setting: networks and steering//Roeland J. in't Veld, Linze Schaap, Catrien J. A. M. Termeer, et al.: Autopoiesis and configuration theory: new approaches to societal steering, Kluwer, 1991: 99—111.

② Arco Timmermans: Arenas as institutional sites for policymaking: patterns and effects in comparative perspective, Journal of comparative policy analysis, 2001, 3 (3): 311—337.

的汇入时间做出了修正，一定意义上吸收了赫韦格和里德尔的 MSF 修正观点（见图2-14和图 2-15）。修正过后的"多源流政策循环框架"仍然存在两个问题：一是没有具体说明每条源流中的活动者是谁；二是这些人为源流的联结带去了什么，他们如何运行和相互作用以产出政策结果和政策过程的典型特征。[①] ACF 关于政策制定取决于关键活动者在政策制定的特定时刻将要做什么的理念和信仰的观点正好可以弥补以上的两种不足，但是 ACF 关于理念和行为相互作用的洞见仅存在于政策形成阶段，两者的结合显得十分必要。模型的结合是互惠的，比如 MSF 有助于克服 ACF 未能很好解释政策议程何时和如何变迁的缺陷。用源流语言解释议程设置，而后，用联盟行为和子系统内部与子系统之间的互动来解释政策发展，不仅有利于阐明议程设置和政策形成行为之间的联系，而且有利于向政策制定的决策和执行阶段的拓展。[②] 将 ACF 融入"多源流政策循环框架"，我们可以设想每一条溪流在某种程度上都受到政策子系统内部利益联盟相互竞争的影响。比如，问题流受诸如科学家、游说群体、公共雇员等利益联盟就政策问题的权威性界定相互竞争的形塑。过程流受到关于最恰当的政策过程的联盟争夺的影响。沿着同样的思路，溪流/联盟逻辑可以拓展到整个政策过程，比如，政策执行阶段会有过程流和方案流中的联盟竞争。我们还可以设想"阶段""源流"和"联盟"之间的无数互动，比如，在一个存有高度争议政策的评估阶段，我们可以想象相互竞争的联盟试图夺取政策过程所有阶段的主导话语权。阶段论、MSF 和 ACF 的结合，不仅有助于整合、全面地理解公共政策，而且整合模型的多样性和弹性有助于政策制定更好地包容创造性、创新性、艺术性和技巧性。弗洛里安·施波尔（Florian Spohr）以德国和瑞典的劳动力市场政策为例，结合 MSF 和历史制度主义探究路径分离的政策变迁问题。[③] 海尔特·R. 泰斯曼（Geert R. Teisman）运用阶段模型、源流模型、回合模型分别透视了荷兰贝蒂沃货运铁路线的决策过

---

① Ishani Mukherjee, Michael Howlett：Who is a stream? epistemic communities, instrument constituencies and advocacy coalitions in public policy-making, Politics and governance, 2015, 3 (2): 65-75.

② Matt Wilder, Michael Howlett：The politics of policy anomalies: bricolage and the hermeneutics of paradigms, Critical policy studies, 2014, 8 (2): 183-202.

③ Florian Spohr：Explaining path dependency and deviation by combining multiple streams framework and historical institutionalism: a comparative analysis of German and Swedish labor market policies, Journal of comparative policy analysis: research and practice, 2016, 18 (3): 257-272.

程，并对三个模型的解释力进行了对比。①

发展 2：将制度融入 MSF 的尝试

MSF 受到的一个主要批评是未能明确地将制度动因整合进政策制定的逻辑之中。② 制度形塑决策过程并发挥限制或促进政策选择的功能。③ 正式和非正式规则的稳定集合塑造了群体互动的模式，制度造就确定性，同时减少不确定性。④ 制度通过三大机制（以德国和西班牙为代表的嵌套与一致同意机制，以法国为代表的交叉竞争机制，以英国为代表的分离对立机制）来发挥限制决策与塑造价值的作用。⑤ 模糊性给制度和公共政策研究施加了两大挑战。首先，因为制度的概念伴随稳定性和政治冲突程度的变化而变化，因此对于政策形成而言，相同的制度会产生不同的后果。模糊性使得同一制度在不同情境下拥有不同的含义。⑥ 这种含义的多样性为创造性解释提供了空间，而创造性解释又能限制或促进决策。其次，模糊性形塑了执行阶段的具体政策内容。执行阶段，当新的政策工具对既定政策目标的达成而言兼具促进和阻遏作用时，不一致或不协调现象就会产生。⑦ 政策形成阶段，由于制度约束而产生的认识冲突会造就执行阶段的政策创新。MSF 缺乏对组织结构的明确关注，垃圾桶决策模型关于进入结构（平滑进入、等级式进入、专业化进入）和决策结构（开放决策、等级式决策、专业化决策）的思想没有转移到 MSF 中去。⑧ 制度的作用没有被系统化地整合进 MSF 的分析过程中去。

迄今为止，将制度融入 MSF 的尝试有三种路径：制度模糊性、制度作为

---

① Geert R. Teisman：Models for research into decision-making processes：on phases, streams and decision-making rounds, Public administration, 2000, 78（4）：937-956.

② Edella Schlager：A comparasion of frameworks, theories, and models of policy processes // Paul A. Sabatier：Theories of the policy process, Westview Press, 2007：293-320.

③ James G. March, Johan P. Olsen：Rediscovering institutions：the organizational basis of politics, Free Press, 1989.

④ Douglass C. North：Institutions, institutional change and economic performance, Cambridge University Press, 1990.

⑤ Thomas Risse：A community of Europeans? transnational identities and public spheres, Cornell University Press, 2010：10.

⑥ Maarten A. Hajer：Policy without polity? policy analysis and the institutional void, Policy sciences, 2003, 36（2）：175-195.

⑦ Florian Kern, Michael Howlett：Implementing transition management as policy reforms：a case study of the Dutch energy sector, Policy sciences, 2009, 42（4）：391-408.

⑧ Harald Sætren：Lost in translation：re-conceptualizing the multiple-streams framework back to its source of inspiration // Reimut Zohlnhöfer, Friedbert W. Rüb：Decision-making under ambiguity and time constraints：assessing the multiple streams framework, ECPR Press, 2016：20-34.

活动场所、制度对政策之窗持续时间的影响。^① 罗伯特·阿克里尔（Robert Ackrill）和阿德里安·凯（Adrian Kay）认为：在 MSF 中，"制度模糊"促进了"外溢"的发生。在管辖权交叠的情况下，存在两种类型的"外溢"：外生的和内生的。金登意义上的外溢是外生外溢，"内生外溢"是指某一机构成功实现政策变迁的先例会对一个制度相关联的其他机构产生影响。例如，WTO 失败的糖案例改革给予欧盟贸易理事会推动糖贸易自由化的特权，推动了2005 年的糖补贴改革，而这曾经是欧盟农业理事会的管辖范围。制度相连的不同机构之间的"内生溢出"有时会强大到迫使决策者作出某项决策的地步。^② 制度融入的第二种途径是将制度抽象比喻为活动场所。通过形塑决策环境，制度规定了决策参与者的类型、获胜的规则、备选方案的制度可行性。^③ 埃里克·C. 内斯（Erik C. Ness）和莫莉·A. 米斯特雷塔（Molly A. Mistretta）为 MSF 引入了一个新的元素："政策环境"。他们用政策环境指代美国州政府的组织机构设置情况，包括州长的正式权力范围和州议会议员的职业化程度等。^④ 乔·布兰克诺（Joe Blankenau）探讨了制度环境和政策之窗之间的联系，他认为："否决点"越多，需要作出妥协的数量和程度越大，从而采纳某项政策所需的政策之窗开启时间越长。^⑤ 制度融入的第三种途径是考察制度和政策之窗持续时间的关系。尼古劳斯·扎哈里亚迪斯（Nikolaos Zahariadis）考察了政策之窗的开启时间对政治冲突水平、公民参与程度和政策变迁幅度的影响。他把制度与政策之窗的关系区分为两类：周期性可预见的与突发性有最后期限约束的。前者镶嵌在制度明确的"现行剧目"之中，比如全国大选、预算谈判。后者是系统外部或内部施加的，例如突发事件、判决。扎哈里亚迪斯重点考察了附有最后期限约束的偶发性联系对制度化减缓或加速政策过程的可能影响。他假定：在其他情况不变的条件下，强制施加的较短的政策之窗开启时间，通过控制参与水平与提高框架效应（程式化）的强度，总

① Nikolaos Zahariadis：Delphic oracles：ambiguity，institutions，and multiple streams，Policy sciences，2016，49（1）：3—12.

② Robert Ackrill，Adrian Kay：Multiple streams in EU policy—making：the case of the 2005 sugar reform，Journal of European public policy，2011，18（1）：72—89.

③ Daniel Béland：Ideas and social policy：an institutionalist perspective，Social policy & administration，2005，39（1）：1—18.

④ Erik C. Ness，Molly A. Mistretta：Policy adoption in North Carolina and Tennessee：a comparative case study of lottery beneficiaries，The review of higher education，2009，32（4）：489—514.

⑤ Joe Blankenau：The fate of national health insurance in Canada and the United States：a multiple streams explanation，Policy studies journal，2001，29（1）：38—55.

体上降低了冲突的概率。但是，内部施加的最后期限（比如内生性开启的政策之窗）会增加冲突的可能性，因为它们更具政治可塑性。外部施加的最后期限（比如外生开启的政策之窗）有利于产生较大的政策变迁，因为决策者可以利用政策变迁来规避指责。[①] 赖穆特·索恩赫费尔（Reimut Zohlnhöfer）、妮科尔·赫韦格（Nicole Herweg）、克里斯蒂安·胡斯（Christian Huß）区分了两个耦合过程：议程耦合对应议程设置阶段，决策耦合对应决策阶段（如图2—15所示）。正式制度在决策阶段发挥更大的作用。在决策阶段中，虽然问题流和政治流仍然"在场"，但是政治流在决策耦合中起主导性作用，因为这一阶段的核心问题是：政策企业家能否获得他们青睐的项目得以通过的多数支持？正式制度形塑了多数规则、达成妥协的规则和建立获胜联盟的规则。在不列颠式的多数民主政体下，多数党提出的议案得到快速采纳的概率很高，并伴有较少的妥协。但是，在两院制议会体制或有明确分权的总统体制（制度多元主义）中，政党扮演一个相对次要的角色，政策企业家在获取支持方面变得更加重要。[②]

除了模型整合和制度融入两个发展路径之外，还存在其他一些发展 MSF 的尝试。丹尼尔·贝朗德（Daniel Béland）指出：思想在 MSF 中占据重要的位置，思想观念与问题界定、政策形成、政策企业家的活动高度相关，关于思想理念的研究是 MSF 未来的一个发展方向。[③] 格奥尔格·温克尔（Georg Winkel）和希瑙·莱波尔德（Sina Leipold）使用话语分析深入阐释和澄清了金登著作中核心概念和比喻之间的关系。[④]

---

① Nikolaos Zahariadis: Plato's receptacle: deadlines, ambiguity, and temporal sorting in public policy, Leviathan, 2015, 30: 113—131.

② Reimut Zohlnhöfer, Nicole Herweg, Christian Huß: Bring formal political institutions into the multiple streams framework: an analytical proposal for comparative policy analysis, Journal of comparative policy analysis: research and practice, 2016, 18 (3): 243—256.

③ Daniel Béland: Kingdon reconsidered: ideas, interests and institutions in comparative policy analysis, Journal of comparative policy analysis, 2016, 18 (3): 228—242.

④ Georg Winkel, Sina Leipold: Demolishing dikes: multiple streams and policy discourse analysis, Policy studies journal, 2016, 44 (1): 108—129.

四、多源流分析框架的解释力和整体评价

（一）多源流分析框架的解释力

MSF 提出 30 余年来，应用的人数逐渐增多，研究的地域不断扩大，研究的领域日趋多样，展现出良好的解释力与适应性。迈克尔·D. 琼斯（Michael D. Jones）等在《奔流不息：一项多源流的荟萃分析》一文中，基于 WOS（Web of Science）数据库中发表于 2000—2013 年间，引用金登（1984）[1] 和扎哈里亚迪斯（1999、2007）[2] 作品的同行评审期刊文章，进行两轮内容分析后，获得 311 篇应用或检验 MSF 的样本文章。进一步的分析显示：311 篇文章发表于 165 种期刊，作者归属国籍分布于北美洲（154 篇）、欧洲（151 篇）、大洋洲（21 篇）、亚洲（20 篇）和非洲（9 篇），研究的政策领域涉及健康（28%）、环保（20%）、治理（14%）、教育（8%）、福利（7%）等问题，研究层级覆盖地方（15%）、州（12%）、地区（8%）、国家（52%）、国际（13%）五个层次，方法运用上以定性研究（88%）为主［其中又以访谈式案例研究（85%）为主］。当理论跃出最初的领地，被应用于不同的环境时，它往往会失去其概念的明确性、精确性与逻辑一致性。[3] 分析表明，样本文章对五大核心概念（问题流、政策流、政治流、政策企业家、政策之窗）的理解和界定存有共识，但对次级概念的理解却存在分歧；伴随着应用范围的日益扩展，MSF 的严谨性、逻辑自恰性与系统性亟须改进。同时，MSF 在欧美之外的发展中国家应用偏少，研究方法上复杂的定性方法与规范的量化方法应用偏少。

保罗·凯尔尼（Paul Cairney）和塔尼娅·海基拉（Tanya Heikkila）对"多源流"分析框架（MSF）、间断平衡理论（PET）、社会建构框架（SCF）、政策反馈理论（PFT）、倡议联盟框架（ACF）、叙事政策框架（NPF）、制度

---

① John W. Kingdon: Agendas, alternatives, and public policies, Little, Brown, 1984. 包括专著的 1983、1984、1995、1996、1997、2002、2003、2005、2006、2010 和 2011 版本。

② Nikolaos Zahariadis: Ambiguity, time, and multiple streams // Paul A. Sabatier: Theories of the policy process, Westview Press, 1999: 73 – 93. Nikolaos Zahariadis: The multiple streams framework: structure, limitations, prospects // Paul A. Sabatier: Theories of the policy process, Westview Press, 2007: 65-92.

③ Giovanni Sartori: Concept misformation in comparative politics, American political science review, 1970, 64 (4): 1033-1053.

分析与发展框架（IAD）、创新扩散模型（DOI）八大政策过程模型进行比较。比较的尺度包含 3 项标准、15 项指标。标准 1：理论要素（分析的范围和层次、共用的词汇和概念、假定、核心概念之间的关系、具体的单个模型）。标准 2：研究项目的活跃程度和一致性（出版物的范围，在多元背景下检验且使用多种方法，共用的研究标准、方法、途径，持续不断的理论变迁或适应）。标准 3：每种理论如何解释"政策过程"（决策者，作为决策规则或场所的制度、机构，网络/子系统，理念、观念或信仰，背景，事件）。比较结果显示：总体上来看，"多源流"分析框架逻辑自洽，应用范围很广，对于政策形成与政策变迁具有强大的解释力和适应性，是一个很好的"启发性框架"。[①] 同时，"多源流"分析框架的应用更多地使用定性研究方法，核心概念之间的一致性程度尤其是具体指标的共同理解有待加强。

（二）多源流分析框架的整体评价

国际比较政策分析论坛（ICPA－Forum）旗下的《比较政策分析：研究与实践》（*Journal of Comparative Policy Analysis：Research and Practice*）杂志 2016 年第 3 期设置《多源流分析途径在比较政策分析中的角色和作用》专刊，收录了丹尼尔·贝朗德（Daniel Béland）、弗洛里安·施波尔（Florian Spohr）、赖穆特·索恩赫费尔（Reimut Zohlnhöfer）和迈克尔·豪利特（Michael Howlett）的四篇文章，分别从理念分析、历史制度主义、正式制度融入、"五源流"模型方面进行了 MSF 的比较政策研究。上文已经对这四篇文献进行了或详或略的介绍和评述。美国《政策研究》（*Policy Studies Journal*）杂志 2016 年第 1 期设置《处在理论和实证十字路口的多源流分析途径》专刊，收录了迈克尔·D. 琼斯（Michael D. Jones）、保罗·凯尔尼（Paul Cairney）、尼古劳斯·扎哈里亚迪斯（Nikolaos Zahariadis）、赖穆特·索恩赫费尔（Reimut Zohlnhöfer）和格奥尔格·温克尔（Georg Winkel）的五篇文章。其中，琼斯和凯尔尼的两篇文章是针对 MSF 的宏观评述性论文，琼斯论文的主要研究发现已在上文交代过。后三篇文章致力于 MSF 内部的理论发展，已在上文分别介绍过。凯尔尼和琼斯通过检视 MSF 对解释政策变迁的理论贡献和 41 篇"最佳案例"的实证贡献，来评估 MSF 对公共政策研究同

[①] Paul Cairney，Tanya Heikkila：A comparison of theories of the policy process// Paul A. Sabatier，Christopher M. Weible：Theories of the policy process（3rd ed.），Westview Press，2014：363－389.

行的贡献。他们认为：MSF与探究和解释政策过程动力的演化理论、复杂性理论、新制度主义相关联。MSF对我们理解政策过程的动力机制作出了贡献。MSF的实证应用方面，极少数的文献致力于明确的假设检验，更多的是致力于概念的修订以扩展应用到美国以外的情景。MSF的学者极少致力于相关的理论解释，更不用说充分发展金登1984年的理论工作了。凯尔尼和琼斯断定：MSF的实证应用总体上给人一种"自给自足"的感觉，主要由孤立的案例研究构成。[1] 克里斯托弗·M. 怀布尔（Christopher M. Weible）和埃德拉·施拉格尔（Edella Schlager）在五篇专刊文章的导论中指出：MSF一方面处于诘问和反思过往实证应用的十字路口。鉴于以往实证应用的不系统性，MSF需要反思实证应用是否需要囊括分析框架的所有元素。缺乏共享的概念、方法和分析工具将阻碍MSF的实证积累，MSF应用的"普适性"和方法的多元化既是优势又是劣势，框架的"可携带性"和弹性同时阻碍了其关于政策过程的知识生产。另一方面，MSF也到了寻求新的理论方向的十字路口。2009年以来的一系列理论拓展展示了理论发展的可能性，同时这些发展又是不连贯的，有一点是毋庸置疑的：现实的政策环境日益显示出MSF所描述的那种模糊性和复杂性。最后，怀布尔和施拉格尔提出了三点深化研究的建议：第一，接受奥斯特罗姆的框架——理论区分方法，阐明MSF的基本要素、结构与假定。第二，在明确界定框架的基础上发展共享的理论和研究方法。第三，转向解释学传统，发展后实证主义的分析框架。五篇论文的综合考量显示：MSF 30多年的发展并没有增进政策过程的知识积累；MSF较少地贡献了政策过程的洞察力，更多的贡献在于具体的案例解释，启发其他的理论途径和提供教学资源。尽管面临诸多的批评，MSF现在是将来也会是广为接受和认可的经典政策过程理论之一。[2] 普拉加蒂·拉瓦特（Pragati Rawat）和约翰·查尔斯·莫里斯（John Charles Morris）选取了1984—2016年间，引用金登的《议程、备选方案与公共政策》一书，并且运用MSF进行案例分析的120篇文献，得出了大致相同的结论。[3]

---

① Paul Cairney, Michael D. Jones: Kingdon's multiple streams approach: what is the empirical impact of this universal theory?, Policy studies journal, 2016, 44 (1): 37−58.

② Christopher M. Weible, Edella Schlager: The multiple streams approach at the theoretical and empirical crossroads: an introduction to a special issue, Policy studies journal, 2016, 44 (1): 5−12.

③ Pragati Rawat, John Charles Morris: Kingdon's "streams" model at thirty: still relevant in the 21st Century?, Politics & policy, 2016, 44 (4): 608−638.

五、多源流分析框架在中国的应用和修正、发展

（一）多源流分析框架在中国的应用和修正

MSF 的引进和译介是 21 世纪的事情。2004 年 4 月，生活·读书·新知三联书店翻译出版了保罗·A. 萨巴蒂尔主编的《政策过程理论》一书，其中就收录了尼古拉斯·扎哈里亚迪斯的《模糊性、时间与多源流分析》一文。同年8 月，中国人民大学出版社出版了金登的《议程、备选方案与公共政策（第二版）》一书，使得 MSF 在我国的传播速度大大加快。

MSF 引入中国十余年来，在我国政策研究与实践中已被广泛应用于教育①、社会治安②、环境治理③、住房④、出租车改革⑤、公共意识形态⑥等领域。从政策过程角度来考量，MSF 应用的焦点还是集中在"政策议程设置"（政策形成）和"政策变迁"两个阶段。而且政策涉及的范畴既有宏观又有微观，政策牵涉的周期有长有短。案例研究法仍然是国内学者应用 MSF 最常使用的研究工具。

MSF 在中国情景下的应用，主要受到两大因素的制约：一是"问题流""政策流""政治流"三者之间的独立性问题⑦，有学者认为三大源流在我国表现出依赖性、关联性、顺序性的特征。二是政治源流的差异性问题，主要是中国共产党领导的多党合作制度与欧美竞争性政党制度之间的差别。⑧

① 肖玉梅、陈兴福、李茂荣：《成人教育边缘化现象及对策探讨——多源流分析模型的启示》，《南昌大学学报（人文社会科学版）》，2006 年第 2 期，第 149~152 页。
② 容志：《基层公共决策的多源流模型与特点："网格巡察"政策的实证分析》，《晋阳学刊》，2012 年第 3 期，第 35~42 页。
③ 毕亮亮：《"多源流"框架对中国政策过程的解释力》，《公共管理学报》，2007 年第 2 期，第 36~41 页。
④ 柏必成：《改革开放以来我国住房政策变迁的动力分析——以多源流理论为视角》，《公共管理学报》，2010 年第 4 期，第 76~85 页。
⑤ 魏淑艳、孙峰：《"多源流理论"视阈下网络社会政策议程设置现代化——以出租车改革为例》，《公共管理学报》，2016 年第 2 期，第 1~13 页。
⑥ 任峰、朱旭峰：《转型期中国公共意识形态政策的议程设置——以高校思政教育十六号文件为例》，《开放时代》，2010 年第 6 期，第 68~82 页。
⑦ 毕亮亮：《"多源流"框架对中国政策过程的解释力》，《公共管理学报》，2007 年第 2 期，第 36~41 页。
⑧ 张建：《多源流模型框架下的异地高考政策议程再分析》，《教育学报》，2014 年第 3 期，第 69~78 页。

（二）多源流分析框架在中国的发展

孙志建运用 MSF 的基本逻辑分析了城市摊贩监管为什么会趋向并稳定于模糊性治理的问题。作者认为城市摊贩监管稳定于模糊性治理是在一定的政策语境下，议题流、行动流、规则流三大政策溪流在一系列机制串联之下打开政策之窗的结果。具有争议性的"议题流"、具有两难性的"行动流"和具有两可性的"规则流"，各自都有不同的"流向""流量"和"水质"。城市摊贩监管案例中的源流耦合串联机制包括非对称分权的"情景机制"、不出事逻辑和简单化逻辑成就的"行动塑造机制"、脱耦化与目标置换构成的"转换机制"。关于政策之窗的类型，作者认为城市摊贩监管的政策之窗属于"溢出型"和"随机型"的混合。① 孙志建对 MSF 的贡献在于：一方面，重构了金登的源流要素和结构。将问题流、政策流和政治流替换为"议题流""行动流"和"规则流"，同时加入了流向、流量、水质的比喻，以及政策语境这个元素；并初步探讨了政策之窗的类型。另一方面，把机制性解释纳入 MSF，认为政策源流是在情景机制、行动塑造机制和转换机制的串联下推开政策之窗的，这就向源流耦合的"黑箱"投下了一束光芒。

杨志军等在《要素嵌入思维下多源流决策模型的初步修正——基于"网约车服务改革"个案设计与检验》《模糊性条件下政策过程决策模型如何更好解释中国经验？——基于"源流要素＋中介变呈"检验的多源流模型优化研究》②③ 两篇文章中对 MSF 做出了比较细致的发展。《要素嵌入思维下多源流决策模型的初步修正——基于"网约车服务改革"个案设计与检验》一文中，作者将杰弗里·达德利（Geoffrey Dudley）和杰里米·理查森（Jeremy Richardson）的 4I1T④ 政策变迁理论⑤中的 4I 因素作为"源流信仰"嵌入三大源流之中。首先，作者以"信仰"为纽带将"倡议联盟""4I"和"多源流"联系起来，具体如图 2-17 所示。决策过程牵引政策过程源流向前流动从而产

---

① 孙志建：《中国城市摊贩监管缘何稳定于模糊性治理——基于"新多源流模型"的机制性解释》，《甘肃行政学院学报》，2014 年第 5 期，第 28~43 页。

② 杨志军、欧阳文忠、肖贵秀：《要素嵌入思维下多源流决策模型的初步修正——基于"网约车服务改革"个案设计与检验》，《甘肃行政学院学报》，2016 年第 3 期，第 66~79 页。

③ 杨志军：《模糊性条件下政策过程决策模型如何更好解释中国经验？——基于"源流要素＋中介变呈"检验的多源流模型优化研究》，《公共管理学报》，2018 年第 4 期，第 39~51 页。

④ 4I 是指：Idea 理念、Image 形象、Institution 机构、Individual 个人。1T 是指：Time 时间。

⑤ Geoffrey Dudley, Jeremy Richardson：Why does policy change？：lessons from British transport policy, 1945-1999, Routledge, 2000：221-228.

生政策变迁，决策过程是一个倡议联盟互动的过程，在网约车服务改革案例中作者列出了 A/B/C/D/E/F 六大联盟，4I 要素分别嵌入六大联盟，实现了 4I 和联盟的融合。作者认为：中国的政策之窗主要是"焦点事件"开启的问题之窗。4I 按照一定的次序"排序"嵌入 MSF 的三大源流。

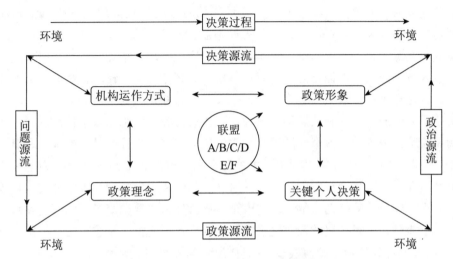

图 2-17 联盟、4I、信仰与多源流的融合过程

资料来源：杨志军、欧阳文忠、肖贵秀：《要素嵌入思维下多源流决策模型的初步修正——基于"网约车服务改革"个案设计与检验》，《甘肃行政学院学报》，2016 年第 3 期，第 66~79 页。

这样 4I 嵌入 MSF 的过程就分为两步：第一步是 4I 以"信仰"为纽带在倡议联盟中的嵌入，反映了联盟的"信仰"，这种嵌入主要出现在从问题生成到议程设置的"前决策"阶段。第二步是 4I 以源流"信仰"要素排序嵌入三大源流，这种排序嵌入主要出现在政策制定和政策合法化的"后决策"阶段。4I 的两步嵌入过程如图 2-18 所示。

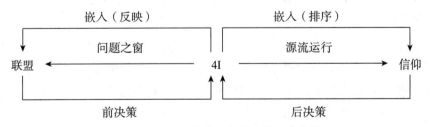

图 2-18 4I 要素嵌入多源流的两个步骤

资料来源：杨志军、欧阳文忠、肖贵秀：《要素嵌入思维下多源流决策模型的初步修

正——基于"网约车服务改革"个案设计与检验》，《甘肃行政学院学报》，2016年第3期，第66~79页。

在《模糊性条件下政策过程决策模型如何更好解释中国经验？——基于"源流要素＋中介变呈"检验的多源流模型优化研究》一文中，杨志军将3I要素分别嵌入三大源流：将各方追求自身利益而形成的政策理念（Policy Idea）要素嵌入问题源流，将民众是否认可所造就的政策形象（Policy Image）要素嵌入政策源流，将领导巡查、批示、讲话等构成的政策精英（Policy Elite）要素嵌入政治源流。因循孙志建的机制性解释，杨志军为MSF增设了三个中介变量：焦点事件、政策活动家、关键个人。中介变量独立于三大源流，同时又决定了源流的主导性和从属性。比如：当政策议程主要由焦点事件触发时，问题源流就作为主导源流牵引政策流和政治流向前流动，此时敞开的政策之窗属于"问题之窗"。当政策议程主要由关键个人触发时，政治源流就作为主导源流牵引问题流和政策流向前流动，此时开启的政策之窗类型为政治之窗。当政策之窗主要由政策活动家触发时，政策源流就作为主导源流牵引问题流和政治流向前流动，此时开启的政策之窗类型统称为政策之窗。杨志军将自己修正过后的MSF称为"新多源流模型"，具体逻辑如图2-19所示。

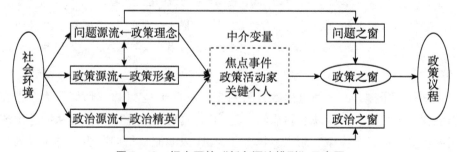

图2-19 杨志军的"新多源流模型"示意图

资料来源：杨志军：《模糊性条件下政策过程决策模型如何更好解释中国经验？——基于"源流要素＋中介变量"检验的多源流模型优化研究》，《公共管理学报》，2018年第4期，第39~51页。

杨志军对MSF的发展主要体现在三个方面：（1）4I要素或者后来的3I要素嵌入，有助于理解三大溪流的动力机制，有助于判定源流的成熟度。（2）源流排序嵌入和后来的三大中介变量一定意义上揭开了决策过程的"黑箱"。（3）注意到了我国政治决策过程的"内输入"问题和焦点事件的重要作用，并在此基础上对MSF的要素进行了调整。

虽然杨志军的"新多源流模型"经过了"网约车""G大学水网改造"两

个个案，以及基于 30 个典型案例的清晰集定性比较方法（crispy set Qualitative Comparative Analysis, csQCA）的检验；但是，就像作者所意识到的，"新多源流模型"仅仅在议程设置阶段得到了验证，而 MSF 的理论渊源上有政治学和新闻传播两种路径，模型的应用环节和适用案例需做审慎考量。

六、小结

MSF 的思想渊源包括有限理性模型关于"注意力稀缺"的假定，渐进主义模型关于"问题模糊性"的判定，马奇关于复杂世界中无序和模糊性的"常态"认知。

MSF 使用"溪流汇合"隐喻来刻画政策变迁过程。MSF 认为当问题流、政策流、政治流三大源流在政策企业家作用下"汇合"，同时政策之窗开启之时，某项可行性政策最有可能进入政策议程，形成新的政策，进而实现政策变迁。MSF 探究"模糊"情景下的政策过程，旨在揭示"随机"背后的"模式/结构"、"无序"背后的"有序"。MSF 是一个兼顾"个人行为"和"组织结构"的"中观"分析框架。MSF 的生命力在于其理论解释的"真实性"。

回顾 MSF 问世 30 多年来的研究文献，总体上可以归纳为："两大批判""两大回应""四大拓展""两大修正""两大发展"。"两大批判"是：（1）三大源流之间并非真正独立；（2）MSF 缺乏可检验的假设和预测能力。"两大回应"是：（1）源流之间是一种"松散的结合"；（2）MSF 可以发展出可证伪的假设。"四大拓展"表现为"政策阶段""体制情景""政策领域""分析单元"四个方面的拓展应用。"两大修正"体现为：（1）MSF 分析元素的修正（增减）；（2）MSF 结构或逻辑修正。"两大发展"体现在：（1）MSF 与阶段模型、ACF、历史制度主义的整合；（2）将"制度"整合进（融入）MSF 分析过程。

MSF 提出 30 多年来，应用学者逐渐增多，研究地域不断扩大，研究领域日趋多样，对于政策形成和政策变迁具有强大的解释力和适应性。MSF 总体上缺乏共享的概念、方法和分析工具。MSF 政策共同体对五大核心概念（问题流、政策流、政治流、政策企业家、政策之窗）的理解和界定存有共识，但对次级概念的理解却存在分歧。研究方法上复杂的定性方法和规范的量化方法应用偏少。致力于 MSF 理论发展和明确假设检验的文献偏少。现实的政策环境日益显示出 MSF 所描述的那种模糊性和复杂性。

MSF 在中国的应用集中在"政策议程设置"（政策形成）和"政策变迁"两个阶段，研究方法以案例法为主。针对 MSF 的批判集中在源流独立性和政治流的差异性两个方面。孙志建和杨志军等对 MSF 作出了明确的发展。孙志建重构了金登的源流要素和结构，纳入了机制性解释。杨志军将杰弗里·达德利（Geoffrey Dudley）的"4I1T"模型中的"4I"嵌入 MSF 的三大源流。

第四节　多源流分析框架与小城镇发展政策的适恰性分析

纵观 MSF 的中外文献，我们不难发现，其适用的前提条件是问题的"模糊性"和"复杂性"。MSF 与小城镇发展政策适恰与否的第一点就是要考察小城镇发展政策的"模糊性"和"复杂性"问题。

首先，小城镇发展政策具有五大"模糊性"特征。（1）问题建构的模糊性。小城镇问题究竟是"求数量"的问题、"求质量"的问题，还是"求特色"的问题？小城镇问题究竟是社会学的问题、经济学的问题，还是公共管理学的问题？小城镇究竟是农村问题、城市问题，还是城市群问题？（2）非意图性后果。农村放活的结果是乡镇企业的异军突起和小城镇的蓬勃发展，这是意料之外的事情。（3）中国特色城镇化规律认识上的模糊性。中国特色城镇化规律与世界城镇化规律的关系是什么？小城镇在中国特色城镇化道路不同历史阶段所处的地位、功能、作用是什么？"大城市病"和"小城镇病"孰轻孰重？（4）特色小（城）镇政策的模糊性。特色小（城）镇究竟是住建部所讲的一级行政区划还是发改委所讲的"非城非区"？（5）政策企业家的流动性参与。积极发展、重点发展、特色发展三个阶段的决策者和参与者各不相同。

其次，小城镇政策的复杂性集中体现在研究背景部分所交代的"六大争论"：城乡二元 VS 城镇乡三元，"过渡"形态 VS "永恒"形态，城镇化道路 VS 城市化道路，繁荣 VS 困境，城市方案 VS 乡村方案，产业驱动 VS 制度驱动。

MSF 与小城镇发展政策适恰与否的第二点是政策对象选择的标准。金登在《议程、备选方案与公共政策》一书的附录中交代了适合建构和应用 MSF 的案例选择的三个标准：广度、变化和对比。

就广度而言，小城镇点多面广，星罗棋布地矗立在 31 个省级区划内。小城镇的主管部门涉及住建（建设）部、民政部、发改（体改）委、财政部、中央编办等诸多"条条"。小城镇政策是一个涵盖区划、户籍、土地、住房、财税、就业、家庭、产业、生态、规划等诸多维度的整合性议题。

就变化而言，本书研究的小城镇发展政策横跨 40 年，经历了积极发展、重点发展、特色发展三个不同的阶段。宏观政治环境历经中国特色社会主义制度建立、完善、发展三个阶段。宏观经济环境历经中国特色社会主义市场经济体制建立、完善、改革三个阶段。宏观社会环境历经乡土中国、城市中国、城市群中国三个阶段。城乡关系历经城乡二元、城乡统筹、城乡融合三个时期。城镇化历经二元城镇化、主动城镇化、新型城镇化三个时期。农业现代化历经农村改革发展、新农村建设、乡村振兴三个时期。

就对比而言，三大政策源流（问题流、政治流、政策流）的"内容""动力机制""成熟标志"，政策企业家的"类型""资源""策略"，政策之窗和耦合逻辑的"类型"，在"积极发展""重点发展""特色发展"三个阶段的表现各不相同。

正是基于以上两点考虑，本书选择多源流分析框架作为探究小城镇发展政策变迁问题的理论工具。

第五节　本书的分析框架

在浩如烟海的学术文献中遨游一圈之后，让我们回到本书的分析框架建构。

第一，本书的解释对象是小城镇的发展政策变迁，从政策阶段上来看，焦点问题是政策形成或政策制定，而较少考察议程设置、政策执行、政策评估和政策终结的问题。所以赫韦格、扎哈里亚迪斯、索恩赫费尔等人对于 MSF 的阶段拓展应用，我们只关注其政策形成环节。如果仔细考究一下，小城镇的政策变迁还涉及孙志建讲到的稳定于某一政策的机制性探究，囿于篇幅限制，为了增加问题的聚焦性，本书暂不予考察，留待后续研究。

第二，我们是在中国情境下探究小城镇发展政策变迁问题，所以，扎哈里亚迪斯、赫韦格等人关于政党在议会体制中发挥重要作用的论点，本书予以采纳，杨志军关于中国政治体制"内输入"特征的描述也有同样的理论意涵。综合来看，本书更倾向于赫韦格等人的处理方法，在政治流中，凸显中国共产党的核心地位，同时保留行政当局的换届和国民情绪的元素，但是基于中国情景，本书替换为党政换届和公民权利意识两个元素。

第三，关于 MSF 的分析结构，虽然豪利特在三源流基础上加入了"过程流"和"方案流"从而形成了"五源流"模型，但是考虑到一方面五源流的修正是基于不同的政策阶段，另一方面政策形成阶段的"过程流"很大程度上可以合并到政治流当中去，故在源流结构方面保持三源流的原初设计。关于结构的另外一个问题是源流汇合的机制问题，中国学者孙志建和杨志军都试图揭开决策过程的"黑箱"，增加了机制性解释或中介变量，但正如杨志军的文献所表述的那样，这些机制或中介变量很大程度上是与"三源流"高度相关的，可以分别分解到"三源流"中去。这样的处理一方面与赫韦格等人关于"源流成熟"的表示相暗合，同时也隐含在金登关于源流特性的原著表述之中。本书整合赫韦格和杨志军的表述，同时参照金登关于源流客观性和主观性的辩证论述，将问题源流的"成熟"客观上表征为"公共问题"的形成，主观上表征为"领导重视"[①]；将政策源流的"成熟"客观上表征为"共识性的可行方案"，主观上表征为"领导思维转换"；将政治源流的"成熟"客观上表征为"宏观制度转变"，主观上表征为"领导默许或表态支持"。关于源流的动力机制，本书将问题源流的动力机制归结为"利益调适"，主要表现为差别化利益的交锋和整合；将政策源流的动力机制归结为"自然选择"，主要表现为不同思想观点的说服和传播过程；将政治源流的动力机制归结为"寻求共识"，主要表现为不同层级、不同部门的机构间寻求"最大公约数"的过程。

第四，关于政策之窗和政策企业家。关于政策之窗的类型，本书采纳豪利特的观点将其分为四类："常规政策之窗""溢出政策之窗""自由裁量政策之窗"和"随机政策之窗"。这样的划分比金登可预测和不可预测的两分法更加细致，其中的"溢出政策之窗"由于小城镇对城镇化和"三农"问题的敏感性而显得颇为契合，"自由裁量政策之窗"也更加契合我国中央和地方"两个积极性"的制度设计。另外本书接受扎哈里亚迪斯关于问题之窗与源流耦合逻辑之间的关系假定：当"问题之窗"开启时，耦合遵循问题寻找答案的"随之而来"模式（"consequential"mode）；当"政治之窗"开启时，耦合遵循方案寻找问题的"教条"模式（"doctrinal"mode）。关于政策企业家，虽然国内学者有关于其在中国情境下存在与否的争论，但是考虑到功能意义上的"智库"始终存在，而且学者、国企领导和政府官员之间的流动任职和角色转换现象，本书倾向于认可其存在。

第五，关于 MSF 所包含的要素。本书尽量系统性、完整性地包含金登原著和琼斯等人《荟萃分析》一文中所列出的要素，以增强知识的累积性。问题

---

① 庞明礼：《领导高度重视：一种科层运作的注意力分配方式》，《中国行政管理》，2019 年第 4 期，第 93~99 页。

源流包含四个子要素：指标、焦点事件、反馈、负荷。① 结合金登、扎哈里亚迪斯和琼斯的观点，政策源流包含六个子要素：价值可接受性、技术可行性、资源充足程度（预算可承受性）、政策共同体（政策网络/传播网络整合能力）、预期的公众认可、预期的党政认可。结合扎哈里亚迪斯和赫韦格的观点，政治源流包含四个子元素：中国共产党的执政理念、党政换届、公民权利意识（自由迁徙权利等）、利益整合。政策之窗分为四种类型：常规型（routine）、溢出型（spillover）、自由裁量型（discretionary）、随机型（random）。政策企业家包含三个子元素：接触通道（与决策者的接近程度）、资源（时间、金钱、声望）、策略（包括框架/问题建构、渐进战术/局部改革、符号/象征、情感促发）。

第六，关于制度融入的问题。本书对制度的关注和处理主要体现在两个方面：一方面是在政治源流的"成熟"表征上，将成熟的客观标志归结为"宏观制度转换"，在本书中主要是指小城镇发展政策变迁的宏观经济、社会、政治制度和相关的大政方针调整。另一方面，采纳扎哈里亚迪斯和豪利特的观点，制度对政策之窗类型和开启时间的影响体现在四种政策之窗类型的划分之中。本书的分析框架具体如图 2-20 所示。

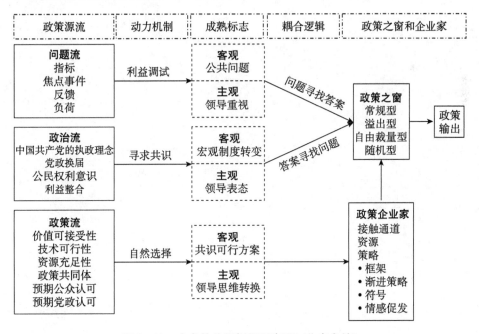

图 2-20　本书的分析框架示意图（作者自绘）

---

① 子要素的基本逻辑已在"多源流分析框架的基本逻辑"部分作了交代，此处不再赘述。

本研究框架暗含了以下假设：（1）三大源流主要是独立地向前流动；（2）只有三大源流都趋于成熟的时候，才会发生政策变迁；（3）以中国共产党的执政理念为主要内容的政治流起主导性作用；（4）制度会影响耦合逻辑与政策之窗的类型。

第三章 小城镇的发展轨迹与政策变迁

本章的主要任务是从数量、规模、分布、"城镇化贡献水平"四个方面历史性回顾小城镇40年的发展历程，同时，科学、合理地划分小城镇发展政策的变迁阶段，将小城镇发展政策变迁概括为"积极发展""重点发展"和"特色发展"的三次转向。

第一节 改革开放以来小城镇的发展轨迹

改革开放40年来，小城镇在数量、人口规模、经济规模、财政状况、地域分布以及对城镇化率的贡献水平上发生了历史性巨变。

一、小城镇数量的变迁轨迹

单从小城镇数量变化角度看，1978—2018年间，小城镇（县城镇＋建制镇）的数量变迁总体分为两段：1978—2002年间，小城镇数量处于持续增长阶段，由1978年的2173个增加到2002年的20601个，24年间数量增长近9倍，年均增长768个。2002—2018年间，小城镇数量处于先降后升的平稳变化阶段，其中，2002—2008年间一直处于小幅下降时期，由2002年的20601个持续减少到2008年的19234个；2008—2018年间一直处于小幅稳步增长时期，由2008年的19234个持续增长到2018年底的21297个。具体如图3—1所示。

1978—2002年间的"持续增长阶段"存在两个剧烈增长的年份：1984年和1992年。1978—1983年是改革开放之后的"恢复增长"时期，由1978年的2173个稳步增长到1983年的2968个；1983—1984年出现了一个小城镇数量的"爆发式增长"，由1983年底的2968个迅速增长到1984年底的7186个，增长1.4倍。1984年的"爆发式增长"背后有两大制度性促发因素：一是政社分开，大量人民公社转化为建制镇；二是 1984 年的"设镇标准"降低了镇的准入门槛，确立了"以乡建镇"新模式。伴随"政社分开"，人民公社解体工作的完成和 1984 年建制镇标准门槛效应的减弱，1985—1991 年间，小城镇实现了由 9140 个到 12455 个的温和增长。1991—1992 年间由 12455 个到 14539 个的"大幅增长"源于各地陆续开展的"撤区（公所）并乡建镇"工作。[①]

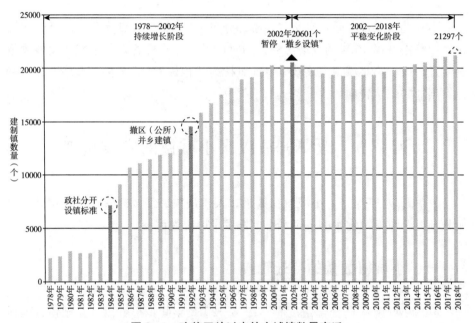

图 3-1　改革开放以来的小城镇数量变迁

数据来源：根据《中国统计年鉴》历年数据整理，考虑到《中国统计年鉴》分年份数据与国家统计局网站年度数据查询结果之间有出入，本书同时参照浦善新、张俊、孔凡文的相关资料进行了校订。

2002—2018 年间的"平稳变化阶段"总体上处于"先降后升"的小幅变化时期。2002 年是"持续增长阶段"的结束点，同时也是"平稳变化阶段"的开启点，背后的制度性因素是 2002 年 8 月国务院暂停了"撤乡设镇"工作，小城镇发展由数量扩张转向质量提升，改革开放以来数量首次下降，由此进入伴随经济社会发展的自然发展时期。

---

① 张俊：《1978 年后中国小城镇数量与规模变化研究》，《上海城市管理职业技术学院学报》，2006 年第 6 期，第 32~35 页。

如果将小城镇的外延放宽，综合考量改革开放 40 年来的乡、镇数量变化，我们发现，建制镇（包括县城镇）的数量 40 年间总体上一直处于增长态势；由于改革开放之初乡的数量巨大，乡和乡镇总体的数量变迁呈现同步态势。从乡的数量变化来看，在历经 1978—1982 年的短暂平稳期后，1983 年底，乡的数量由 1982 年的 51688 个迅速减少到 35514 个，之后在人民公社撤销并大部分转化为乡的促动下，迅速攀升到 1984 年的历史最高点，数量高达 85290 个。1984—2018 年间，乡的数量持续下滑，由 1984 年的 85290 个一路下跌至 2018 年底的 10253 个，数量仅为 1984 年的 12.02％，34 年间，平均每年减少 2207 个。具体如图 3-2 所示。

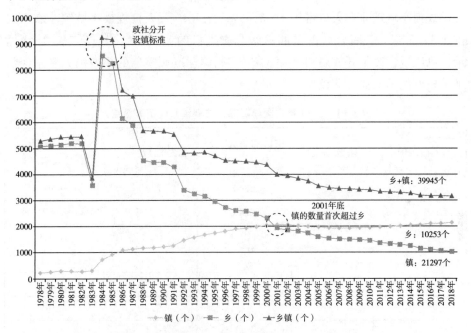

图 3-2　改革开放以来乡、镇、乡镇数量变迁

数据来源：根据历年《中国统计年鉴》数据整理。

2001 年底，镇的数量历史上首次超过乡的数量。这一年，镇的数量是 20374 个，迄今为止一直保持在 20000 个左右的水平；这一年，乡的数量是 19341 个，迄今为止一直保持下滑态势，2018 年底的数量仅为 2001 年底的一半左右。镇的数量总体稳定与乡的数量持续下跌，从一个侧面反映了我国城镇化不断推进的经济社会发展历程和小城镇在带动农村发展中的重要地位。

二、小城镇规模的变迁轨迹

根据 1955 年的国务院设镇标准，镇是县级政府领导下的行政单元，是工商业和手工业的集中地[①]，设镇标准较高，加之农村地区实行"政社合一"的人民公社体制，所以改革开放之初的建制镇数量较少、规模较大。1979 年全国建制镇（县辖镇）共有 2851 个，从规模等级结构来看，1 万～3 万人口规模的小城镇占 36.97%，1 万人口规模以上的小城镇占比 48.38%。从镇区非农人口占比来看，1 万～3 万人口规模小城镇非农人口占比 43.11%，3 万～5 万人口规模小城镇非农人口占比 18.31%，5 万～10 万人口规模小城镇非农人口占比 17.62%，三者合计占全部镇区非农人口的 81.52%。具体如表 3-1 所示。可以说，改革开放之初至 1984 年建制镇标准调整前的小城镇大多是经济基础较好的工商业发达镇。

表 3-1　1979 年全国建制镇（县辖镇）规模等级结构

人口规模	镇数（个）	镇区非农人口数（万人）	占总镇数（%）	占全国镇区非农总人口（%）
<0.25 万	211	38.4	7.40	0.92
0.25 万～0.5 万	512	189.0	17.96	4.52
0.5 万～1 万	749	545.1	26.27	13.03
1 万～3 万	1054	1803.4	36.97	43.11
3 万～5 万	204	765.9	7.16	18.31
5 万～10 万	112	737.1	3.93	17.62
>10 万	9	103.9	0.32	2.48

数据来源：宋培杭：《城市建设数据手册》，天津大学出版社，1994 年。

党的十一届三中全会之后，伴随社队企业的发展和小城镇商品流通的恢复和发展，加之 1984 年建制镇标准和户籍制度的放宽以及人民公社解体，建制镇（县辖镇）的数量增多，规模变小。1984 年底，全国共有建制镇 6214 个，其中，1 万～3 万人口规模的小城镇占比由 1979 年的 36.97% 下降到 20.36%，

[①] 李培：《中国建制镇规模的时空变化规律研究》// 中国城市规划学会，《规划 50 年——2006 中国城市规划年会论文集：城市化》，中国建筑工业出版社，2016 年，第 38～43 页。

1万人口规模以上的小城镇占比由1979年的48.38%下降到26.38%，新增小城镇以1万人口规模以下的建制镇为主。同时，从镇区非农人口占比来看，1万人口规模以上小城镇的非农人口占比仅从1979年的81.52%下降到76.28%，具体如表3-2所示。这说明，5年间小城镇数量虽然由2851个增长到6214个，增长约1.18倍，但绝大多数是1万人口规模以下的建制镇，非农人口占比较小，城镇本身的经济水平和工商业发展程度较低，带有浓厚的"建制城镇化"味道。

表3-2 1984年全国建制镇（县辖镇）规模等级结构

人口规模	镇数（个）	镇区非农人口数（万人）	占总镇数（%）	占全国镇区非农总人口（%）
<0.25万	2415	196.55	38.86	3.76
0.25万~0.5万	1256	399.91	20.21	7.64
0.5万~1万	904	645.21	14.55	12.33
1万~3万	1265	2195.97	20.36	41.98
3万~5万	249	931.45	4.01	17.81
5万~10万	115	741.06	1.85	14.17
>10万	10	121.2	0.16	2.32

数据来源：中华人民共和国公安部三局：《中国城镇人口资料手册》，地图出版社，1985年。

1984年制度促动下的爆发式增长过后，小城镇数量持续增多，其中1992年全国各地开展的"撤区（公所）并乡建镇"工作，促使小城镇数量迎来又一次大幅增长，仅1992年1年就新设建制镇223个。截至1999年底，全国建制镇（县辖镇）数量已高达17716个。这一时期的小城镇人口规模继续向小型化方向发展，其中，1万人口规模以上的小城镇占比由1984年的26.38%进一步下降到10.67%，同时1万人口规模以上的小城镇非农人口占比1984年的76.28%下降到38.9%，具体如表3-3所示。

表3-3 1999年全国建制镇（县辖镇）规模等级结构

人口规模	镇数（个）	镇区非农人口数（万人）	占总镇数（%）	占全国镇区非农总人口（%）
<0.25万	8257	1784.73	46.61	19.03

人口规模	镇数（个）	镇区非农人口数 （万人）	占总镇数 （%）	占全国镇区 非农总人口（%）
0.25万～0.5万	4106	1584.20	23.18	16.89
0.5万～1万	3463	2360.80	19.55	25.18
1万～3万	1657	2573.75	9.35	27.45
3万～5万	159	588.46	0.9	6.28
5万～10万	71	448.40	0.4	4.78
>10万	3	36.63	0.02	0.39

数据来源：国家统计局农村社会经济调查总队：《中国农村乡镇统计概要》，中国统计出版社，2000年。

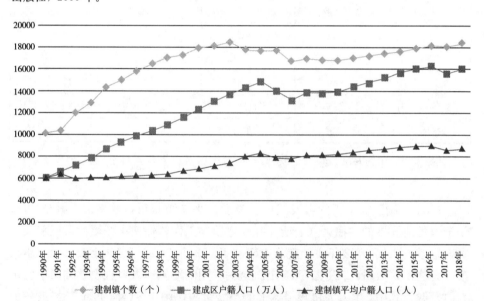

图 3-3　1990—2018 年建制镇数量、户籍人口和平均户籍人口

注：根据《中国城乡建设统计年鉴》历年数据整理，建制镇范围不包括县城关镇。

2000 年以后，随着《中共中央　国务院关于促进小城镇健康发展的若干意见》的出台，以及在"有重点地发展小城镇"战略的推动下，建制镇（不包括县城镇）的人口规模缓慢提升，但平均户籍人口规模依然偏小。如图 3-3 所示，1990—2018 年间，建制镇数量和建制镇户籍人口总体不断提升，相应的建制镇平均户籍人口缓慢提升，最低数值是 1992 年的 6000 人，最高数值是

2016 年的 8973 人。总体来看，进入 21 世纪，建制镇（不包括县城镇）的人口规模小型化现状有所缓解，但不显著。

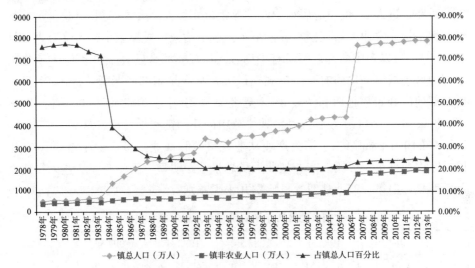

图 3-4　1978—2013 年建制镇总人口、非农人口及非农人口比例

注：根据《中国人口和就业统计年鉴》（2006 年之前称《中国人口统计年鉴》）数据整理

2007 年之后的数据疑似统计口径有变化，但统计年鉴未说明。

如图 3-4 所示，1978—2013 年间，建制镇（县辖镇）总人口和非农业人口绝对量不断增加，总人口由 1978 年的 5316 万人持续增长到 2013 年底的 78491 万人，非农业人口由 1978 年的 4039 万人持续增加到 2013 年底的 18847 万人。从非农人口占比来看，县辖镇的非农人口占比由 1978 年的 75.98% 小幅上涨到 1980 年的最高点 77.55% 之后，便一路下滑到 2001 年的最低点 19.38%，然后再逐渐小幅上扬至 2013 年底的 24.01%。

三、小城镇分布的变迁轨迹

人口规模"东大西小"。如表 3-4 所示，从建制镇平均总人口来看，1964 年，东中西部的比例是 1.47∶1.47∶1，1984 年为 2.11∶1.69∶1，1987 年为 1.95∶1.64∶1，1992 年为 1.88∶1.12∶1，1997 年为 1.31∶1.29∶1，2003 年为 1.47∶1.33∶1，2007 年为 1.59∶1.34∶1，2011 年为 1.71∶1.28∶1。从建制镇平均非农业人口规模来看，1964 年，东中西部的比例为 1.32∶1.42 ∶1，1984 年为 1.41∶1.67∶1，1987 年为 1.09∶1.44∶1，1992 年为 1.2∶

1.38∶1，1997年为1.26∶1.37∶1，2003年为1.98∶1.40∶1。总体来看，镇域人口规模东中西部差距明显，改革开放起至20世纪末是东中西部差距缩小的时期，进入21世纪之后东中西部差距重新加大。具体如图3－5所示。从建制镇平均非农业人口规模来看，由于镇区平均人口规模偏小，不足万人（见图3－3），所以东中西部差距没有平均总人口规模那么显著，20世纪末期之前中部地区小城镇平均非农业人口规模最大，其次是东部和西部，进入21世纪后东部地区开始超越西部。表3－5至表3－9分别为2003年、2004年、2007年、2009年、2011年按三大经济地带分组的建制镇水平对比。从表3－7至表3－9中的东中西部第二、第三产业从业人员数和从业人员比例来看，2000年以后东中西部第二、第三产业从业人员总量差距明显，第二产业从业人员比例差距明显，但第三产业从业人员比例几乎无差别。

表3－4　全国分地区历年建制镇平均人口规模（单位：万人）

地区	1964年 A	B	1984年 A	B	1987年 A	B	1992年 A	B	1997年 A	B	2003年 A	B
全国	1.17	0.94	2.71	0.89	2.59	0.67	3.25	0.66	3.32	0.66	3.59	0.79
东部	1.28	0.98	2.76	0.86	3.12	0.62	5.35	0.66	3.55	0.68	4.06	1.03
中部	1.28	1.05	2.21	1.02	2.63	0.82	3.17	0.76	3.47	0.74	3.67	0.73
西部	0.87	0.74	1.31	0.61	1.60	0.57	2.84	0.55	2.70	0.54	2.76	0.52

注：A代表建制镇平均总人口，B代表建制镇平均非农人口；东、中、西部划分按照"七五"计划标准。

资料来源：李培：《中国建制镇规模的时空变化规律研究》//中国城市规划学会，《规划50年——2006中国城市规划年会论文集：城市化》，中国建筑工业出版社，2006年，第38~43页。

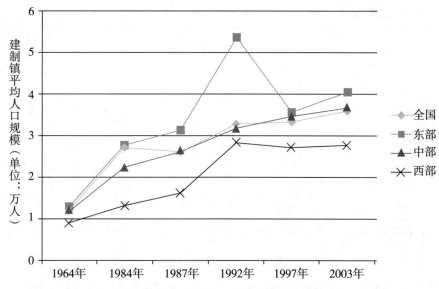

图 3－5　1964—2003 年全国建制镇平均人口规模分区变化示意图

数据来源：同表 3－4。

表 3－5　2003 年按三大经济地带分组的建制镇平均水平对比

指标	东部平均	中部平均	西部平均	全国平均
人口（人）	43079.0	35906.2	27309.8	36424.3
从业人口（人）	22413.9	17891.0	14098.3	18668.2
乡村经济总收入（万元）	110098.7	27620.7	20094.7	58848.6
财政收入（万元）	2663.5	596.4	475.0	1397.7
乡镇企业个数（个）	653.4	482.2	402.0	529.1
乡镇企业从业人员（人）	7704.3	3708.3	2267.6	4923.5
粮食产量（吨）	13702.3	15692.8	9545.2	13187.7
棉花产量（吨）	167.7	150.5	69.1	134.9
油料产量（吨）	980.8	1102.5	495.7	885.4

资料来源：国家统计局农村社会经济调查总队：《中国建制镇基本情况统计资料（2004）》，中国统计出版社，2004 年。三大经济地带的划分按照"七五"计划标准。

表 3-6　2004 年按三大经济地带分组的建制镇平均水平对比

指标	东部平均	中部平均	西部平均	全国平均
人口（人）	43985.5	36676.5	27526.4	37006.3
从业人口（人）	22996.6	18419.4	14349.3	19093.5
财政收入（万元）	3396.9	834.3	550.5	1773.6
财政支出（万元）	2389.5	641.4	480.2	1291.3
固定资产投资（万元）	18109.4	4171.9	2733.2	9310.1
乡镇企业个数（个）	666.5	432.9	371.0	508.3
粮食产量（吨）	15841.6	20480.3	10466.3	15814.7
棉花产量（吨）	240.1	208.0	86.3	186.5
肉类产量（吨）	3334.8	4370.6	2021.4	3296.9

资料来源：国家统计局农村社会经济调查司：《中国建制镇基本情况统计资料（2005）》，中国统计出版社，2005 年。

表 3-7　2007 年按三大经济地带分组的建制镇水平对比

指标	东部地区	中部地区	西部地区	全国
建制镇数量（个）	7608	6243	5664	19515
总人口（万人）	35957.22	24879.64	16848.85	77685.71
平均人口（万人）	4.73	3.99	2.97	3.98
从业人员数（万人）	19435.73	12855.72	8832.74	41124.19
二产从业人员数（万人）	6772.82	2852.68	1643.99	11269.49
二产从业人员比例	0.35	0.22	0.19	0.27
三产从业人员数（万人）	4798.29	3038.16	2169.23	10005.68
三产从业人员比例	0.25	0.24	0.25	0.24
企业个数（个）	4856428	2242034	1576003	8674465
平均企业个数（个）	638.3	359.1	278.3	444.5
财政总收入（万元）	51496233	8760184	4795030	65051447
平均财政收入（万元）	6768.7	1403.2	846.6	3333.4
财政支出（万元）	31322438	6193249	3913670	41429357
平均财政支出（万元）	4117.0	992.0	691.0	2123.0

续表

指标	东部地区	中部地区	西部地区	全国
固定资产投资（万元）	240211209	70654141	34513257	345378607
平均固定资产投资（万元）	31573.5	11317.3	6093.4	17698.1
镇区总人口（万人）	9435.48	6040.82	3832.68	19308.98
平均镇区总人口（万人）	1.24	0.97	0.68	0.99
镇区占地面积（公顷）	3615588	2484961	2140572	8241121
平均镇区占地面积（公顷）	475.2	398.0	377.9	422.3

资料来源：国家统计局农村社会经济调查司：《中国建制镇统计资料（2008）》，中国统计出版社，2008 年。

表 3—8　2009 年按三大经济地带分组的建制镇水平对比

指标	东部地区	中部地区	西部地区	全国
建制镇数量（个）	7721	6310	5668	19699
总人口（万人）	37597.86	25511.03	17193.02	80301.91
平均人口（万人）	4.87	4.04	3.03	4.08
从业人员数（万人）	20341.39	13362.70	9144.72	42848.81
二产从业人员数（万人）	7173.96	3193.63	1789.02	12156.61
二产从业人员比例	0.35	0.24	0.20	0.28
三产从业人员数（万人）	5265.27	3250.31	2317.05	10832.63
三产从业人员比例	0.26	0.24	0.25	0.25
企业个数（个）	4546354	1925173	1197212	7668739
平均企业个数（个）	588.8	305.1	211.2	389.3
固定资产投资（万元）	415002005	135320401	68179831	618502237
平均固定资产投资（万元）	53749.8	21445.4	12028.9	31397.7
镇区总人口（万人）	10580.97	6511.50	4094.83	21187.3
平均镇区总人口（万人）	1.37	1.03	0.72	1.08
镇区占地面积（公顷）	4017552	2537086	1890382	8445020
平均镇区占地面积（公顷）	520.3	402.1	333.5	428.7

资料来源：国家统计局农村社会经济调查司：《中国建制镇统计资料（2010）》，中国统计出版社，2010 年。

表 3-9　2011 年按三大经济地带分组的建制镇水平对比

指标	东部地区	中部地区	西部地区	全国
建制镇数量（个）	7240	6455	5859	19554
总人口（万人）	40443.09	26937.35	19144.87	86525.31
平均人口（万人）	5.59	4.17	3.27	4.42
从业人员数（万人）	21797.93	14279.47	10190.90	46268.30
二产从业人员数（万人）	7855.27	3766.34	2110.60	13732.21
二产从业人员比例	0.36	0.26	0.21	0.30
三产从业人员数（万人）	5957.20	3637.54	2733.86	12328.6
三产从业人员比例	0.27	0.26	0.27	0.27
企业个数（万个）	483.20	200.23	118.70	802.13
平均企业个数（个）	667.40	310.19	202.59	410.21
固定资产投资（亿元）	61031.31	24087.80	13223.10	98342.21
平均固定资产投资（亿元）	8.43	3.73	2.26	5.03
镇区总人口（万人）	12358.48	7239.57	5055.11	24653.16
平均镇区总人口（万人）	1.71	1.12	0.86	1.26
镇区占地面积（公顷）	4393395	2754606	2742909	9890910
平均镇区占地面积（公顷）	606.82	426.74	468.15	505.83

资料来源：国家统计局农村社会经济调查司：《中国建制镇统计年鉴（2012）》，中国统计出版社，2012 年。

　　小城镇空间分布"东密西疏"，局部绵延。2004 年按照人口规模排序的前 1000 个建制镇中东部 627 个、中部 269 个、西部 104 个，其中广东 227 个、江苏 116 个。2007 年全国建制镇总数 19515 个，其中四川 1816 个、山东 1350 个、广东 1151 个、湖南 1095 个；人口规模排序前 1000 的建制镇中东部 614 个、中部 259 个、西部 127 个。2009 年全国建制镇总数 19699 个，其中四川 1813 个、山东 1445 个、广东 1151 个、湖南 1105 个；人口规模排序前 1000 的建制镇中东部 642 个、中部 239 个、西部 119 个。2011 年全国建制镇总数 19554 个，其中四川 1811 个、广东 1138 个、陕西 1134 个、山东 1123 个、湖南 1115 个、河北 1013 个；人口排序前 1000 的建制镇中东部 628 个、中部 127 个。长江三角洲、珠江三角洲、华北平原、成都平原是我国小城镇空间分布密度最高的地区，呈局部绵延态势。

财税收入"东强西弱"。从表3-5至表3-9中，我们可以清晰地看出不管是财政收入和支出的总量与均值还是固定资产投资的总额与均值，东中西部差距巨大。2003年全国财政收入排名前1000的建制镇中，东部地区930个、中部地区35个、西部地区35个，其中江苏269个、浙江260个、上海96个、广东155个，合计占比77.7%。2007年全国财政收入排名前1000的建制镇中，东部地区859个、中部地区110个、西部地区31个，其中浙江239个、江苏235个、上海83个、广东89个，合计占比64.6%。2009年全国财政收入排名前1000的建制镇中，东部地区877个、中部地区97个、西部地区26个，其中江苏267个、浙江187个、上海87个、广东86个，合计占比62.7%。2011年全国财政收入排名前1000的建制镇中，东部地区811个、中部地区140个、西部地区49个，其中江苏235个、浙江174个、上海84个、广东93个，合计占比58.6%。从以上数据来看，财政收支水平东中西部差距巨大，但有缓解倾向。

农民收入"东高西低"。2007年全国农民人均纯收入排序前1000的建制镇中，东部地区966个、中部地区24个、西部地区10个，其中江苏217个、浙江326个、上海83个、广东73个、北京89个、天津73个、辽宁41个、山东35个，合计占比93.7%。2009年按农民人均纯收入排序前1000的建制镇中，东部地区939个、中部地区50个、西部地区11个，其中江苏258个、浙江302个、上海81个、广东60个、北京79个、天津54个、辽宁37个、山东55个，合计占比92.6%。2011年按农民人均纯收入排序前1000的建制镇中，东部地区897个、中部地区73个、西部地区30个，其中江苏269个、浙江262个、上海82个、广东63个、北京74个、天津49个、辽宁58个、山东28个，合计占比88.5%。从以上数据来看，农民收入东高西低的差异显著，但有轻微缩小的趋势，其中地处中部的湖南表现突出。

粮食安全责任共担。2007年全国按粮食产量排序前1000的建制镇中，东部地区310个、中部地区682个、西部地区8个，其中内蒙古93个、吉林141个、黑龙江137个、江苏105、安徽130个、山东151个、河南78个、湖北76个，合计占比91.1%。2009年按粮食产量排序前1000的建制镇中，东部地区303个、中部地区685个、西部地区12个，其中内蒙古91个、吉林122个、黑龙江179个、江苏98个、安徽122个、山东177个、河南71个、湖北77个，合计占比93.7%。2011年按粮食产量排序前1000的建制镇中，东部地区245个、中部地区748个、西部地区7个，其中内蒙古152个、吉林118个、黑龙江238个、江苏82个、安徽95个、山东151个、河南65个、湖北

64 个，合计占比 96.5％。从以上数据可以看出，维护国家粮食安全的责任主要分布在中部、东部地区的粮食主产区。表 3-5 和表 3-6 中的粮棉油等基本生活物资供应数据反映了中部、东部、西部地区的责任分担状况，中部地区的战略地位尤其突出。

镇区面积（小城镇建成区面积）方面，小城镇建成区总面积和平均占地面积逐年递增，且按照东中西部的顺序递减，其中 2011 年的平均镇区占地面积西部地区超过了中部地区。乡镇企业总量、从业人员总数及其平均值的东中西部差距明显，但 2004 年以后的数据显示，三大地带都有下滑趋势。

综合以上分析可以看出，我国小城镇人口规模"东大西小"、空间分布"东密西疏"、财税收入"东强西弱"的整体态势明显，伴随经济社会发展和国家区域政策的联合发力，这种地域差别有缓和趋势。

四、小城镇"城镇化贡献水平"的变迁轨迹

刘盛和将人口城镇化区分为"镇化"与"城化"两部分，并通过"镇化水平"（城镇人口镇化水平的简称，指镇区人口占城镇总人口的比例）和"镇化贡献率"（城镇人口镇化贡献率的简称，指某一时期某一区域的镇区人口增长量占城镇总人口增长量的比例）两个概念工具来测度小城镇发展对城镇化率的贡献水平。镇化水平≥50％，称为"镇化主导型"；镇化水平＜50％，称为"城化主导型"。镇化贡献率≥50％，称为"镇化推动型"；镇化贡献率＜50％，称为"城化推动型"。以第三次、第四次、第五次、第六次人口普查数据和2005 年、2015 年 1％人口抽样调查数据为统计分析基础，分析结果表明：1982—2015 年间，我国镇化水平总体上不断提升，由 1982 年的 29.6％持续提升至 2015 年的 41.8％，具体如表 3-10 所示。

表 3-10　1982—2005 年中国镇人口规模及镇化水平的历史演变

年份	小城镇个数（个）	镇人口（万人）	小城镇平均人口规模（万人/个）	镇化水平（％）
1982	2523	4740	1.88	29.6％（＊）
1990	11805	8373	0.71	28.2（^）
2000	17132	16614	0.97	36.2（^）
2005	19938	21955	1.10	38.2（^）

年份	小城镇个数（个）	镇人口（万人）	小城镇平均人口规模（万人/个）	镇化水平（％）
2010	19152	26625	1.39	39.7
2015	20154	32212	1.60	41.8

数据来源：历次人口普查及1％人口抽样调查。注：由于统计口径问题，（＊）表示结果偏大，（˙）表示结果偏小。

1990—2015 年间，小城镇年均增长 954 万人，镇化贡献率高达 50.3％，小城镇是我国城镇化的主要支撑与载体。镇化贡献率的分期数据具体如表 3—11 所示。

表 3—11　1982—2005 年中国城镇人口、镇化贡献率变化

年份	城镇人口年均增长量（万人）	镇人口年均增长量（万人）	镇化贡献率（％）	备注
1982—1990	1710	454	26.6	统计口径差异较大，数据可信度较差
1990—2000	1618	824	50.9	数据可信度一般
2000—2005	2322	1068	46.0	数据可信度一般
2005—2010	1903	934	49.1	数据可信度尚可
2010—2015	2027	1117	55.1	统计口径一致，数据可信度高
1990—2015	1898	954	50.3	数据可信度尚可

数据来源：历次人口普查及1％人口抽样调查。

从分省数据来看，1982—2015 年间，镇化主导型省份持续增多，且大多属于中西部地区城镇化水平较低的传统农业大省和人口净流出大省；大多数省份的镇化水平呈增长态势；镇化水平偏低的省份多为沿海经济发达省份；各省镇化水平与其城镇化水平呈现显著的负相关关系。就镇化贡献率而言，2000 年以来，镇化贡献率由部分省份为负转向全部为正；镇化推动型省份逐渐增多。综合各省的"镇化水平"和"镇化贡献率"两个指标，可以得出"镇化主导型"和"镇化推动型"的四种组合，具体如表 3—12 所示。

表 3-12　2000—2005 年和 2010—2015 年分省"镇化"组合关系

组合关系	2000—2005 年	2010—2015 年
镇化主导型＋镇化推动型	安徽、江西、广西、四川、贵州、甘肃（6个）	河北、安徽、江西、河南、湖南、广西、四川、贵州（8个）
城化主导型＋镇化推动型	河北、辽宁、吉林、山东、河南、湖北、湖南、重庆、青海（9个）	山西、内蒙古、吉林、江苏、福建、山东、甘肃、青海、宁夏、新疆（10个）
城化主导型＋城化推动型	福建、黑龙江、广东、内蒙古、云南、宁夏、浙江、上海、山西、江苏、天津、海南、陕西、北京、新疆（15个）	陕西、广东、黑龙江、北京、湖北、天津、重庆、浙江、辽宁、上海、海南（11个）
镇化主导型＋城化推动型	西藏（1个）	云南、西藏（2个）

资料来源：刘盛和、王雪芹、戚伟：《中国人口"镇化"发展的时空分异》，《地理研究》，2019 年第 1 期，第 85～101 页。

表 3-12 的分省"镇化"组合关系表明：与 2000—2005 年相比，2010—2015 年间的"镇化主导型＋镇化推动型"省份增多，以中西部地区和人口净流出省份为主。"城化主导型＋城化推动型"省份在两个时期内都是数量最多的，以东南沿海为主，但数量有所下降。"城化主导型＋镇化推进型"省份在两个时期占比都较高。组合关系的分省情况说明小城镇在推动城镇化进程中的作用显著，尤其是中西部地区农业大省和人口净流出省份，这背后蕴含着近些年"撤乡建镇"和"农民工就近就业"政策的制度因素。

从分县市的地理尺度来看，1982—2010 年间，镇化主导型县市个数和所占国土面积比例始终处于主导地位，同时城化主导型县市个数和所占国土面积比例逐步提高。具体如表 3-13 所示。

表 3-13　1982—2010 年中国县市单元镇化情况统计表

镇化水平类型	1982 年		1990 年		2000 年		2010 年	
	个数（个）	面积比例（%）	个数（个）	面积比例（%）	个数（个）	面积比例（%）	个数（个）	面积比例（%）
城化主导型	243	4.30	370	10.11	600	16.39	602	17.96
镇化主导型	1701	62.99	1912	73.96	1722	76.42	1695	82.04
无城镇人口	426	32.71	87	15.93	28	7.19	0	0

镇化水平类型	1982 年		1990 年		2000 年		2010 年	
	个数（个）	面积比例（%）	个数（个）	面积比例（%）	个数（个）	面积比例（%）	个数（个）	面积比例（%）
合计	2370	100	2369	100	2350	100	2297	100

资料来源：同表 3－12。

具体分年度来看，1982 年，镇化主导型县市个数和所占国土面积具有绝对优势地位，城化主导型县市仅仅零星分布在全国各地。1990 年，镇化主导型县市个数和所占国土面积仍然处于绝对优势地位，但是城化主导型县市的数量和所占国土面积明显增多增大。2000 年，镇化主导县市数量和所占国土面积继续处于优势地位，城化主导型县市在数量和所占国土面积双双增加的情况下，聚集态势开始显现。2010 年，镇化主导型县市数量和所占国土面积依然占据优势地位，但城化主导型县市的聚集态势更加明显，地带性分布和城市群形态已经十分显著。

第二节　小城镇发展政策的三次转向

改革开放 40 年来的小城镇发展政策植根于国家经济、社会的深刻变化过程中：从改革开放打开国门搞建设，到 2001 年加入世界贸易组织大家庭，中国融入世界的广度和深度不断拓展，同时中国也实现了从"站起来""富起来"到"强起来"的历史性变迁，中国人民的生活也经由温饱、小康迈进了全面小康。

根据已有文献关于《中共中央　国务院关于促进小城镇健康发展的若干意见》（中发〔2000〕11 号）是小城镇政策由数量型（外延型）向质量型（内涵型）转换标志的共识；同时根据小城镇发展战略的文本分析，即依据党中央、全国人大、国务院的 178 份文件，将改革开放 40 年的小城镇发展历程划分为"积极发展"（1978—1999）、"重点发展"（2000—2015）、"特色发展"（2016—）三个时期。标志性政策文本分别是：1978 年 4 月 4 日，第三次全国城市工作会议的决议文件《关于加强城市建设工作的意见》（中发〔1978〕13号）；2000 年 6 月 13 日，《中共中央　国务院关于促进小城镇健康发展的若干意见》（中发〔2000〕11 号）；2016 年 7 月 1 日，《住房城乡建设部　国家发展

改革委　财政部关于开展特色小镇培育工作的通知》（建村〔2016〕147 号）。

　　小城镇发展政策的阶段划分还深深地锚定在城乡关系变迁的历史背景之中。从城镇化发展历程来看，改革开放 40 年，我国城镇化经历了二元城镇化（1978—1999）→主动城镇化（2000—2012）→新型城镇化（2013—）的阶段变迁。标志性文件和会议分别是：2000 年 10 月 11 日，中共十五届五中全会通过的《中共中央关于制定国民经济和社会发展第十个五年计划的建议》；2012 年 12 月 15—16 日召开的中央经济工作会议。从"三农"发展历程来看，改革开放 40 年，我国农业农村发展经历了农村改革放活时期（1978—2005）→新农村建设时期（2006—2017）→乡村振兴时期（2018—）三个阶段。标志性文件分别为：1982 年、2006 年、2018 年三个中央一号文件。其中 1998 年 10 月 14 日，中共十五届三中全会通过的《中共中央关于农业和农村工作若干重大问题的决定》指出，改革开放 20 年之后，我国农业农村发展进入新阶段：粮食等主要农产品供应由长期短缺转向大体平衡、丰年有余，农村由温饱向小康迈进。[①] 具体如图 3-10 所示。我国工农城乡关系也经由农业支持工业、农村支持城市的"城乡二元"时期，过渡到工业反哺农业、城市支持乡村的"城乡统筹"时期，再到工农互促、城乡互补的"城乡融合"时期。我国的社会发展也经历了乡土中国→城市中国→城市群中国的嬗变历程。小城镇发展政策的阶段划分与我国中央领导集体的任期也是基本一致的。

---

　　① 《中共中央关于农业和农村工作若干重大问题的决定》，http://politics. rmlt. com. cn/2013/0605/151448. shtml。

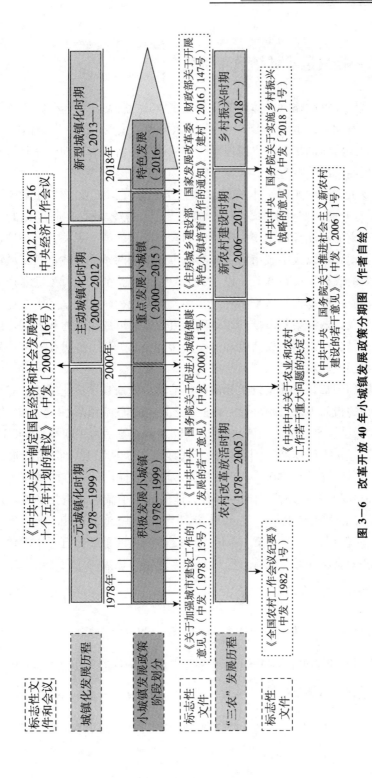

图3-6 改革开放40年小城镇发展政策分期图（作者自绘）

一、积极发展小城镇政策阶段

从小城镇发展战略（总体政策）层面来看，"积极发展"小城镇政策的方针贯穿整个时期，20 世纪 90 年代后期开始出现"重点发展"小城镇的声音。

从宏观经济体制来看，本阶段经历了从计划经济到有计划商品经济再到社会主义市场经济的演变过程。

从城乡关系层面来看，本阶段总体处于农业支持工业、农村支持城市的"城乡二元"时期。城乡土地、户籍、就业、社保等领域存在制度化的二元差别。城乡分离的制度环境使得大中城市同农村问题的解决无关，以小城镇为主体的农村城镇化和以大中城市为主体的城市化如同两条平行线，二元城镇化特征显著。农业农村发展在本阶段以"放活"为主要特征：实行家庭联产承包责任制以放活农村劳动力，恢复多种经营和大力发展社队企业（乡镇企业）以放活农村工商业，恢复集贸市场和改革商品流通体制以放活流通和消费，废除政社合一的人民公社制度以放活管理体制。20 世纪 80 年代初期农村一系列放活改革推动我国农业农村进入"新阶段"。

行政区划调整，尤其是设镇标准调整推动小城镇数量快速增长。省级政府有权决定镇的设置和区划调整。与强调工商业中心城镇属性的 1955 年标准《国务院关于设置市、镇建制的决定》（〔55〕国秘习字第 180 号）[1] 和 1963 年标准[2]相比，1984 年标准《国务院批转民政部关于调整建镇标准的报告的通知》（国发〔1984〕165 号），一方面降低了设镇门槛，另一方面确立了"以乡建镇"新模式和"镇管村"体制[3]，有力地促进了小城镇的蓬勃发展，这在图 3-1 中可以明显地看出来，仅 1984 年 1 年建制镇总数就由 2968 个增加到 7186 个，新增 4218 个，增长 1.4 倍。1992 年国务院重新修订了小城镇建制标准，全国各地掀起一股"撤区（公所）并乡建镇"热潮。[4] 1992 年 1 年建制镇数量又增加了 2084 个。

---

[1] 高岩、浦善新：《中华人民共和国行政区划手册》，光明日报出版社，1986 年，第 461~462 页。

[2] 高岩、浦善新：《中华人民共和国行政区划手册》，光明日报出版社，1986 年，第 464~468 页。

[3] 《国务院批转民政部关于调整建镇标准的报告的通知》，http://www.gov.cn/zhengce/content/2016-10/20/content_5122304.htm。

[4] 蓝志勇：《新中国成立 70 年来城市发展的进程与未来道路》，《福建师范大学学报（哲学社会科学版）》，2019 年第 5 期，第 35~42 页。

小城镇户籍制度改革从试点到全面放开，壁垒森严的城乡二元户籍制度在小城镇区域内打开了一扇窗户。

本阶段的乡镇财政以"汲取"功能为主，长期实行的分级财政包干体制客观上激发了地方政府兴办乡镇企业、发展地方经济、培植税源的积极性。财政体制变迁经历了 1980 年以前计划经济条件下高度集中型财政体制、1980—1993 年间过渡时期的财政承包体制（1980—1986 年间的"分灶吃饭"体制、1987—1993 年间的"财政承包"体制）、1994 年以后市场经济条件下的分税体制。①

本阶段的小城镇试点工作主要是 1995 年由建设部村镇司牵头实施的乡村城市化"625"试点工程和国家体改委牵头的小城镇综合改革试点。前者偏重"三农"视角，是"小城镇 大战略"思想和以小城镇为主体的城镇化道路的逻辑展开。后者偏重"城镇化"视角，是以小城镇为切入点，探路加快城镇化进程的制度破冰。

建设部于 1994 年开始实施小城镇建设的"625"试点工程。② "6"是指 6 个乡村城市化试点县（市），"2"是指京津唐、南襄（南阳—襄樊）两个分别探索大城市郊区和中部地区小城镇发展路径的试点地区，"5"是指全国以点带面的 500 个小城镇建设试点。③ "625"工程的目标是通过 5 年的努力，把一批资源、区位、经济实力和基础设施较好的小城镇建设成为布局合理、设施配套、交通方便、环境优美、经济繁荣、各具特色、具有 3 万左右人口规模的社会主义新型小城镇。④ "625"工程的中心思想是：加快小城镇建设要为农村经济社会发展服务，重点抓投资体制、管理体制、户籍制度、社保制度、土地制度五项改革。⑤ 5 年试点基础上，建设部先后以《建设部关于命名全国小城镇建设示范镇（第一批）的决定》（建村〔1997〕201 号）和《建设部关于公布全国小城镇建设示范镇（第二批）的通知》（建村〔1999〕289 号）命名了 75 个全国小城镇建设示范镇。⑥ 1996 年 11 月，毛如柏副部长在全国村镇建设工

---

① 李实、奈特：《中国财政承包体制的激励和再分配效应》，《经济研究》，1996 年第 5 期，第 29～37 页。

② "625"工程最终确定 41 个试点县市和 588 个试点小城镇。

③ 《什么是"六二五"试点工程?》，《城市规划通讯》，1995 年第 4 期，第 4 页。

④ 倪虹：《乡村城市化的"625"工程》，《城开发》，1995 年第 7 期，第 41～42 页。

⑤ 建设部村镇建设办公室：《建设部"625"试点工程综述》，《小城镇建设》，2001 年第 1 期，第 15～19 页。

⑥ 马凯：《关于小城镇发展和农村富余劳动力转移情况的报告》，http://www.npc.gov.cn/wxzl/gongbao/ 2003－12/31/content＿5326697.htm。

作会议上指出：小城镇建设的实践，说明我们已初步探索出一条适合我国国情的乡村城市化道路。[①]

1995 年 4 月，以《国家体改委等十一个部门关于印发〈小城镇综合改革试点指导意见〉的通知》为标志，国家体改委等 11 部委启动了为期 3 年的小城镇综合改革试点。秉持"减少农民才能富裕农民"的观点，国家体改委在全国遴选了 57 个试点小城镇，进行了户籍制度改革、出让集体建设用地"以地生财"的土地制度改革、社会保障制度改革、股份（合作）制的乡镇企业制度改革、完善镇级财政的财政管理体制改革、"还权于镇"的行政管理体制改革等 12 个方面的改革，旨在以小城镇为突破口超前探索推进城镇化的路径。这次从城市发展视角推进小城镇改革试点的成果是催生了小城镇政策由"积极发展"转向"重点发展"的标志性文件《中共中央　国务院关于促进小城镇健康发展的若干意见》。[②]

本阶段作为小城镇发展"晴雨表"和重要经济内容的乡镇企业，一方面其带动农村经济社会发展的意义得到充分肯定，另一方面自 20 世纪 90 年代中期开始其布局分散的问题也进入政策文本。

本阶段小城镇的功能和作用体现为：沟通城乡的桥梁和纽带，有利于优化城镇体系，有利于减少农民和富裕农民，有利于发展乡镇企业，有利于带动农村经济社会发展，有利于减缓城市人口压力，有利于发展国民经济，有利于缩小工农城乡差别。

二、重点发展小城镇政策阶段

重点发展小城镇政策阶段的小城镇发展战略是优先发展基础条件较好的"重点镇"或"中心镇"。小城镇开始从数量扩张向质量提高和规模成长转变。

从宏观政治经济环境来看，本阶段处于完善中国特色社会主义制度和中国特色社会主义市场经济体制时期。土地、资本、技术、劳动力、信息等要素市场迅速发展，市场在资源配置中的基础性作用明显增强。从宏观社会环境来看，人民生活由小康向全面小康迈进，乡土中国向城市中国转化。农业农村发展进入"新阶段"：粮食和其他主要农产品由长期供不应求转变为阶段性供大

---

① 《抓住机遇　振奋精神　为实现村镇建设事业"九五"目标而努力奋斗——毛如柏副部长在全国村镇建设工作会议上的工作报告》，《小城镇建设》，1997 年第 1 期，第 6~13 页。

② 李铁：《亲历者李铁：从小城镇到城镇化战略，我亲历的改革政策制定过程》，《中国经济周刊》，2018 年第 43 期，第 38~40 页。

于求。商品短缺状况基本结束，市场供求关系发生重大变化。常住人口城镇化率由 2000 年的 36.22% 快速提升到 2015 年的 56.1%。其中，2011 年城市人口首次超过农村人口，占比 51.27%。

从工农城乡关系层面来看，本阶段由农业支持工业、农村支持城市的"城乡二元"特征转变为工业反哺农业、城市支持农村的"城乡统筹"发展。

从城镇化方面来看，本阶段由城乡分离的"二元城镇化"战略转变为积极主动推进城镇化的战略，城镇化的方针也由"控大促小"转变为"协调发展"，2006 年"十一五"规划纲要首提"把城市群作为推进城镇化的主体形态"。①

从"三农"领域来看，本阶段处于坚持"多予、少取、放活"和"强农支农惠农富农"方针，推进农村综合改革（农村税费改革、乡镇机构改革、乡财县管改革）的新农村建设时期。

2001 年 7 月，《关于乡镇行政区划调整工作的指导意见》（民发〔2001〕196 号）肯定了撤并乡镇对于精简机构、减少财政开支、减轻农民负担、优化城镇体系和资源配置等方面的积极意义。② 2004 年 3 月，中央启动科学发展观统领下的新一轮乡镇机构改革，至 2005 年 2 月，黑龙江、吉林、安徽、湖北四省先行先试。2005 年 3 月—2006 年 6 月，试点乡镇增加近 7000 个，国务院强调乡镇机构编制和实有人员 5 年内只减不增。2006 年 7 月—2009 年 1 月，改革逐步深化③，中共中央办公厅、国务院办公厅转发《中央机构编制委员会办公室关于深化乡镇机构改革的指导意见》的通知（中办发〔2009〕4 号），标志着 5 年试点之后，乡镇机构改革向全国推开。指导意见提出：建立精干高效的乡镇行政管理体制，增强社会管理和公共服务职能，推进事业站所分类改革，统筹乡镇党政机构设置。2012 年底基本完成乡镇机构改革任务。④ 截至 2008 年底，全国试点乡镇约 1.8 万个，占全国乡镇总数的一半以上，截至 2010 年 10 月，全国已有 70% 的乡镇进行了机构改革。⑤ 2004 年 7 月的《国务

---

① 《中华人民共和国国民经济和社会发展第十一个五年规划纲要》，http://www.npc.gov.cn/wxzl/gongbao/2006-03/18/content_5347869.htm.

② 《民政部、中央机构编制委员会办公室、国务院经济体制改革办公室、建设部、财政部、国土资源部、农业部关于乡镇行政区划调整工作的指导意见》，http://www.mohurd.gov.cn/wjfb/200611/t20061101_157343.html.

③ 《新一轮乡镇机构改革全面启动　2012 年基本完成》，《人民日报》，2009 年 3 月 25 日第 13 版。

④ 卫敏丽、李兴文：《中央编办：全面启动乡镇机构改革》，《共产党员：上半月》，2009 年第 5 期，第 7 页。

⑤ 《马凯出席全国乡镇机构改革工作电视电话会并讲话》，http://www.gov.cn/govweb/ldhd/2010-10/11/content_1719577.htm.

院关于做好 2004 年深化农村税务改革试点工作的通知》（国发〔2004〕21号），2006 年、2009 年中央一号文件，2006 年 10 月的《国务院关于做好农村综合改革工作有关问题的通知》（国发〔2006〕34 号）都提出：建立和完善公共财政体系（制度），推进"乡财县管乡用"财政管理体制改革，以应对农村税费改革和乡镇政府职能由"汲取"向"服务"转变后的财政困难问题。

本阶段的户籍制度改革与公共服务均等化协调推进，在前一阶段全面放开小城镇户籍大门的基础上，大中城市的户籍制度开始松动，由指标控制转向条件准入。农村劳动力进城务工经商的限制逐渐消除，开始以居住证为载体享有基本公共服务。农民进城务工所得的工资性收入成为农民增收的重要途径。

本阶段的土地制度改革以激活农村土地权能，赋予农民财产性权利，探索建立城乡统一的建设用地市场为主线。

关于小城镇行政区划调整，2001 年 7 月，《关于乡镇行政区划调整工作的指导意见》（民发〔2001〕196 号）肯定了各地开展的"撤乡并镇"和以扩大乡镇区域规模为主的区划调整工作；肯定了伴随经济社会发展，适时、合理地调整乡镇规模和布局是必要的。[①] 2008 年 8 月，国办发〔2002〕40 号文指出：因为 1984 年设镇标准指标偏低，暂停撤乡设镇工作。[②]

本阶段的小城镇试点以住建部（建设部）的示范镇扩围、发改委的体制改革、中央编办的"撤乡并镇"和"扩权强镇"改革，以及财政部的绿色低碳小城镇试点为主。

本阶段小城镇的功能由带动"三农"发展转变为服务"三农"与推进城镇化并重，推进城镇化进程的功能日益凸显。

三、特色发展小城镇政策阶段

特色发展小城镇政策阶段的小城镇发展战略是住建部的"特色小城镇"政策与发改委的"特色小镇"政策相互调适，并逐步由培育（数量扩张）走向规范（质量提升）。

从宏观政治经济社会环境来看，2017 年 10 月，党的十九大报告指出：我

---

① 《民政部、中央机构编制委员会办公室、国务院经济体制改革办公室、建设部、财政部、国土资源部、农业部关于乡镇行政区划调整工作的指导意见》，http://www.mohurd.gov.cn/wjfb/200611/t20061101_157343.html。

② 《国务院办公厅关于暂停撤乡设镇工作的通知》，http://www.gov.cn/zhengce/content/2016-10/12/content_5117943.htm。

国社会主要矛盾已经转化为人民日益增长的美好生活需要和不平衡不充分的发展之间的矛盾。[①] 宏观经济发展进入"新常态":由高速增长阶段转向高质量发展阶段,"创新、协调、绿色、开放、共享"五大新发展理念和供给侧结构性改革成为引领经济新常态的指导方针。2020 年全面建成小康社会,2035 年基本实现社会主义现代化,城市中国开始向城市群中国转变。

伴随城乡一体化程度的加深,本阶段的工农城乡关系由"以工促农、以城带乡、工农互惠、城乡一体"城乡统筹转向"工农互促、城乡互补、全面融合、共同繁荣"城乡融合。前一阶段的城镇化与新农村建设双轮驱动逐渐让位于新型城镇化与乡村振兴协调推进。

本阶段的户籍制度在全面放开中小城市落户限制的基础上继续前进,大中城市的户籍制度逐渐放开,超大城市、特大城市落户门槛进一步降低。公共服务均等化和居住证制度全覆盖,加之"人地钱"挂钩的财政保障机制,助推乡城人口的社会性自由流动。

本阶段的土地制度继续沿着激活农村土地权能,赋予农民更多财产性权利,深化"三权分置"改革,完善土地交易流转市场的方向继续前进。

本阶段的小城镇试点工作一方面是新型城镇化综合试点下的"扩权强镇改市"探索,一方面是特色小镇和特色小城镇培育试点下的"典型示范"和"规范纠错"工作。

本阶段小城镇的功能由服务"三农"和推进城镇化转变为服务"三农"和密切城市群联系,承接大城市疏解功能。

第三节 本章小结

改革开放 40 年来,小城镇数量经历了 1978—2002 年间的"持续增长阶段"和 2002—2018 年间的"平稳变化阶段"。小城镇的人口规模变动分为三个时期:1978—1984 年间是以 1 万~3 万人口为主的工商业发达镇,1984—2000 年间是以 1 万人口以下为主的"建制小城镇",2000 年以后人口规模小型化有所缓解但不显著。小城镇的分布特征整体呈现人口规模"东大西小"、空间分布"东密西疏"、财政收入"东强西弱"、农民收入"东高西低"、粮食安全

---

① 习近平:《决胜全面建成小康社会 夺取新时代中国特色社会主义伟大胜利》,http://www.gov.cn/ zhuanti/2017—10/27/content _5234876. htm。

"责任共担"态势。1982—2015 年间"镇化水平"（镇区人口/城镇总人口）持续攀升，由 29.6％持续提升至 41.8％。1990—2015 年间"镇化贡献率"（镇区人口增长量/城镇总人口增长量）高达 50.3％，小城镇是我国城镇化的主要支撑与载体。从分省数据来看，"镇化主导型"（镇化水平≥50％）＋"镇化推动型"（镇化贡献率≥50％）组合以中西部地区传统农业大省和人口净流出省份为主，"城化主导型"（镇化水平＜50％）＋"城化推动型"（镇化贡献率＜50％）组合以沿海经济发达省份为主。从分县市尺度来看，镇化主导型县市个数和所占国土面积一直处于优势地位，但优势逐渐减弱；城化主导型县市的数量和所占国土面积持续增加，2000 年开始显现聚集态势，2010 年开始城市群形态显著；我国城镇化质量逐步提高。

文本分析结果表明：改革开放 40 年的小城镇发展历程分为"积极发展"（1978—1999）、"重点发展"（2000—2015）、"特色发展"（2016—）三个时期。在三个时间段内，宏观政治环境经历了中国特色社会主义确立、完善和发展的过程，宏观经济环境经历了社会主义市场经济确立、完善和发展的过程，宏观社会环境由"乡土中国""城市中国"向"城市群中国"转变，社会主要矛盾发生转变。城乡关系由"城乡二元""城乡统筹"向"城乡融合"迈进。城镇化战略经历了"二元城镇化"→"主动城镇化"→"新型城镇化"的嬗变历程。"三农"发展经历了"农村改革放活时期"→"新农村建设时期"→"乡村振兴时期"的嬗变历程。从户籍制度来看，小城镇、中小城市、大中城市落户限制次第放开；乡城人口流动由限制、允许向支持转变；流动人口管理由"暂住证"变为"居住证"，并以此为基础享受普惠、均等的公共服务。农村土地制度改革沿着激活农村土地权能，赋予农民财产性权利，发挥市场资源配置作用的方向前进。乡镇财政由"财政包干体制"转向公共财政制度下的"乡财县管"体制。小城镇试点探索经历了建设部 1994 年"625"工程＋体改委 1995 年小城镇综合改革试点→发改委小城镇行政体制改革＋中央编办"撤乡并镇"和"扩权强镇"改革→新型城镇化综合改革试点下的"扩权强镇改市"探索＋特色小镇和特色小城镇试点的转变。小城镇的功能作用经历了"带动农村发展，减缓城市压力"→"服务'三农'，推进城镇化"→"服务'三农'，密切城市群联系"的嬗变历程。

第四章　积极发展小城镇政策
阶段的多源流分析

　　积极发展小城镇政策时间跨度从改革开放伊始的 1978 年到 20 世纪末期的 1999 年。21 年间，经济体制由高度集中的计划经济体制到有计划的商品经济再到社会主义市场经济，人民生活由温饱迈向小康，城乡关系总体上处于二元分割状态。1984 年的设镇标准调整和 1992 年的撤区（公所）并乡建镇成就了小城镇数量的两次飞跃。家庭联产承包和乡镇企业是中国农民的两大创造。1998 年党的十五届三中全会提出的"发展小城镇，是带动农村经济和社会发展的一个大战略""小城镇　大战略"是积极发展小城镇政策的生动表述。

第一节　问题流

　　根据第三章有关小城镇功能作用的分析结果，积极发展小城镇政策阶段面临的主要问题归结起来有如下几点：（1）农民生活问题，即农民从吃饱穿暖的温饱诉求逐渐过渡到改善住房、交通、生活水准的小康诉求。（2）农业剩余劳动力问题，即伴随着家庭联产承包责任制的实行，大量农民从土地束缚中解放出来，亟须二、三产业的吸纳。（3）城镇体系问题，金字塔形的城镇体系是城市和乡村之间人员、物资、信息流通的网络载体。（4）乡镇企业问题，乡镇企业的异军突起是积极发展小城镇政策阶段的焦点事件，是中国农民的伟大创造。

一、农民生活问题

　　新中国成立之初，鉴于当时的国际环境，国家确立了优先发展重工业的赶超战略。为了实现由农业国向工业国的嬗变，国家确立了农村支持城市、农业支持工业的发展方针。为了保障农村农业对城市工业的支持，国家相继确立了统购统销制度、人民公社制度和户籍制度。主要农产品的统购统销制度，优先保证了工业和城市的粮食供应，而农民却长期处于"不饥不寒"的生活状态。政社合一的人民公社制度，将农民牢牢地束缚在土地上。城乡二元分割的户籍制度，关闭了乡城人口流动的制度闸门。正是在这样的战略和政策组合制约下，改革开放之初的农民生活水平极低。

"文化大革命"之后，党的十一届三中全会将国家发展的航向重新拨回到经济建设上来，改善人民生活，尤其是提高广大农民的生活水平，成为摆在执政者面前的迫切任务。安徽省凤阳县小岗村的农村土地承包责任制改革拉开了农村改革的大幕，相继而来的是国家对农村多种经营的认可和商品流通体制的改革。一系列的改革使得农民生活发生了翻天覆地的变化，从吃饱、穿暖到有钱花，从解决温饱到迈向小康。

如图4-1所示，新中国成立以来，特别是改革开放以来，我国的粮食、棉花、油料等主要农产品实现了总产量的大幅度提升，粮食产量由1949年的11318万吨增长到1978年的30477万吨，再增长到1999年的50839万吨。棉花产量由1949年的44.4万吨增长到1978年的216.7万吨，再增长到1999年的382.9万吨，其间最高产量是1984年的625.8万吨。油料产量由1949年的256.4万吨增长到1978年的521.8万吨，再大幅提升到1999年的2601.2万吨。改革开放以来，我们的饭碗牢牢地端在自己手中，有力保障了国家的粮食安全。

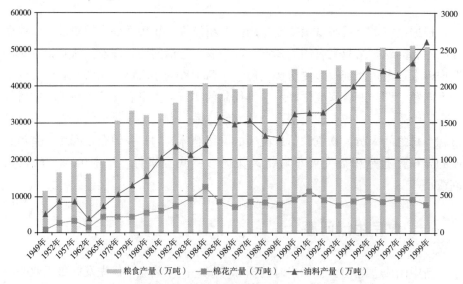

图4-1　1949—1999年间的粮、棉、油总产量示意图

数据来源：根据历年《中国统计年鉴》数据整理。

粮食、棉花、油料等主要农产品产量大幅提升的同时，改革开放 20 余年，肉、蛋、奶等农副产品的产量也实现了大幅跃升。如图 4－2 所示，猪牛羊肉产量由 1949 年的 220 万吨增加到 1978 年的 856.3 万吨，再大幅提升到 1999 年的 4762.3 万吨。禽蛋产量由 1982 年的 280.9 万吨增长到 1999 年的 2134.7 万吨。牛奶产量由 1978 年的 88.3 万吨增长到 1999 年的 717.6 万吨。水产品产量由 1949 年的 45 万吨增长到 1978 年的 466 万吨，再增长到 1999 年的 4122.4 万。肉、蛋、奶等农副产品的产量增长背后是农、牧、渔业的齐头并进，强劲发展。农副产品的产量提升一方面丰富了城乡居民的营养来源，另一方面也减少了对粮食的单一依赖，同时富余农副产品也为食品加工业的发展提供了原料。

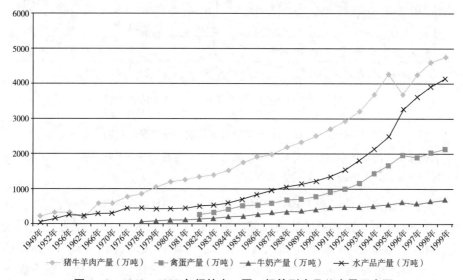

图 4－2　1949—1999 年间的肉、蛋、奶等副产品总产量示意图

数据来源：根据历年《中国统计年鉴》数据整理。

国家农副产品总量增长的同时，人均占有水平也在不断提升。如图 4－3 所示，人均粮食产量由 1949 年的 209 公斤增长到 1978 年的 319 公斤，再增长到 1999 年的 406 公斤。人均棉花产量由 1949 年的 0.8 公斤增长到 1978 年的 2.3 公斤，再增长到 1999 年的 3.1 公斤，其间最高值是 1984 年的人均 6 公斤。人均油料产量由 1949 年的 4.7 公斤增长到 1978 年的 5.5 公斤，再增长到 1999 年的 20.7 公斤。人均糖料产量由 1949 年的 5.2 公斤增长到 1978 年的 24.9 公斤，再增长到 1999 年的 66.5 公斤，其间最高值是 1998 年的 78.8 公斤。人均猪牛羊肉产量由 1952 年的 6 公斤增长到 1978 年的 9.1 公斤，再增长到 1999 年的 37.8 公斤。人均水产品产量由 1949 年的 0.8 公斤增长到 1978 年的 4.9 公斤，再增长到 1999 年的 32.9 公斤。

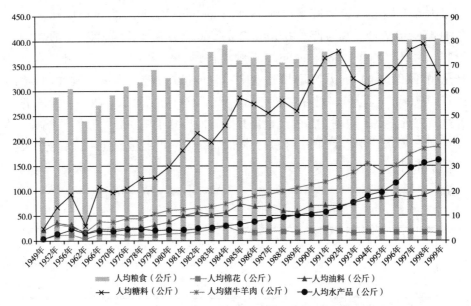

图 4−3　1949—1999 年间的人均农产品产量示意图

数据来源：历年《中国统计年鉴》和国家统计局农村社会经济调查总队：《中国农村统计年鉴（2000）》，中国统计出版社，2000 年。

主要农副产品总量和人均水平的提升解决了广大农民吃饱、穿暖的温饱问题。农户的多种经营和商品流通体制改革放活了农村经济，农工兼业的从业模式提升了农民的收入水平。如图 4−4 所示，农村人均纯收入由 1978 年的 133.6 元持续增长到 1999 年的 2210.3 元，20 年间增长了 15.5 倍。城乡居民收入水平差距由 1978 年的 2.57 倍缩小到 1983 年的最低点 1.82 倍，再持续攀升到 1994 年的最高点 2.86 倍，然后小幅回落到 1999 年的 2.65 倍。新中国成立以来，历经 40 年时间解决了广大农民的温饱问题，又用了 10 年时间实现了从温饱到小康的历史跨越。

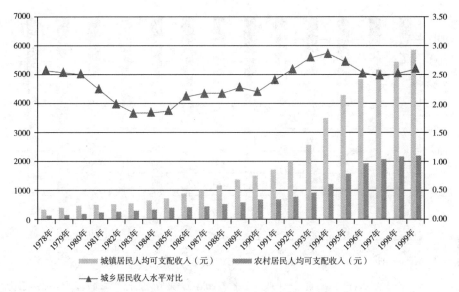

城镇居民人均可支配收入（元）　　农村居民人均可支配收入（元）
城乡居民收入水平对比

图 4—4　1978—1999 年间的城乡收入水平与差距示意图

数据来源：国家统计局国民经济综合统计司：《新中国六十年统计资料汇编》，中国统计出版社，2010 年。

新中国 50 年的历程，中国人民实现了从"站起来"到"富起来"的历史性变迁。仔细考察农村居民的收入结构，我们可以窥探农村收入结构的改变。如图 4—5 所示，1978—1999 年间，第一产业收入在农村居民收入中的比重持续下降，由 1978 年的 84.95％下降到 1999 年的 53.39％。第二产业收入在农村居民收入中的比重持续增加，由 1978 年的 7.92％增长到 1999 年的 25.53％。第三产业收入在农村居民收入中的比重缓慢增长，由 1985 年的 10.05％增长到 1999 年的 15.12％。非生产性纯收入在农村居民中的比重呈现出小幅震荡态势，1978 年占 7.13％，1999 年占 5.96％。纵观这一时期的变化，我们可以明确发现，农业收入占比虽然持续下降，但在整个收入结构中的占比依然超过 50％，占据主导地位。工业收入占比快速扩张，说明农村工业的贡献度不断增长，符合威廉·配第的产业转换规律。第三产业的发展伴随着第二产业的快速扩张而实现了一定的增长。非生产性纯收入占比相对平稳，说明来自城市的财产和农民的财产性收入增长不大。

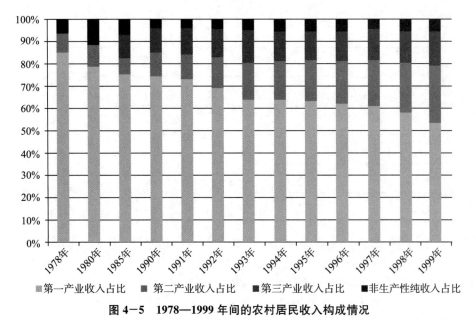

第一产业收入占比　　■第二产业收入占比　　■第三产业收入占比　　■非生产性纯收入占比

图 4-5　1978—1999 年间的农村居民收入构成情况

资料来源：根据历年《中国统计年鉴》和《中国农村统计年鉴》数据整理。

　　如图 4-6 所示，从农村居民人均消费支出水平来看，农村居民人均消费支出数额总体上呈上升态势，由 1978 年的 116.1 元持续增长到 1997 年的 1617.2 元，然后小幅回落到 1999 年的 1577.4 元。恩格尔系数总体上不断下降，由 1978 年的 67.7％下降到 1999 年的 52.6％。其中 1978—1982 年间，恩格尔系数超过 59％，处于贫困状态；1983—1999 年间，恩格尔系数介于 50％和 59％之间，处于温饱状态；2000 年，恩格尔系数为 49.1％，介于 40％和 50％之间，进入小康状态。

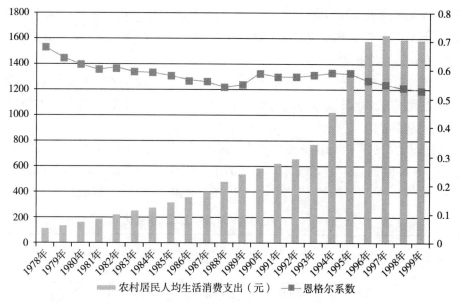

图4-6　农村居民人均消费支出与恩格尔系数

数据来源：国家统计局国民经济综合统计司：《新中国六十年统计资料汇编》，中国统计出版社，2010年。

1978—1999年间，农民生活水平实现了由贫困到温饱再到小康的变迁。农产品总量和人均水平的大幅跃升，突破了"以粮为纲"的物质约束；农业多种经营和农产品流通体制改革使得第一产业收入增加，第二产业的迅猛发展和第三产业的逐步跟进增加了农民纯收入；伴随恩格尔系数的下降，农民消费结构日趋多元化。

农民生活水平的提高和存款数额的增加，一方面提升了农民建房的热情，使得小城镇的面貌焕然一新，有利于小城镇基础设施的发展；另一方面农民消费水平的提升有利于小城镇第二、三产业的发展。

二、农业剩余劳动力问题

中国，长期作为世界第一人口大国，在新中国成立后的30年间有大量的劳动力从事农业劳动，乡村人口占比仅从1949年的89.4%下降到1978年的87.5%，农村集体和个体劳动者占社会劳动者总数的比例由1949年的91.5%下降到76.1%，农业劳动者人数占社会劳动者人数的比例由1952年的83.5%下降到1978年的73.8%；同期农业总产值占社会总产值的比例却由1949年的 58.6%下降到 1978 年的 22.9%，工业总产值占社会总产值的比例由 1949 年的 25.1%提升到 1978 年的 59.4%[①]，农业人口和劳动力的比值下降严重滞后于农业产值的下降。

我国人口多，底子薄，耕地面积不足造成的"人地关系"紧张问题，持续困扰着我国的农业发展，使我国农业生产陷入"人增—地减—粮紧"的循环。1949—1978 年间，耕地面积总量维持在 15 亿亩左右，伴随人口总量和农业劳动力总量的增加，人均耕地面积和劳均耕地面积不断减少。其中，人均耕地面积由 1949 年的 2.71 亩下降到 1978 年的 1.53 亩，农业劳动力人均耕地面积由 1949 年的 8.87 亩下降到 1978 年的 5.07 亩。具体如表 4—1 所示。

表 4—1　1949—1978 年间的人地比例变化

年份	人口（万人）	农业劳动者（万人）	耕地（万亩）	人均耕地（亩）	农业劳动力人均耕地（亩）
1949	54164	16549	146822	2.71	8.87
1952	57482	17317	161878	2.82	9.35
1957	64653	19310	167745	2.59	8.67
1962	67295	21278	154355	2.29	7.25
1965	72538	23398	155391	2.14	6.04
1970	82542	27814	151072	1.84	5.43
1978	95809	29426	149083	1.53	5.07

数据来源：穆光宗：《我国农业剩余劳动力转移的历史考察》，《中国农村经济》，1989 年第 3 期，第 42 页。

长期的粮食供给短缺（直至 1983 年出现"仓容危机"）和城乡非农就业机会的短缺，钳制了农业剩余劳动力转移机制的生成，改革开放以前，中国一直未能形成促进农业剩余劳动力大规模转移的宏观机制。新中国成立 30 年来，中国日趋增加的农业剩余劳动力没有发生过实质性转移，数量有限的乡城人口转移大多为政策因素促动所致。

大量农业剩余劳动力滞留农村背后还有深刻的政策和体制原因。一方面是由于城乡发展政策导向，农业经营长期奉行单一的"以粮为纲"的政策，城市由于重工业化而难以提供大量就业岗位。另一方面是深层次的体制束缚。"大

---

① 国家统计局：《中国统计年鉴（1983）》，中国统计出版社，1983 年。

锅饭"的集体分配体制使得农村不充分就业隐而不彰；统购统销的农产品购销制度阻碍了农产品流通市场的形成，通过价格杠杆调节供需和劳动力流通的机制失灵。统包统配的"铁饭碗"式的城市就业制度和"先生产后生活"的城市建设方针，造成了城市自身的失业问题。城乡二元的户籍制度阻遏了劳动力的城乡自由流动。还有一方面原因就是城乡人口尤其是农业人口的较高自然增长率，如图4-7所示。

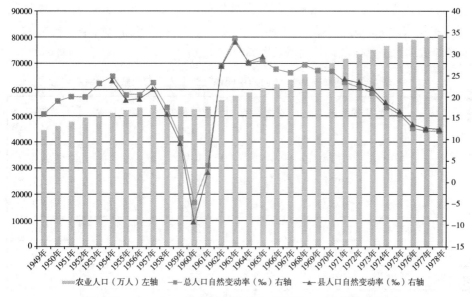

图4-7　1949—1978年间的农业人口数量及人口自然变动情况

数据来源：国家统计局人口统计司：《中国人口统计年鉴（1988）》，中国展望出版社，1988年。

中国农业"以农为本，耕地而食"的"低层次平面垦殖"传统与"人地关系"紧张的国情和农业剩余劳动力转移的体制机制约束，造就了超稳态的小农经济结构。有限的农村土地上沉淀了大量农业剩余劳动力，依赖密集劳动的中国农业长期在低水平徘徊。

要想获得中国农业剩余劳动力的准确数据是非常困难的，一方面不同的学者关于农业剩余劳动力的概念界定、统计口径、数据来源、测算方法大相径庭，另一方面影响农业剩余劳动力数量的耕地面积、农业劳动生产率、国情差异、风俗习惯等因素随时间不断变动。郑晓云将农业剩余劳动力的测算方法归结为简单计算法、国际比较法、生产函数法、总量分解法、两部门（地区）法、其他方法（统计指标对比法、数理与计量模型法、综合法）六类。专家学者对我国农业剩余劳动力的估算值从 4000 多万到 2 亿多，相差甚远。托马斯·罗斯基认为：从 20 世纪 80 年代初开始，官方统计数据夸大了中国农业实际就业人数（达 1 亿人之多）。王诚根据国际劳工组织和中国劳动部 1995 年进行的"企业富余劳动力调查"数据，结合国内权威部门对城镇隐蔽失业率测算数据，认为 1985—1994 年间，城镇隐蔽失业率稳定在 18.8% 左右。同时，他根据抽样调查数据和统计年鉴数据计算出我国农村隐蔽失业率由 1985 年的 65.6% 持续下降到 1994 年的 31.0%，具体如表 4—2 所示。蔡昉将 2004 年确定为中国农业劳动力转移的"刘易斯拐点"。[①] 广为流传的说法是农村大约有 1/3 的劳动力是剩余的，绝对数大约为 1.5 亿到 2 亿。[②]

表 4－2　1985—1994 年间的中国隐蔽失业人口与隐蔽失业率

年份	总就业量（万人）	农村隐蔽失业（万人）	农村隐蔽失业率（%）	城市隐蔽失业（万人）	综合隐蔽失业（万人）	总隐蔽失业率（%）
1985	49873	24329	65.6	2408	26737	53.6
1986	51282	24017	63.2	2499	26516	51.7
1987	52783	23640	60.6	2591	26231	49.7
1988	54334	23148	57.8	2682	25830	47.5
1989	55329	23595	57.6	2705	26300	47.5
1990	56740	22302	53.1	2769	25071	44.2
1991	58360	21354	49.6	2870	24215	41.5
1992	54932	19300	44.1	2938	22238	37.4
1993	60220	16378	37.0	3001	19379	32.2
1994	61470	13845	31.0	3161	17006	27.7

　　数据来源：王诚：《中国就业转型：从隐蔽失业、就业不足到效率型就业》，《经济研究》，1996 年第 5 期，第 38～46 页。

　　张同升总结了测算农业剩余劳动力的五种方法：农户收入最大化法、产业结构差值法、资源劳动需求法、有效耕地劳动比例法、农业技术需要法（300 日/年，269 日/年）。他根据相关统计年鉴数据，分别计算出五种方法在

[①]　蔡昉：《如何进一步转移农村剩余劳动力?》，《中共中央党校学报》，2012 年第 1 期，第 85～88 页。

[②]　蔡昉：《破解农村剩余劳动力之谜》，《中国人口科学》，2007 年第 2 期，第 2～7 页。

1990—2009 年间的农业剩余劳动力数量，具体如图 4-8 所示。计算结果显示，20 世纪 90 年代以来，我国农业剩余劳动力总量呈现波动性下降趋势。[1]农业剩余劳动力测算的最大值是基于农户收入最大化法测算出的 1992 年的 1.87 亿人口，最小值是基于产业结构差值法测算出的 8467 万人口。

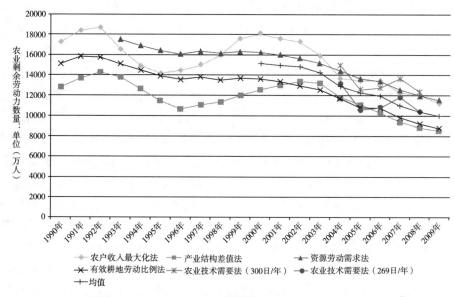

图 4-8　按照不同方法测算的农业剩余劳动力数量

数据来源：张同升：《中国农村剩余劳动力的数量与结构变化分析》，《中国市场》，2011 年第 50 期，第 13~19 页。

综合以上数据可以看出：新中国成立之初至改革开放之前的约 30 年间，在人地关系紧张、粮食供应短缺和城乡非农就业岗位短缺的约束下，加之农业自然增长人口，农村沉淀了大量的剩余劳动力。政社合一的人民公社体制、城乡二元的户籍制度使得大量农业剩余人口隐而不彰。改革开放以后，家庭联产承包责任制将广大农民从土地束缚中解放出来，农民可以自由支配自己的劳动，同时农产品流通体制改革，进而是商品经济的发展和市场经济的改革，使得改革开放前大量的隐性失业人口显性化。人地关系的持续紧张与农村人口较高的自然增长率，使得农业剩余人口压力问题长期存在。

刘易斯的"二元经济结构模型"指出：发展中国家存在传统农业部门和现

---

[1]　张同升：《中国农村剩余劳动力的数量与结构变化分析》，《中国市场》，2011 年第 50 期，第 13~19 页。

代工业部门，维持生计的传统农业部门为现代工业部门提供无限的劳动力供给，在高工资的激励下，农业剩余劳动力源源不断地转入高生产率的工业部门，直至出现劳动力短缺。拉尼斯和费景汉的"二元经济发展模型"更加关注农业发展在农业剩余劳动力乡城转移中的作用和意义，劳动力迁移的因素除了收入差距之外，还依赖于农业劳动生产率的持续提高。托达罗（Todaro）的"预期收入模型"认为：拟迁入城镇的失业状况是影响迁移决策的重要考量因素。

由于历史和体制机制约束，整个20世纪我国并未形成劳动力自由流动和配置的市场机制。改革开放以来，伴随着农村工业的迅速发展，尤其是乡镇企业的迅速崛起，我国的经济结构特征与"刘-费-拉"二元经济模型和通过市场机制配置劳动力资源的假定并不吻合，而是展现出中国特有的"三元经济"（农业—农村工业—城市工业）结构特征。三元经济之间的流转运作不是依靠市场机制而是依靠计划经济体制下的一系列制度安排实现的。农业部门按照国家计划向城市部门提供粮食、劳动力和农业剩余。农业为农村工业部门提供原料、劳动力和口粮。城市工业特别是城市重工业的自循环能力很强，与农业部门和农村工业部门相隔绝，形成一个宏观上的"二元经济结构"。农业部门和农村工业部门构成农村内部的"小二元经济结构"，两者采用相似的管理制度与方法，剩余劳动力由农业劳作向农村工业的转移具有自由流动和市场配置性质。

根据"刘-费-拉"模型，农业剩余劳动力向城市和工业部门的转移主要是在"实际收入差距"和"预期收入差距"的拉力作用下，在农业劳动生产率持续提高的推力作用下实现的。如图4-4所示，我国城乡收入差距长期存在，1978—1999年间，城镇居民人均可支配收入与农村居民人均可支配收入比例最低的1983年也高达1.82。1991年，农民纯收入人均709元，乡镇企业职工工资人均1482元，城镇居民可支配收入人均1544元；三者之比为0.46：0.96：1。同年，农民除人均交纳集体提留44.55元，农业税49.4元外，还要应付各类集体临时性杂项支出（义务工、罚款、摊派、统筹、集资等），人均合计超100元，如果再加上隐含在"剪刀差"中的利润流失（人均负担217元），农民实际纯收入少得可怜。除去巨大的城乡经济收入差距之外，隐藏在户籍制度背后的子女教育、就业、社会保障等社会利益差别也是巨大的。在巨大的经济和社会利益差别面前，农民进城的主观愿望是非常强烈的。

在利益差距的驱使下，城乡二元制度壁垒尤其是在城乡二元户籍制度的制约下，农民的"产业转换"先于"身份转换"。如图4-9所示，第一产业从业

人员由 1978 年的 2.83 亿增长到 1993 年的 3.74 亿再小幅回落到 1999 年的
3.54 亿，第一产业从业人员占比由 1978 年的 70.5％下降到 1999 年的
50.1％。第二产业从业人员由 1978 年的 0.70 亿增长到 1999 年的 1.62 亿（峰
值是 1997 年的 1.65 亿），第二产业从业人员占比由 1978 年的 17.4％提升到
1999 年的 23％（峰值是 1997 年的 23.7％）。第三产业从业人员由 1978 年的
0.49 亿持续增长到 1999 年的 1.90 亿，第三产业从业人员占比由 1978 年的
12.1％提升到 1999 年的 26.9％。从业人员绝对数量方面，除去个别年份的小
幅震荡外，整体上三次产业劳动力呈递增态势。从业人员占比方面，第一产业
劳动力占比持续下降，第二产业和第三产业劳动力占比不断提升，尤其是第三
产业占比增幅明显。1994 年第三产业劳动力总量和占比超过第二产业。以上
数据表明，1978—1999 年间，劳动力在三次产业之间的转换是比较顺畅的。

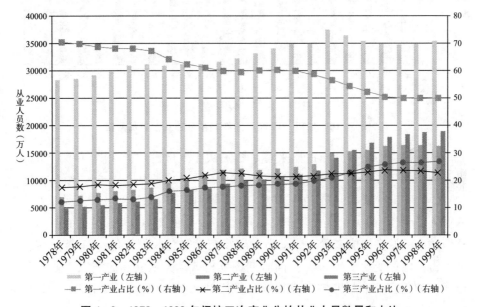

图 4-9　1978—1999 年间按三次产业分的从业人员数量和占比

数据来源：国家统计局：《中国统计年鉴（2000）》，中国统计出版社，2000 年。

注：1978—1992 年间的数据根据社会劳动者人数统计，1993—1999 年间的数据根据从
业人员数统计。

从劳动力的城乡分布来看，城镇从业人员从 1978 年的 9514 万持续增长到
1999 年的 2.10 亿，21 年间增长了 1.15 亿。乡村从业人员从 1978 年的 3.06
亿持续增长到 1999 年的 4.96 亿，21 年间增长了 1.90 亿。乡村从业人员中，
农林牧渔业的从业人员由 1978 年的 2.75 亿增长到 1991 年的 3.42 亿再小幅下

降到 1999 年的 3.30 亿，21 年间增长了 0.55 亿。乡村非农产业从业人员数由 1978 年的 3150 万增长到 1999 年的 1.67 亿（峰值是 1997 年的 1.70 亿），21 年间增长了 1.35 亿。从绝对数量来看，乡村劳动力的增量超过城镇，且乡村非农产业的劳动力增量高于乡村农业的劳动力增量。具体如图 4-10 所示。

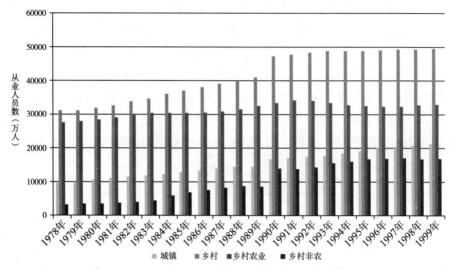

图 4-10　1978—1999 年间按城乡分的从业人员数量

　　从劳动力的城乡分布占比来看，城镇从业人员占比由 1978 年的 23.69% 提升到 1999 年的 29.77%，提高了 6.08%。乡村农业从业人员占比由 1978 年的 68.46% 下降到 1999 年的 46.63%，21 年间下降了 21.83%。乡村非农产业从业人员占比由 1978 年的 7.85% 提升到 1999 年的 23.60%，提高了 15.75%。从劳动力的城乡构成来看，劳动力的城乡流动是比较缓慢的，21 年间城乡劳动力占比仅仅变动了 6.08%。同时期，乡村劳动力从农业向非农产业转移的速度要快得多，乡村非农产业就业人员比例 21 年间变动了 15.75%。具体如图 4-11 所示。

　　与中国的"城市部门经济—农村工业部门经济—农业部门经济"三元经济结构相对应的是"城市—小城镇—乡村"三元社会结构。由于城乡二元结构的存在，改革开放之后的 20 年间，城市对农村人口和劳动力的吸纳是相当有限的，这一方面是由于城市重工业的"自循环"性质吸纳劳动力的能力有限，另一方面是由于知识青年返城、国有企业改革的"下岗人员"较多造成城市的就业压力一直很大。

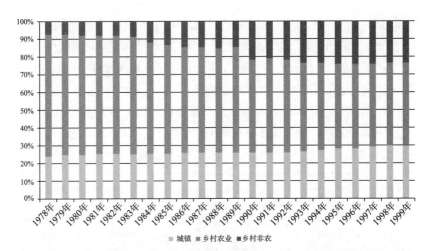

图 4-11　1978—1999 年间的城镇、乡村农业和乡村非农从业人员占比

图 4-10、4-11 数据来源：国家统计局社会统计司、劳动部综合计划司：《中国劳动工资统计年鉴（1989）》，劳动人事出版社，1989 年。国家统计局人口和社会科技统计司、劳动和社会保障部规划财务司：《中国劳动统计年鉴（2000）》，中国统计出版社，2000 年。

如图 4-12 所示，1978—1999 年间，我国城镇登记失业人口的绝对数量最低值是 1984 年的 235.7 万，最高值是 1997 年的 576.8 万，失业人口绝对数量相对较大。城镇登记失业率的最低值是 1985 年的 1.8%，最高值是 1979 年的 5.4%，城镇登记失业率相对较低，但如果考虑到统计因素和"隐蔽失业"问题，那么城镇就业压力在改革开放后的 20 年间是一直存在的。

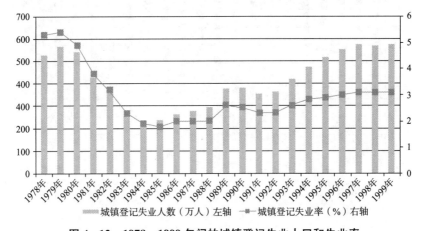

图 4-12　1978—1999 年间的城镇登记失业人口和失业率

数据来源：国家统计局国民经济综合统计司：《新中国六十年统计资料汇编》，中国统计出版社，2010 年。

如果仔细考察改革开放 20 年来城镇新增就业人员的来源构成，我们可以发现，1978—1997 年间，城镇新增就业人口 1.49 亿，其中城镇劳动力 7775 万，农村劳动力 2877 万，大中专毕业生 2694 万，其他来源 1597 万，累计占比分别为 52.2%、19.32%、18.09% 和 10.72%。具体如图 4－13、图 4－14 所示。城镇新增就业人口的半数以上来自城镇劳动力，农村劳动力的占比不足两成，大中专毕业生的就业压力逐步凸显。

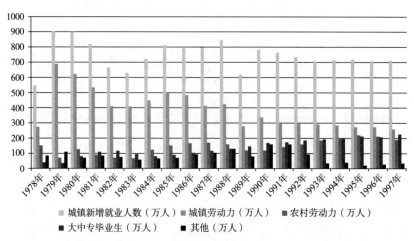

图 4－13　1978—1997 年间城镇新增就业人员主要来源情况

数据来源：根据历年《中国统计年鉴》数据整理。

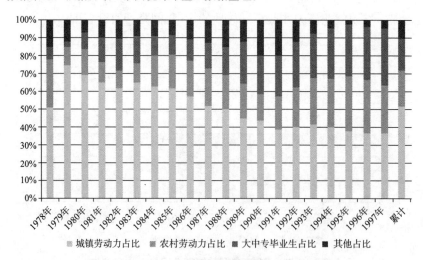

图 4－14　1978—1997 年间新增就业人员占比情况

数据来源：根据历年《中国统计年鉴》数据整理。

从城镇新增就业人口的历年数据来看，吸纳城镇劳动力的绝对数量和占比总体呈下降趋势，吸纳城镇劳动力的绝对数量的峰值是 1979 年的 902.6 万（主要是上山下乡青年返城），最低值是 1978 年的 544.4 万（倒数第二个低谷是 1989 年的 619.8 万）。吸纳城镇劳动力占比的峰值是 1979 年的 76.28%，最低值是 1996 年的 36.60%。吸纳农村劳动力和大中专毕业生的绝对数量和比例总体上呈上升趋势。吸纳农村劳动力绝对数量的峰值是 1995 年的 220.0 万，最低值是 1982 年的 66.0 万。吸纳农村劳动力占比的峰值是 1995 年的 30.56%，最低值是 1979 年的 7.84%。吸纳大中专毕业生绝对数量的峰值是 1997 年的 225.0 万，最低值是 1979 年的 33.4 万。吸纳大中专毕业生占比的峰值是 1997 年的 31.69%，最低值是 1979 年的 3.70%。

在城市对农业剩余劳动力吸纳乏力的情况下，作为农村非农产业主要载体的小城镇成为改革开放头 20 年吸纳农村剩余劳动力的主力。1978—1999 年，我国城镇人口增加了 2.1 亿，扣除自然增长部分，全部城镇共吸纳农村人口 1.4 亿，其中小城镇吸纳了 8000 万左右，即小城镇吸纳了 60% 左右的农业剩余人口。

三、乡镇企业异军突起

乡镇企业和家庭联产承包责任制被誉为"中国农民的两大创造"。乡镇企业的异军突起推动了农村工业的发展，促使中国经济形成了"传统农业—农村工业—城市产业"的三元经济格局，从而走出了一条极具中国特色的工业化道路。

乡镇企业的前身是社队企业，改革开放以来，党中央、国务院发布了一系列鼓励、支持乡镇企业发展的政策文件。1979 年 7 月，《国务院关于发展社队企业若干问题的规定（试行草案）》指出：社队企业是社会主义集体所有制经济，是国民经济越来越重要的一个组成部分。各行各业要积极扶持社队企业，国家对社队企业实行低税、免税政策。1984 年 3 月 1 日，中共中央、国务院转发农牧渔业部和部党组《关于开创社队企业新局面的报告》的通知，同意将社队企业更名为乡镇企业，将乡镇企业定位为"国营经济的重要补充"。报告同时指出：发展乡镇企业有利于增加国家财政收入，有利于集镇发展，有利于吸纳农业剩余劳动力、避免农民涌入城市，有利于增加农民收入，有利于"以工补农"支持集体福利事业，有利于推进农业现代化。[①] 1996年10月29日，《中华人民共和国乡镇企业法》出台，指明了发展乡镇企业对于加快小城镇建设和发展的重大意义，对于发展农民、农业、农村和国民经济的重大历史贡献和现实意义。[②]

作为小城镇发展支柱的乡镇企业在改革开放之后的20余年中获得了飞速发展，乡镇企业数量、从业人员、产值总量、增加值都实现了显著增长，在自身蓬勃发展的同时，乡镇企业对于吸纳剩余劳动力、促进农民增收、支农建农补农、推进农业现代化、增加国家财政收入发挥了巨大作用。

如图4-15所示，乡镇企业数量由1978年的152万个增长到1994年的2494万个再减少到1999年的2071万个。1978—1994年，乡镇企业的数量增长了15倍。以1999年的数量计，21年间，乡镇企业的数量也增长了12倍多。从业人员数量由1978年的2827万人增加到1996年的1.35亿再下降到1999年的1.27亿。1978—1996年，乡镇企业吸纳农业剩余劳动力1.07亿。以1999年的数量计，21年间，也吸纳了0.99亿农业剩余劳动力。乡镇企业从业人员占农村劳动力的比重由1978年的9.23%增长到1999年的25.94%（峰值是1996年的27.55%）。乡镇企业解决了88%的农业剩余转移人口的就业问题。[③] 乡镇企业满足了城乡二元分割体制下，广大农民参与工业化进程的愿望，以"离土不离乡，进厂不进城"的形式吸纳了大量农村剩余劳动力。

① 《农牧渔业部和部党组关于开创社队企业新局面的报告（摘要）》，《中华人民共和国国务院公报》，1984年第5期，第147~155页。
② 《中华人民共和国乡镇企业法》，http://www.npc.gov.cn/wxzl/gongbao/1996-10/29/content_1481352.htm。
③ 古利：《中国二元经济结构与乡镇企业》，《青海社会科学》，1998年第5期，第37~41页。

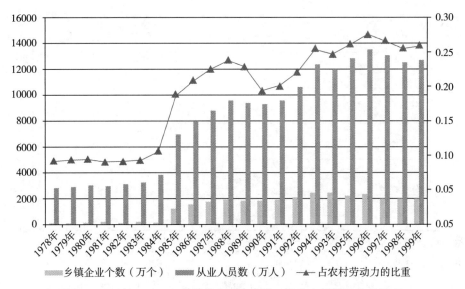

图 4-15　1978—1999 年间的乡镇企业数、从业人员数及占比情况

数据来源：农业部乡镇企业局：《中国乡镇企业统计资料（1978—2002 年）》，中国农业出版社，2003 年。国家统计局国民经济综合统计司：《新中国六十年统计资料汇编》，中国统计出版社，2010 年。

20 世纪 90 年代中期，全国国内生产总值的 1/3、工业增加值的 1/2、财政收入的 1/4、出口创汇的 1/3 和农民收入的 1/3 均来自乡镇企业的发展。

从乡镇企业的产值情况来看，乡镇企业第二产业增加值由 1978 年的 172 万元持续增加到 1999 年的 19319 万元，21 年间增长了 111 倍。乡镇企业增加值由 1978 年的 208 亿元持续增长到 1999 年的 24883 亿元，21 年间增长了 118 倍。21 年间，不仅是乡镇企业的增加值绝对量持续飙升，其占整个国民经济总量和工业经济总量的比重也实现了大幅度跃升。乡镇企业第二产业增加值占第二产业国内生产总值的比重由 1978 年的 9.81% 提升到 1999 年的 47.03%，已经占到中国工业经济的"半壁江山"。乡镇企业第二产业增加值占国内生产总值的比重也由 1978 年的 5.75% 提升到 1999 年的 30.38%，在整个国民经济总量中"三分天下有其一"。改革开放至 20 世纪末的乡镇企业创造了中国农村工业飞速发展的奇迹，具体如图 4-16 所示。

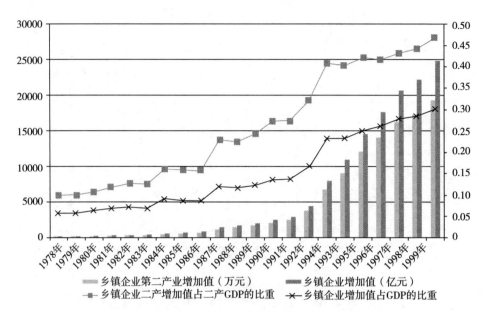

图 4-16　1978—1999 年间乡镇企业增加值和第二产业增加值及其占比情况

数据来源：农业部乡镇企业局：《中国乡镇企业统计资料（1978—2002 年）》，中国农业出版社，2003 年。国家统计局：《中国统计年鉴（2000）》，中国统计出版社，2000 年。

如图 4-17 所示，乡镇企业发放工资总额由 1978 年的 86.64 亿元持续增长到 1999 年的 6596.69 亿元，21 年间增长了 75 倍。人均工资水平由 1978 年的 306.53 元持续增长到 1999 年的 5192.57 元，21 年间增长了 16 倍。农村人均纯收入的 1/3、净增部分的 1/2 来自乡镇企业。[①] 乡镇企业的蓬勃发展有力地带动了农民增收，成为富裕农民的主要贡献者。

---

① 陈耀邦：《乡镇企业的发展与农村现代化》，《求是》，1999 年第 18 页，第 5~9 页。

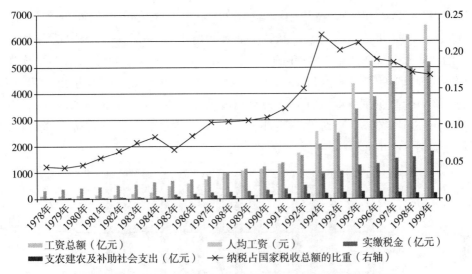

图 4-17　1978—1999 年间的乡镇企业工资、纳税和支农情况

数据来源：农业部乡镇企业局：《中国乡镇企业统计资料（1978—2002 年)》，中国农业出版社，2003 年。国家统计局国民经济综合统计司：《新中国六十年统计资料汇编》，中国统计出版社，2010 年。

乡镇企业实缴税金数由 1978 年的 21.96 亿元持续增长到 1999 年的 1789.47 亿元，21 年间增长了 80 倍，累积交纳税金 1.2 万亿元。乡镇企业交纳税金数量占国家税收总收入的比重由 1978 年的 4.23％增长到 1993 年的 22.27％再下降到 1999 年的 16.75％。从乡镇企业交纳税金的总量和占比来看，乡镇企业的蓬勃发展有力地促进了国家财政收入的增长。

作为农村社区（镇、乡、村）举办的集体企业，乡镇企业从诞生之日起就承担着"以工补农、以工建农"的历史使命，自 1997 年 1 月 1 日起施行的《中华人民共和国乡镇企业法》对此也做出了明文规定。乡镇企业支农建农及补助社会支出的资金由 1978 年的 30.34 亿元持续增长到 1996 年的 268.31 亿元再下降到 1999 年的 185.35 亿元，21 年间累计支出 2658.49 亿元，相当于国家同期对农业投入的 80％以上。[①] 乡镇企业投入的大量支农、补农、建农资金有力地促进了农村基础设施和各项社会福利事业的发展。

从乡镇企业的构成来看，个体企业在绝对数量和占比上居于绝对优势地位，由于 1978—1984 年私营企业和个体企业的数据不可得，从可得数据看，个体企业的数量由 1985 年的 1012 万个增长到 1999 年的 1769 万个（峰值是

---

① 古利：《中国二元经济结构与乡镇企业》，《青海社会科学》，1998 年第 5 期，第 37~41 页。

1994 年的 2252 万个），占比由 1985 年的 82.81％增长到 1999 年的 85.43％（峰值是 1994 年的 90.27％）。私营企业数量由 1985 年的 53 万个增长到 1999 年的 208 万个（峰值是 1996 年的 226 万个），占比由 1985 年的 4.36％增长到 1999 年的 10.02％（峰值是 1997 年的 11.58％）。集体企业的数量由 1978 年的 152 万个减少到 1999 年的 94 万个（峰值是 1986 年的 173 万个），占比由 1985 年的 12.83％下降到 1999 年的 4.54％，绝对数量和占比都呈下降趋势。具体如图 4-18 所示。

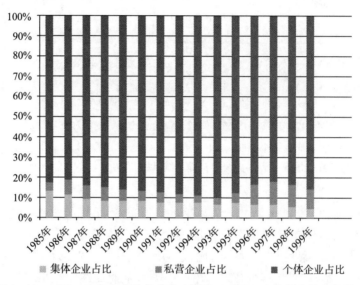

图 4-18　1985—1999 年间乡镇企业中集体、私营、个体企业数占比情况

数据来源：农业部乡镇企业局：《中国乡镇企业统计资料（1978—2002 年）》，中国农业出版社，2003 年。

从乡镇企业从业人员构成来看，集体企业和个体企业从业人数总量和占比都较大，私营企业从业人员总量和占比较小。集体企业从业人员数量由 1978 年的 2827 万人增长到 1999 年的 4369 万人，占比却由 1985 年的 59.49％下降到 1999 年的 34.39％。个体企业从业人员数量由 1985 年的 2352 万人增长到 1999 年的 5484 万人，占比由 1985 年的 33.71％增长到 1999 年的 43.17％（峰值是 1993 年的 45.88％）。从 1998 年开始，个体企业从业人员数超过集体企业从业人员数。私营企业从业人员数由 1985 年的 475 万人增长到 1999 年的 2851 万人，占比由 1985 年的 6.80％增长到 1999 年的 22.44％。具体如图 4-19 所示。

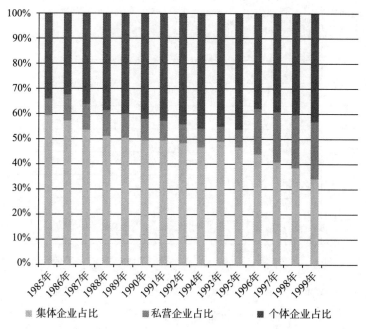

集体企业占比 ■私营企业占比 ■个体企业占比

图4—19 1985—1999年间乡镇企业中集体、私营、个体企业从业人员占比情况

数据来源：农业部乡镇企业局：《中国乡镇企业统计资料（1978—2002年）》，中国农业出版社，2003年。

从乡镇企业的总产值和增加值构成来看，集体企业一直处于首位，但占比一直处于下降趋势。从总产值构成情况来看，集体企业总产值由1978年的514亿元增长到1999年的42789亿元，占比由1985年的72.86%下滑到1999年的39.46%。个体企业的产值由1985年的555亿元增长到1999年的39535亿元，占比由1985年的20.35%增长到1999年的36.46%。私营企业总产值由1985年的186亿元增长到1999年的26102亿元，占比由1985年的6.8%增长到1999年的24.07%。从增加值构成情况来看，集体企业增加值由1978年的208亿元增长到1999年的9913亿元，占比由1985年的72.86%下降到1999年的39.84%。个体企业增加值由1985年的164亿元增长到1999年的8963亿元，占比由1985年的21.28%增加到1999年的36.02%。私营企业增加值由1985年的45亿元增加到1999年的6006亿元，占比由1985年的5.87%增加到1999年的24.14%。具体情况如图4—20、图4—21所示。

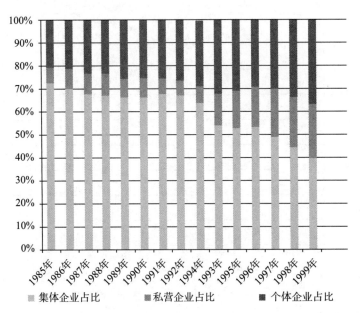

图4-20　1985—1999年间乡镇企业中集体、私营、个体企业总产值占比情况

数据来源：农业部乡镇企业局：《中国乡镇企业统计资料（1978—2002年)》，中国农业出版社，2003年。

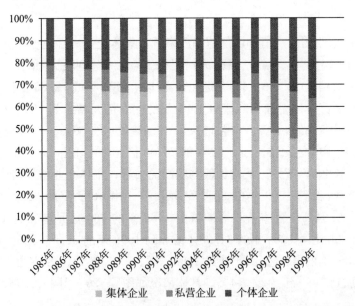

图4-21　1985—1999年间乡镇企业中集体、私营、个体企业增加值占比情况

数据来源：农业部乡镇企业局：《中国乡镇企业统计资料（1978—2002年)》，中国农业出版社，2003 年。

　　乡镇企业的高速增长之谜有诸多不同的解释，有的学者认为乡镇企业是广大农民追求利益的结果，有的学者认为是政府鼓励、支持、引导的结果。[①] 有的学者将其归因于中国传统文化中的合作品质，有的学者将其归因于中央和地方政府关系的成功，有的学者将其归因为不完善市场（灰市场）和模糊产权条件下企业与主管部门共享权力的结果。[②] 不管如何解释，这一时期最具典型意义的"苏南模式"成为我国农村工业化的样板，"三为主、二协调、一共同"是其典型概括。[③]

　　邓小平把乡镇企业视为中国社会主义制度得以确立的两个经济基础之一；江泽民把乡镇企业视为中国工业化的两个主体之一，即国营工业是中国工业的主体，乡镇企业是中国中小工业的主体。[④]

四、城镇体系问题

　　城镇体系是指某一区域内，存在经济、社会和空间发展有机联系的城市群体。[⑤] 城镇体系的组织结构主要包括等级规模结构、职能类型结构、地域空间结构和市际联系与城镇网络。[⑥] 城镇等级规模结构的主要理论包括首位率、金字塔理论、位序－规模法则、中心地理论、分形理论等。[⑦] 首位率刻画区域城镇体系等级规模结构中首位城市的相对重要性，即首位度，常用的首位度指数有 2 城镇、4 城镇和 11 城镇首位度指数。顾朝林根据 1985 年和 1994 年的各省区首位度指数，将我国各省区的城镇体系等级规模结构划分为"双核型"（首位度指数介于 1.0~1.6 之间）、"极核型"（首位度指数大于 4.5）和"均衡型"（首位度指数介于 1.6~4.5 之间）。金字塔理论揭示了区域城镇体系中，

　　① 王春霞：《乡镇企业制度变迁中的政府角色转换》，《理论与改革》，2000 年第 1 期，第 15~18 页。

　　② 李稻葵：《转型经济中的模糊产权理论》，《经济研究》，1995 年第 4 期，第 42~50 页。

　　③ 毛丹、张志敏、冯钢：《后乡镇企业时期的村社区建设资金》，《社会学研究》，2002 年第 6 期，第 72~81 页。

　　④ 陈光：《小城镇发展研究》，天津人民出版社，2000 年，第 133 页。

　　⑤ 罗志刚：《全国城镇体系、主体功能区与"国家空间系统"》，《城市规划学刊》，2008 年第 3 期，第 1~10 页。

　　⑥ 顾朝林：《论中国城镇体系的产生》，《地域研究与开发》，1990 年第 6 期，第 1~7 页。

　　⑦ 杜明军：《区域城镇体系等级规模结构协调发展：判定方法与路径选择》，《区域经济评论》，2013 年第 5 期，第 153~160 页。

城镇数量随其规模等级升高而不断减少的经验性规律。位序－规模法则是指区域城镇体系中，某一城镇所处的位序与其规模的乘积恒等于最大城镇人口规模数的经验统计规律。克里斯塔勒的中心地理论揭示了由城镇提供中心商品（服务）数量、种类和供给范围所决定的城镇体系中不同城镇的空间分布规律。克里斯塔勒创造性地提出了解释城镇体系空间分布的中心地三原则：经济发达、交通便利地区的"市场原则"（$K=3$ 原则），自给自足偏僻地区的"行政原则"（$K=7$ 原则），拓荒开发区域的"交通原则"（$K=4$ 原则）。[①] 克里斯塔勒的中心地理论建立在"均质地域"的假设之上[②]，对于脱胎于农业社会的中国城镇体系具有很强的解释力。[③] 分形理论强调城镇规模体系分布的"自相似性"，即城镇体系由与之形态相似的次级城镇体系构成。仅从城镇体系规模等级分布规律来看，诸多理论都指向一种"宝塔形"的城镇体系分布形态。

纵观新中国成立以来的城镇化历程，尤其是新中国成立至改革开放之前30年的城镇化历程，有两大典型特征贯穿其中：城市管理行政等级化、城镇体系二元化。新中国成立之初，在赶超战略和重工业优先发展的宏观战略导引下，城市布局与大型工业项目布局相吻合，不管是"一五"时期的156个重点工程布局，还是"三五""四五"时期"三线建设"战略指导下的"山散洞"（靠山、分散、进洞）企业布局，都深深牵引着相应的城镇布局。[④] 改革开放前的城市定位是由"消费型城市"转向"生产型城市"，采取"抑制消费、鼓励投资"和"抑制消费性投资、鼓励生产性投资"的策略。在财力有限和粮食供给不足的历史条件下，改革开放前的城镇体系政策着力点是"国家项目落地，抑制人口转移"。[⑤] 国家直接控制城市建设、人口规模和就业岗位。改革开放前的城镇体系政策长期存在"重大轻小"的倾向。[⑥][⑦][⑧] 城镇体系的建立和

---

① 马凤鸣：《城镇化与城镇体系建设研究》，《长春大学学报》，2015 年第 9 期，第 50~54 页。
② 丁金宏、刘虹：《我国城镇体系规模结构模型分析》，《经济地理》，1988 年第 4 期，第 253~256 页。
③ 罗志刚：《全国城镇体系、主体功能区与"国家空间系统"》，《城市规划学刊》，2008 年第 3 期，第 1~10 页。
④ 王凯：《全国城镇体系规划的历史与现实》，《城市规划》，2007 年第 10 期，第 9~15 页。
⑤ 李圣军：《中国城镇体系演变历程与新型发展模式》，《石家庄经济学院学报》，2015 年第 6 期，第 38~44 页。
⑥ 叶克林：《论以小城镇为主体的中国城市化模式》，《管理世界》，1986 年第 5 期，第 31 页。
⑦ 叶克林：《小城镇发展的必然性》，《经济研究》，1985 年第 5 期，第 65 页。
⑧ 叶克林：《发展新型的小城镇是我国城镇化的合理模式》，《城市问题》，1986 年第 3 期，第 8 页。

完善意味着城市化由低级走向高级。[①] 健康合理的城镇体系应该是规模等级结构合理、职能分工明确、地域分布均衡、要素流动顺畅的网络有机体。我国改革开放前的城镇体系却表现出相互隔绝的二元特质，城市和乡镇两条发展轨道间缺乏过渡和联系机制，形成断层，县城和镇失去了升格递补的机会。农村人口剩余了，只能就地消化、就地转移而不能进城。农村集镇成长了，只能升格为建制镇，而且数量极少。城乡产业泾渭分明，形成城市工业、农村农业的两大封闭系统。城乡隔绝政策之外，是针对城市和乡镇所采取的两种截然不同的态度和管理方法。[②] 对城市采取"包下来"的态度，城市的建设资金、职工住房和各项社会福利都由国家财政支出，实行计划调节。对小城镇发展则采取"自由放任"态度，城镇建设、职工住房、福利支出基本靠自发解决，乡镇企业主要靠市场调节。

改革开放以前的城市化机制导致了城市人口的过度集中，1978 年"百万人口+"的总城市人口占比高达 40％，省会城市人口占各省城镇人口的比重平均已超 50％。1952—1978 年间，各省级地方的首位度指数平均上升了200％。小城镇的衰退与之相比显得触目惊心。新中国成立之初，全国共保留下 5000 余个镇，堪称农村自然经济汪洋大海中的商品经济"岛屿"。[③] 据 1953年、1982 年两次人口普查资料分析，这一时期小城镇无论是城镇数量，还是市镇人口比重，都减少了一半以上。[④] 1949—1955 年间，全国没有统一的设镇标准。1953 年，全国第一次人口普查所统计的建制镇总数是 5402 个，总人口3372 万，平均人口规模 6243 人。1955 年 6 月 9 日，国务院通过的《关于设置市、镇建制的决定》明确了镇的工商业、手工业集中地性质，统一了建镇标准，明确指出：聚居 2000 以上人口或县级以上地方政府驻地方可建镇。[⑤]1955 年 11 月，国务院发布的《关于城乡划分标准的规定》将城镇区分为城市和集镇，集镇的标准是常住人口 2000 人以上，居民 50％以上是非农业人口的

①　方向新：《我国城市化道路的抉择与城镇体系的建立和完善》，《人口学刊》，1989 年第 6 期，第 2 页。

②　潘大建、叶克林、周汝昌等：《论我国二元城镇体系》，《天府新论》，1987 年第 6 期，第 8～11页。

③　罗茂初：《对我国发展小城镇政策的追溯和评价》，《人口研究》，1988 年第 1 期，第 13 页。

④　顾朝林：《中国城镇体系——历史·现状·展望》，商务印书馆，1992 年，第 192 页。

⑤　《国务院关于设置市、镇建制的决定》，《中华人民共和国国务院公报》，1955 年第 17 期，第847～848 页。

居民区。① 建制镇标准的统一，加上粮食供应的短缺与 1953 年 11 月开始实施的统购统销制度以及 1958 年开始实施的"政社合一"的人民公社体制，导致建制镇数量的减少和平均人口规模的增大。建制镇数量由 1953 年的 5402 个缩减到 1958 年的 3621 个，同时建制镇的平均人口规模由 1953 年的 6243 人增长到 1958 年的 10746 人。1963 年 12 月，《中共中央　国务院关于调整市镇建制、缩小城市郊区的指示》重申了小城镇的工商业集中地属性，建镇人口标准提升为：聚居人口在 3000 人以上，其中非农业人口占 70％以上；或者聚居人口在 2500 人以上不足 3000 人，其中非农业人口占 85％以上。指示发出以后，撤销了一批不符合建镇标准的小城镇，建制镇的数量由 1963 年的 4032 个急剧缩减到 1964 年的 2877 个。1964—1983 年，建制镇的数量一直维持在 2800 个左右。在县辖镇非农业人口基本稳定的条件下，建制镇平均人口规模一路飙升，由 1963 年的 8433 人/个，增长到 1978 年的 14172 人/个，再增加到 1983 年的 16117 人/个。具体如表 4-3 所示。

表 4-3　县辖镇的数量和规模

年份	县辖镇数（个）	县辖镇非农业人口（人）	县辖镇规模（人/个）
1953	5402	33723027	6243
1954	5400	34850000	6454
1955	4487	34770000	7749
1956	3672	33720000	9183
1957	3596	37170000	10336
1958	3621	38910000	10746
年份	县辖镇数（个）	县辖镇非农业人口（人）	县辖镇规模（人/个）
1961	4429	35990000	8126
1962	4219	32840000	7784
1963	4032	34000000	8433
1964	2877	29410000	10222
1965	2902	30830000	10624
1978	2850	40390000	14172

① 《国务院关于城乡划分标准的规定》，《中华人民共和国国务院公报》，1955 年第 20 期，第 988～989 页。

年份	县辖镇数（个）	县辖镇非农业人口（人）	县辖镇规模（人/个）
1979	2851	42750000	14995
1980	2874	44150000	15362
1981	2845	44920000	15789
1982	2819	45790000	16243
1983	2781	44820000	16117
1984	6211	52280000	8417

注：缺失年份数据不可得。

资料来源：罗宏翔、何卫东：《建制镇人口规模的演变》，《人口学刊》，2001年第1期，第61～65页。

长期奉行的"重大轻小"的城市发展机制造成了"头重脚轻"的城镇体系格局，与同时期的主要发达国家相比显得更不合理。如表4－4所示，1977年，我国100万人口以上的特大城市27座，占城市总数的15％，集聚人口却占全国城市人口总数的48.8％。相反，20万人口以下的小城市50座，占城市总数的27.8％，集聚人口却只占全国城市人口总数的6.4％。特大城市、大城市、中等城市、小城市的数量比值，1977年的中国是1：1.2：2.9：1.9，1973年的美国是1：3.2：6.3：31.5，1975年的苏联是1：2.8：7.9：10.3，1974年的日本是1：0.7：6.7：8.7，1968年的法国是1：2：6：44。从城市数量上来看，我国大城市多，中、小城市少的状况特别突出；同时，就城市人口比重来看，我国大城市人口比重偏重，中小城市人口比重偏轻的特点也特别突出。

表4－4　我国大中小城市个数和人口数的比重同主要国家比较

	中国1977年	美国1973年	苏联1975年	日本1974年	法国1968年
城市个数（个）	180	252	241	171	53
100万人以上（个）	27	6	11	10	1
50万～100万人（个）	33	19	31	7	2
20万～50万人（个）	78	38	87	67	6
20万人以下（个）	50	189	113	87	44

续表

	中国 1977 年	美国 1973 年	苏联 1975 年	日本 1974 年	法国 1968 年
城市人口比重（%）	100.0	100.0	100.0	100.0	100.0
100 万人以上（个）	48.8	28.0	26.2	39.0	23.3
50 万~100 万人（个）	21.6	19.7	25.1	6.2	14.4
20 万~50 万人（个）	22.6	20.0	31.0	34.7	16.7
20 万人以下（个）	6.4	31.3	17.8	20.1	45.7

资料来源：国家统计局：《我国主要经济指标同外国比较》，人民出版社，1979 年，第 14 页。

1984 年，我国拥有 2 万~5 万人口的小城镇 2371 个，1 万~2 万人口的小城镇 1720 个，0.5 万~1 万人口的小城镇 945 个，0.25 万~0.5 万人口的小城镇 558 个，0.25 万人口以下的小城镇 226 个。从城镇数量上来看，5 万人口以下的小城镇等级规模结构呈不合理的倒金字塔形。具体如表 4-5 所示。

表 4-5　1984 年我国市镇规模分级及比重表

等级规模	市镇数		市镇总人口		市镇非农业人口	
	个数（个）	占比（%）	人口数（人）	占比（%）	人口数（人）	占比（%）
300 万以上	4	0.06	22082800	8.83	19007000	11.64
100 万~300 万	16	0.28	23556700	9.42	25692309	15.74
50 万~100 万	30	0.47	22795142	9.12	22177150	13.59
20 万~50 万	81	1.26	23641400	11.45	25678501	15.73
10 万~20 万	122	1.84	16723357	6.69	16052632	9.83
5 万~10 万	446	6.83	29309524	11.72	15580899	9.54
2 万~5 万	2371	36.35	71831541	28.73	25652365	15.71
1 万~2 万	1720	26.37	25607176	10.24	9145576	5.60
0.5 万~1 万	945	14.49	7013282	2.80	3043746	1.86
0.25 万~0.5 万	558	8.55	2085147	0.83	991441	0.61
0.25 万以下	226	3.46	402169	0.16	224340	0.14
合计	6519	100.00	250048238	100.00	163245959	100

资料来源：顾朝林：《中国城镇体系——历史·现状·展望》，商务印书馆，1992 年，第 234~237 页。

1984 年 11 月，国发〔1984〕165 号文放宽了建镇标准，确立了小城镇联结城乡的桥梁纽带作用和农村区域的经济、文化中心定位。确立了撤乡建镇（总人口在 2 万以下的乡，乡政府驻地非农业人口超过 2000 的，可以建镇；总人口在 2 万以上的乡，乡政府驻地非农业人口占全乡人口 10% 以上的，也可以建镇）新模式。[①] 农业的多样化经营、商品流通体制改革、乡镇企业的蓬勃发展、户籍制度的破冰，以及 1984 年建镇标准的放宽，使得改革开放以来，尤其是 1984 年以来，我国城镇体系日趋合理化。如表 4—6 所示，我国小城镇数量由 1979 年的 2851 个增长到 1987 年的 9121 个，8 年间增长了 2 倍多，特大城市、大城市、中等城市、小城市和小城镇的比例由 1979 年的 1∶1.7∶4.2∶6.6∶178.2 演变为 1987 年的 1∶1.2∶4.1∶8.9∶364.8，城镇体系的金字塔结构更加明显。从人口数量占比来看，小城市增速最快，中等城市和特大城市稍高于平均增速，小城镇略低于平均增速，大城市人口占比下降最快。

表 4—6　我国 1979—1987 年间城镇个数和人口增长情况

	城镇数量				
	1979 年		1987 年		1987 年比 1979 年增长（%）
	个数（个）	比重（特大城市为 1）	个数（个）	比重（特大城市为 1）	
合计	3067	—	9502	—	209.8
特大城市	16	1.0	25	1.0	56.3
大城市	27	1.7	30	1.2	11.1
中等城市	67	4.2	103	4.1	53.7
小城市	106	6.6	223	8.9	110.4
小城镇	2851	178.2	9121	364.8	319.9
	城镇非农业人口				
	1979 年		1987 年		1987 年比 1979 年增长（%）
	人口数（万人）	占城镇总人口比重（%）	人口数（万人）	占城镇总人口比重（%）	
合计	12721	100.0	19118	100.0	50.3
特大城市	3497	27.5	5289	27.7	51.2

---

① 《国务院批转民政部关于调整建镇标准的报告》，http://www.gov.cn/zhengce/content/2016-10/20/content _ 5122304.htm.

	城镇非农业人口				
	1979 年		1987 年		1987 年比 1979 年增长（%）
	人口数（万人）	占城镇总人口比重（%）	人口数（万人）	占城镇总人口比重（%）	
大城市	1965	15.4	2155	11.3	9.7
中等城市	2043	16.1	3122	16.3	52.8
小城市	1033	8.1	2409	12.6	133.2
小城镇	4183	32.9	6143	32.1	46.9

数据来源：方向新：《我国城市化道路的抉择与城镇体系的建立和完善》，《人口学刊》，1989 年第 6 期，第 2 页。

构建一个多中心、宝塔状的合理化城镇体系，要求构建一个合理的城—镇—乡网络，站在改革开放的历史节点上，必然要求积极发展小城镇。小城镇作为城乡互动的桥头堡，能够有效实现资本、技术、信息、人才、物资等要素在城乡之间的自由有序流动，起到"网结"和"加压阀"的作用。

第二节　政策流

费孝通作为我国小城镇研究的旗舰和领军人物，他所倡导的"内生式"小城镇发展理论在浩浩荡荡的小城镇研究溪流中，占据 20 世纪 80 年代至 20 世纪末期小城镇理论的主流位置。费孝通的整个学术生涯是在"志在富民"的理念指引下，由 20 世纪 30 年代的村庄调查研究上升到 20 世纪 80 年代的小城镇研究，进而拓展到区域研究和"全国一盘棋"范畴。费孝通小城镇理论以社会学、人类学方法为基础，理论演进过程中又汇入经济学思维。同时该理论与当时的国家财力状况和中国特色城镇化道路不谋而合。

一、费孝通内生式小城镇发展理论的演进

20 世纪 30 年代费孝通在广西大瑶山和江苏吴江县开弦弓村的人类调查及 20 世纪 40 年代费孝通在云南三村的解剖麻雀式调查奠定了后来小城镇研究的微观基础和"农村视角"。微观调查的结果是"人多地少"背景下的"男耕女

织、农工相辅"富民思想雏形。1957 年费孝通重访江村时，在"以粮为纲"的时代背景下，他看到了粮食增产和家庭副业、乡村工业、商品市场的忽视、萎缩与萧条，进而提出了恢复副业和重振乡土工业的思想，却因被划分为"右派"，中断学术工作长达 20 年之久。①

20 世纪 80 年代，恢复学术研究的费孝通三访江村，看到改革开放之后的苏南农村副业恢复、商品流通繁荣、社队工业兴起的局面。1982—1984 年间，费孝通的小城镇研究从吴江县七大镇起步，提出了"类别、层次、兴衰、分布、发展"的十字研究课目。伴随调查区域的拓展，费老的足迹跨越苏南、苏北、苏中，遍布江苏全境，并在《瞭望》周刊上陆续发表了后来辑录为《小城镇四记》的四篇小城镇研究扛鼎之作。在苏南（苏州、无锡、常州、南通）、苏北（徐州、连云港、盐城、淮阴、扬州）、苏中（南京、镇江、扬州）的经济发展水平、工农业产值占比、地理位置、乡镇企业发展情况的对比中，费孝通逐渐形成了"苏南模式"的概念，即在"人多地少"的自然条件下，充分利用"男耕女织、农工相辅"的历史传统和"文化大革命"期间"工业下乡"的历史机遇，大力兴办乡镇企业，从而形成农工副齐头并进的良好局面。

跃出江苏一省，在沿江、沿边和内地穿行调查的过程中，费孝通的"发展模式"和"区域经济"概念逐渐清晰起来，所谓发展模式就是"在一定地区、一定历史条件下，具有特色的发展路子"。在不同的历史、地理、社会、文化条件下，不同地域的小城镇发展起步、积累资金和走向富裕的道路截然不同：有经商传统浓厚，靠劳务输出所积累的流通网络和商业资金起家的"温州模式"；有依托香港工业扩散，两头（原料、市场）在外，发展外向型经济的"珠江模式"；有依靠庭院经济起步，走专业化发展路线和"公司＋基地＋农户"农工贸一体化的"民权模式"。从江苏南下的沿海调查除了对模式的概念愈发清晰之外，费孝通还注意到伴随着作为龙头的香港工业扩散能力衰减所形成的三个环形地带和伴随着上海工业扩散能力衰减所造成的苏南、苏中和苏北的经济发展差距。从黑龙江到内蒙古、宁夏、甘肃、青海、云南等地的边区调查，费孝通继续寻找边区经济的"启动因素"和发展模式。比如内蒙古赤峰走放牧和舍饲接力的"农牧结合"道路；包头、西安、宝鸡等地区走"三线企业"打破"企业办社会"的社企不分格局，利用技术优势帮助当地政府兴办乡镇企业的道路；甘肃定西走亚麻榨油，纺织专业化、一体化的道路。注意到祁

---

① 费孝通：《中国城乡发展的道路——我一生的研究课题》，《中国社会科学》，1993 年第 1 期，第 3～13 页。

连山两麓，一边是少数民族聚居的甘肃临夏地区，一边是以汉族为主的青海海东地区，这条夹在藏汉之间的民族走廊曾是明代以来茶马贸易中心河州的故地，由此费孝通向中央提出在临夏和海东两地建立经济协作区发展农牧贸易的建议。

在经济协作区的基础上继续前进，费孝通突破行政区划的藩篱，从经济区划的视角出发，结合历史传统和实地调查，提出了一系列区域经济蓝图，包括1988年的"黄河上游多民族经济开发区"，以香港为中心促进港珠经济一体化的"华南经济区"，1989年的"黄河三角洲开发区"，1990年的以上海为龙头的"长江三角洲经济开发区"。区域经济进一步拓展，费孝通提出了"欧亚大陆桥经济走廊"，串联起黄河上中下游经济区，长三角经济区沿长江向中游辐射，加之以香港为中心的华南经济区和图们江三角经济区与环渤海经济区构成的东北经济区，最终形成"全国一盘棋"的格局。用费孝通的话来说就是"两条龙"（长江、大陆桥）和"两只虎"（华南虎、东北虎）龙腾虎跃的局面，最终实现"以东支西、以西资东、互惠互利、共同繁荣"。[1]

费孝通的小城镇理论除了在行政区域和研究层次上的不断拓展之外，还具备典型的"与时俱进"特质。

第一，与时俱进的富民思路。1936年，费孝通的江村经济调查得出了在"人多地少"约束下走"农工相辅"的富民思路，彼时的"工"主要是手工业和家庭副业，尤以缫丝产业为例。1982年，费孝通开启苏南小城镇调查时得出了"农工相辅，兴办乡镇企业"的富民思路，那时的"工"主要是乡镇企业和乡土工业。1984年，费孝通的小城镇研究跃出江苏，沿江、沿边扩展之时得出了"无农不稳、无工不富、无商不活、无智不前"[2]的富民思路，至此，商业和科技在富民中的作用凸显。

第二，与时俱进的产业发展思想。从农、副、工齐头并进到种、养、加一体化，再到生产、流通、分配、消费四个环节，费孝通对小城镇产业发展的观察愈来愈深入、越来越科学，费孝通的小城镇产业发展逐步从产值构成走向流通渠道市场化再到消费市场的发育和服务业的发展。同时，费孝通也注意到人才、资本、技术、市场、信息等要素对于乡镇企业发展的重要性。最后，费孝通还敏锐地观察到工业体系配套成龙、产业分工和劳动密集型产业的转移扩散

---

① 费孝通：《中国城乡发展的道路——我一生的研究课题》，《中国社会科学》，1993年第1期，第3~13页。

② 费孝通：《工农相辅　发展小城镇》，《江淮论坛》，1984年第3期，第1~4页。

现象。

第三，与时俱进的农业剩余劳动力转移思想。"离土不离乡，进厂不进城"的农工兼业模式是费孝通对改革开放后苏南小城镇发展初期拦蓄农业剩余劳动力的准确描述，这也是当时历史条件下低成本城镇化的合理探索，也符合当地农工相辅的历史传统。为了获取发展乡土工业的启动资金，同时改变不合理的人口分布格局，费孝通提出了农业剩余人口向小城镇转移的"离土不离乡"模式及农业剩余人口向边区和人口稀疏地区转移的"离乡不移户"（离乡不背井）模式。[①] 在研究中国的城乡关系和协调东西发展问题时，费孝通认为产业结构调整和转移可以通过人口向城市转移的"人口转移"路径来实现，也可以通过劳动密集型产业向外扩散的"工业转移"路径来实现。农民"乡""土"都可能离，前提有两个，一是农业规模经营，二是社会保险制度。[②] 从"离土不离乡"到"离土又离乡"的思考显示了费孝通小城镇理论的鲜活生命力。

费孝通小城镇理论的"时空演进"特质也吸纳了同时期小城镇研究者的思想精华，或者说是"相向而行"。

第一，与"三元经济结构"思想的契合。1954 年，美国发展经济学家刘易斯提出关于发展中国家经济的"二元结构"模型，模型认为发展中国家存在传统落后的农业部门和发达现代的工业部门，在两部门工资差距的驱使下农业部门为工业部门发展提供无限剩余劳动力，直至农业剩余劳动力被吸收殆尽，趋向"一元结构"。20 世纪 60 年代，费景汉和拉尼斯发展了刘易斯的二元结构模型，注意到农业剩余对于工业发展的限制和农业科技进步对挤出农业剩余劳动力的重要性。参照西方发展经济学的理论，结合中国经济发展的实际，改革开放至 20 世纪末期的经济学家认识到中国经济的"三元结构"特征（农业部门—农村工业部门—城市工业部门）[③]，我国经济结构由二元向一元的转化过程需要经历农业、农村工业（乡镇企业）、现代工业协调发展的阶段。[④] 基于这样的经济结构转换认知，乡镇企业和小城镇就肩负起破解二元经济体制的

---

① 费孝通：《小城镇　再探索（之三）》，《瞭望周刊》，1984 年第 22 期，第 23~24 页。

② 费孝通：《发展商品经济　协调东西发展》// 费孝通：《城乡发展研究——城乡关系·小城镇·边区开发》，湖南人民出版社，1989 年，第 16 页。

③ 李克强：《论我国经济的三元结构》，《中国社会科学》，1991 年第 3 期，第 65~82 页。

④ 王勋铭：《我国二元经济结构的转换选择——试论农业、农村工业、现代工业三元结构的形成》，《兰州商学院学报》，2000 年第 4 期，第 27~30 页。

重任。①②③④

　　第二，与"三元社会结构"思想的契合。新中国成立初期，囿于美苏冷战的国际形势和一穷二白的经济基础，国家确立了优先发展重工业和由农业国转向工业国的发展战略。为了保障战略的有效实施，国家进行了一系列制度设计，形成户籍、住宅、粮食供给、副食品供给、教育、医疗、就业、保险、劳动保护、婚姻、征兵等十余种制度构成的城乡壁垒，形成城乡分割的"二元社会结构"。⑤ 在壁垒森严的城乡二元社会结构夹缝中，小城镇展现出一种"非城非乡、亦城亦乡、半城半乡"⑥ 的经济社会特质，它不同于城市社会的单位体制，也不同于乡村社会的"家族主义"，而是二者兼备的"单位—家族"制的"第三种社会"。⑦ 以农民工为代表的，大量"人户分离"的流动人口构成迥异于城市居民和乡村居民的"第三元社会"。囿于经济、土地和人际网络的牵绊，小城镇成为"第三元社会"的偏好之所。小城镇是政府在资源约束条件下推进城市化的无奈、折中和妥协之举，是二元社会向一元社会转变的过渡形态。⑧ 在城乡关系视野下，小城镇成为联结城乡，促进人员、物资、资金、技术、信息、文化自由流动，打破城乡对立、实现城乡融合的重要载体。⑨⑩

　　第三，与"二元城镇化"理论的契合。1979 年，吴友仁在《关于我国社会主义城市化问题》一文中指出：回顾新中国成立 30 年来的城市化历程，"亦工亦农"制度是我国城市化的重要特点，也是具体历史条件下实现社会主义城市化的一个途径。实现"四个现代化"的征程中，城市、城镇、集镇在推进社

① 古利：《中国二元经济结构与乡镇企业》，《青海社会科学》，1998 年第 5 期，第 37~41 页。
② 陈迪平：《我国二元经济结构的特点与农村小城镇建设》，《农业现代化研究》，1999 年第 6 期，第 347~349 页。
③ 刘学愚：《论城乡二元结构的矛盾与小城镇建设》，《思想战线》，2002 年第 5 期，第 24~27 页。
④ 毛锋、张安地：《"三元结构"发展模式与小城镇建设》，《经济经纬》，2007 年第 5 期，第 76~79 页。
⑤ 袁静：《二元结构的解构与中国农民的发展——八十年代以来关于城乡二元社会结构的研究述要》，《社会科学》，2001 年第 3 期，第 76~80 页。
⑥ 卢汉超：《非城非乡、亦城亦乡、半城半乡——论中国城乡关系中的小城镇》，《史林》，2009 年第 5 期，第 1~10 页。
⑦ 辛秋水：《小城镇：第三种社会》，《福建论坛（经济社会版）》，2001 年第 5 期，第 55~57 页。
⑧ 龚慧娴：《小城镇："第三元社会"的偏好》，《城市问题》，2005 年第 2 期，第 13~15 页。
⑨ 曹晓峰、杨丽：《浅析城乡关系与小城镇建设》，《社会科学辑刊》，1997 年第 4 期，第 37~42 页。
⑩ 蒋年云：《城乡关系的新格局——三元经济结构》，《中国经济问题》，1987 年第 5 期，第 51~52 页。

会主义工业化和城市化进程中将发挥各自的作用。[①] 此后 20 年，围绕我国城市化道路的争论、探索和实践得出两点共识：一是认清了中国走向城镇化是人类经济社会发展的必由之路；二是鉴于中国特殊的二元经济、社会结构和庞大的农村背景，中国将呈现以城市地域经济和人口集聚的扩展型城市化和农村地域以乡镇企业为主体的经济与劳动力转化建立小城镇的集聚型城镇化并存的二元城市化模式。1991 年，辜胜阻提出了中国二元城镇化的战略构想，即国家投资进行的以城市圈带为中心的内涵网络式城市化战略和地方政府与农民投资进行的以 2000 多个县城为中心的外延据点式农村城镇化战略。[②] 1998 年，辜胜阻进一步将中国的城镇化发展模式划分为政府发动型的自上而下的城镇化模式和民间发动型的自下而上的城镇化模式，20 世纪 80 年代以前的自上而下型城镇化模式具有强制性制度变迁特征，20 世纪 80 年代以来的自下而上型城镇化模式具有诱致性制度变迁特征，并且日益成为中国城镇化加速发展的基本动力。[③]

这一时期，除了费孝通小城镇理论与"三元结构"理论和"二元城镇化"理论的思想合流之外，有关我国城镇化道路应然和实然选择的论争也不绝于耳。自然科学规划者和具体操作者、环境学家、道家和儒家、政治学家基于各自的理由都反对大城市，大多数经济学家基于规模经济认为大城市比中小城市好。[④]

1980 年，郭振淮鉴于发达资本主义国家的"逆城市化"潮流和"大城市病"问题，提出加强城市规划，均衡生产力布局，克服资本主义城市盲目发展的后果，创造社会主义城市化经验。发展小城镇，让小城镇遍地开花，星罗棋布于全国各地，这是我国城市化唯一正确的道路。[⑤] 1983 年，郑宗寒提出：小城镇是生产力、社会分工和商品经济发展的产物，积极发展小城镇是避免资本主义"城市社会病"，走中国式社会主义城市化道路的必然要求。[⑥] 1986 年，叶克林提出，以小城镇为主体的城镇化模式是打破"分散—集中—分散"的世

[①] 吴友仁：《关于我国社会主义城市化问题》，《城市规划》，1979 年第 5 期，第 13~25 页。

[②] 辜胜阻：《非农化与城镇化研究》，浙江人民出版社，1991 年，第 196~201 页。

[③] 辜胜阻、李正友：《中国自下而上城镇化的制度分析》，《中国社会科学》，1998 年第 2 期，第 60~70 页。

[④] 张正河、谭向勇：《小城镇难当城市化主角》，《中国软科学》，1998 年第 8 期，第 14~19 页。

[⑤] 郭振淮：《世界城市化发展的趋势及我国城市发展中的若干问题》，《人口与经济》，1980 年第 2 期，第 1~7 页。

[⑥] 郑宗寒：《试论小城镇》，《中国社会科学》，1983 年第 4 期，第 119~136 页。

界城镇化定规的，具有中国社会主义特色的城市化合理模式。① 这种以小城镇为主体的城镇化模式是积极发展小城镇思想的典型代表，也可以视为霍华德田园城市思想的超前实践。1988 年，吴大声、邹农俭、居福田指出：小城镇的蓬勃兴起是农村商品经济发展的必然产物，是中国农民的伟大创造。在一个生产力落后、人口众多、农村比重大的大国，进行现代化建设不能一蹴而就。在城市发展不足，工业化水平较低，同时又缺乏新建大量城市的经济实力背景下，城市的部分职能只能由小城镇来担当。小城镇是城乡协调发展的调节器，有利于推进农业现代化、实现人口再分布和构建合理的城—镇—乡网络体系。同时，小城镇建设也存在过多占用耕地、污染环境、布局零乱等问题，但是建设和发展小城镇总体上利大于弊。② 1990 年，吴大声基于规模经济、外向型经济和城市工业技术扩散、合理城镇体系的考量，提出以建制镇（县城＋县城镇以外的建制镇）为重点的小城镇发展战略。③ 1990 年，朱通华指出：积极发展小城镇是避免重蹈农村凋敝、农民破产、大城市恶性膨胀覆辙，符合我国国情和经济社会发展水平的具有中国特色的城市化战略。他同时指出小城镇建设中的"脏、乱、差、费"问题，并提出坚持经济效益、环境效益和社会效益相统一的观点。④

1983 年，冯雨峰梳理了世界城市化发展的经济基础和历史阶段，指出城市化是工业化的产物，城市化水平由国民生产总值和经济结构决定。工业革命前的城市是农业地区的中心，规模较小；工业革命时期，伴随工业发展和人口集聚，大城市林立，易发"城市病"；科技和经济高度发达时期，第三产业占据首位，城市化趋向城市带和城市群形态，大城市向外扩散，出现大量规模类似"小城镇"的城市单元。资本主义国家城市群中的小城镇以二、三产业等城市型经济为主，是城市的一个功能区；我国的小城镇是以农村经济为主的，是农业地区的中心。我国建设小城镇的重要意义在于促进农村建设，建设小城镇不可能是我国城市化唯一正确的道路。⑤ 这是改革开放初期，对我国城市化道

---

① 叶克林：《论以小城镇为主体的中国城镇化模式》，《管理世界》，1986 年第 5 期，第 25～37 页。

② 吴大声、邹农俭、居福田：《论小城镇与城乡协调发展》，《社会学研究》，1988 年第 2 期，第 24～35。

③ 吴大声：《论小城镇建设应以建制镇为重点》，《学海》，1990 年第 1 期，第 37～42 页。

④ 朱通华：《小城镇建设与中国城市化道路》，《经济社会体制比较》，1990 年第 2 期，第 60～63 页。

⑤ 冯雨峰：《发展小城镇是我国城市化唯一正确的道路吗?》，《经济地理》，1983 年第 2 期，第 136～140 页。

路和小城镇地位主流观点的第一次挑战。1989 年，周天勇、李春林从商品经济发展、工业化、农业现代化、规模经济、人口自我控制、长期经济效益、生态、资源等方面出发，提出中国应该走人口集中性城市化道路，而兴办乡镇企业、发展小城镇和"离土不离乡"的分散性城市化仅仅是一种辅助性过渡途径与短期的权宜策略。[①]

费孝通的内生式小城镇理论"类别、层次、兴衰、分布、发展"的十字研究课目奠定了小城镇作为一个独立研究领域的整体性研究任务，之后的"发展模式"和"区域经济"直到"全国一盘棋"的思想，在"志在富民"理念牵引下，与时俱进，体现了鲜明的"时空演进"特质。费孝通总结的以"人多地少、工农相辅，兴办乡镇企业""无农不稳、无工不富、无商不活、无智不前"，"离土不离乡""工业下乡"等为特质的"苏南模式"成为改革开放 20 年小城镇发展的标杆理论，也是对轰轰烈烈的农村工业化、城镇化实践的生动写照。费孝通的小城镇理论得到经济学家关于中国"三元经济结构理论"和社会学家关于中国"三元社会结构理论"的有力支撑。关于我国城镇化道路的选择问题上，虽然有"大""小"之争，但是始终有三点共识：一是中国的城镇化道路具有典型的"二元城镇化"特性；二是积极发展小城镇的道路是当时经济社会条件下，中国特色城镇化道路的客观现实选择；三是小城镇在实现农民脱贫致富和接受城市文明辐射上发挥了重要作用。这一时期，部分经济学家基于规模经济理论倡导以大城市为中心的城市化战略，但是他们都没有否认小城镇在推进城镇化中的现实意义，更多的是从战略长远意义上指出发展小城镇不应该是中国城镇化的唯一正确道路。总之，这一时期的政策原汤中，以费孝通为代表的内生式小城镇发展理论腾起最高的浪花。

二、经济可行性分析

国家城镇化政策的执行力取决于国内生产总值总量及其构成、全国财政收入水平及中央财政收入状况。从改革开放 20 年的国力、财力、居民收入、城建费用、人口转移成本、财税体制等方面入手可以窥探"积极发展小城镇"政策的经济合理性。

改革开放以来，国民收入分配结构重心逐步向居民收入转移。世界银行估

---

① 周天勇、李春林：《论中国集中性城市化之必然》，《人口研究》，1989 年第 2 期，第 17~24页。

计，1978年我国国民总储蓄中，居民储蓄占3.4％，政府储蓄占43.3％，企业储蓄占53.2％，国有部门储蓄占比96.6％。1996年转变为：居民储蓄占83％，政府储蓄占3％，企业储蓄占14％（国企<7％），国有部门占比10％。国民收入分配格局的变化，导致中央财政收入在国民收入中的比重下降，由中央财政承担制度变迁的能力减弱。[1]

改革开放以来，全国财政收入占GDP的比重持续下滑，由1978年的31.1％下降到1995年的10.3％，再缓慢上升到1999年的12.8％。中央财政收入占GDP的比重最高的年份是1984年的9.23％，最低的年份是1993年的2.71％。中央财政收入占全国财政收入的比重由1978年的15.5％上升到1984年的40.5％，之后又持续下降到1993年22％的最低点。直到1994年分税制改革之后，中央财政收入的占比才超过50％。具体如图4−22所示。在这种情况下政府已无力成为城镇化发动和投资的唯一主体。[2]

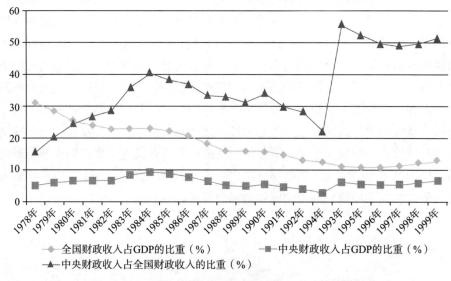

图4−22　1978—1999年间各类财政收入占比变动情况

数据来源：根据历年《中国统计年鉴》数据整理

新中国成立之后，基于国际形势选择了高度集中的计划经济体制和优先发

---

① 辜胜阻、李正友：《中国自下而上城镇化的制度分析》，《中国社会科学》，1998年第2期，第60~70页。

② 辜胜阻、李正友：《中国自下而上城镇化的制度分析》，《中国社会科学》，1998年第2期，第60~70页。

展重工业的道路，在一穷二白和人地关系高度紧张的国情下搞工业化建设，必须依靠农业剩余来支援工业，为了降低国家直接面向大量小农的交易成本，国家确立由户籍、土地、就业、粮食供应、福利保障等制度构筑的城乡二元壁垒。新中国成立到改革开放之前的 30 年是国家工业化进行资本积累的阶段。1978 年，中央实行财政金融分家（人民银行和财政部分设），推行"拨改贷"（变财政拨款给企业扩大再生产为银行贷款），中央财政和地方财政分灶吃饭（财政包干），企业实行利改税，这一系列制度安排使得地方财政得以建立，地方政府开始有财力推进地方工业化，从而奠定了小城镇蓬勃发展的经济基础。① 1992 年之后的房地产和开发区热潮中，土地出让金成为充实小城镇财政的一个重要来源。②

多年来，我国对城市和乡镇采取了两种截然不同的管理态度和方法。国家对城市采取"包下来"的态度。城市建设、居民住宅、公用事业、社会福利都由国家财政支出；城市工业受计划调节，原料和市场由国家保障。国家对小城镇采取"放任"的态度。城镇建设、居民住房、公用事业、福利支出主要靠地方财政和自筹解决，乡镇企业主要靠市场调节。③

我国历经六个五年计划，投资 1 万亿元，发展了 287 个城市，解决了 1.2 亿人就业，平均每安排 1 名职工就需要固定资产投资 8600 元，还不包括住房、粮油、副食品等补贴费用。至 20 世纪末，我国至少有 2 亿劳动力从农业中转移出来，各级城市的接纳极限是 3000 万人，如果让 2 亿农民全部进入大城市，则要新建 100 万人口的城市 20 座或 50 万人口的城市 40 座，需占地 6 亿亩，投资 17000 亿元。这在商品经济不发达条件下是根本办不到的，而且还要考虑资源、交通、技术等诸多制约因素。④

小城镇的市政公用设施费用，一般只占基本建设的 2%～3%，大城市要占 5%～6%，特大城市要占 7% 以上。10 万人以下的小城市（镇），人口每增加 1%，城建费用需增加 2.3%；而 20 万人以上的城市，则需增加 3.4% 以

---

① 温铁军：《历史本相与小城镇建设的真正目标（上）》，《小城镇建设》，2000 年第 5 期，第 31～35 页。

② 国家体改委中国小城镇课题组：《体制变革与中国小城镇发展》，《中国农村经济》，1996 年第 3 期，第 11～16 页。

③ 潘大建、叶克林、周汝昌等：《论我国二元城镇体系》，《天府新论》，1987 年第 6 期，第 9～10 页。

④ 何耀华：《小城镇建设在中国城市化进程中的地位和作用》，《思想战线（云南大学人文社会科学学报）》，1999 年第 3 期，第 1～6 页。

上。小城镇城建费用比中等城市低 1/3 左右。[①]

在经济总量有限，国家财力不足的时代背景下，中央政府无力承担进行大规模城市建设所需的费用。在财政包干制度下，地方政府有意愿推进地方工业化发展，通过农民集资、银行贷款、地方政府支持发展乡镇企业，同时利用乡镇企业提取的公共资金推进小城镇建设，无疑是更具现实经济合理性和可行性的。经济合理性和可行性提升了"积极发展小城镇政策"在城镇化政策原汤中浮出的概率。

第三节　政治流

1978—1999 年，积极发展小城镇政策一方面与中国共产党和国家工作重心相吻合，另一方面积极回应了人民日益增长的物质文化需要和参与国家城镇化进程的迫切愿望，从而形成了一种接纳费孝通经典内生式小城镇发展理论的政治气候。

一、中国共产党的执政理念与公民权利意识

新中国成立 70 年，国家和人民从站起来、富起来到强起来的历史性跃迁背后是党和国家的政策不断回应人民的物质文化需求的过程。

1949 年 3 月，中共七届二中全会提出从农业国转变为工业国的奋斗目标。1956 年 9 月，党的八大报告指出：国内主要矛盾是先进工业国建设目标与落后农业国现状之间的差距，人民迅速扩张的经济文化需要无法满足的问题。出路只有一个：大力发展生产力，实行大规模的经济建设。[②] 1978 年 12 月，十一届三中全会将全党工作的重心重新拨回到经济建设上来。1979 年，中央理论务虚会指出：当前的主要矛盾是落后低下的生产力水平无法满足国家和人民需要的矛盾。[③] 1981 年 6 月，中共十一届六中全会通过的《关于建国以来党的若干历史问题的决议》肯定了党的八大报告有关国内主要矛盾的判断，明确指

---

① 叶克林：《发展新型的小城镇是我国城镇化的合理模式》，《城市问题》，1986 年第 3 期，第 10 页。

② 《中国共产党第八次全国代表大会关于政治报告的决议》，《人民日报》，1956 年 9 月 28 日第 1 版。

③ 邓小平：《邓小平文选（第 2 卷）》，人民出版社，1994 年，第 182 页。

出：1956 年以后，国家的主要矛盾，是人民日益增长的物质文化需要同落后的社会生产之间的矛盾。[①] 1987 年 4 月，邓小平会见捷克斯洛伐克总理什特劳加尔时指出：要彰显社会主义相对于资本主义制度的优势，首要一条就得大力发展生产力，打破人民和国家的贫穷落后状态。全部工作重心必须转移到"四化"建设上来。搞社会主义，一定要使生产力发达，贫穷不是社会主义。[②] 1987 年 10 月，党的十三大报告重申了十一届六中全会关于主要矛盾的论述，并将其归结定位为社会主义初级阶段的经济社会主旋律。1997 年 9 月，党的十五大报告再次强调，我们在社会主义建设伟大征程中的历史方位仍然是"初级阶段"，主要经济社会矛盾依然如故。

党和国家领导人关于社会主义初级阶段主要矛盾的认识与广大农民吃饱、穿暖、有钱花的物质文化需求是一致的。农民自发探索的兴办乡镇企业之路，充实了自己的腰包，丰富了自己的生活。小城镇发展的过程，实质上就是农民离土进镇开发新产业、致富奔小康的过程，就是农民经营土地"饱肚"、发展企业"挣钱"、建设城镇"圆梦"的过程。[③] 改革开放 20 年，乡镇企业迅猛发展，打破了"农村农业、城市工业"的固有格局。1987 年，农村非农产业产值首次超越农业，农村非农产业与农业"二分天下"。1992 年，农村工业产值超过农村社会总产值的 50%，乡村工业占据农村经济的"半壁江山"。1996 年，乡镇企业产值占据农村社会总产值的 2/3，已是"三分天下有其二"。[④]

二、户籍制度分析

1958 年 1 月，《户口登记条例》出台，规定：农民向城市迁移，必须出具城市用工部门的工作证明或迁入地户籍管理部门的迁入许可。[⑤] 中国的户籍政策以 1958 年为转折点，进入城乡分治的限制自由迁移阶段。随后，国家构筑起由户籍制度、生育制度、医疗制度、粮食供给制度、人才制度、养老保险制度、副食品与燃料供给制度、兵役制度、住宅制度、生产资料供给制度、就业

---

① 《关于建国以来党的若干历史问题的决议》，《人民日报》，1981 年 7 月 1 日第 1 版。

② 邓小平：《邓小平文选（第 3 卷）》，人民出版社，1993 年，第 224～225 页。

③ 许宝健：《让农民的"进城梦"更圆——湖北襄樊百万农民进入小城镇采访札记》// 许宝健：《万世根本——一个记者眼中的"三农"》，中国农业出版社，2001 年，第 524 页。

④ 严正：《小城镇还是大城市——论中国城市化战略的选择》，《东南学术》，2004 年第 1 期，第 60～66 页。

⑤ 《中华人民共和国户口登记条例》，http://www.npc.gov.cn/wxzl/gongbao/2000-12/10/content_5004332.htm。

制度、劳动保护制度、婚姻制度、教育制度等 14 项具体制度构成的二元经济社会结构。

1964 年 8 月，国秘字 369 号文规定：严格控制农村人口流向城镇和集镇人口流向城市，适当控制小城镇户籍人口流向大城市，其他城市户籍人口向京、沪两市迁移。① 1977 年 11 月，《公安部关于处理户口迁移的规定》中重申了 1958 年《户口登记条例》的有关规定，并进一步明确了"严加控制"农民流向城镇，农业户口变性为非农户口，一般城市市民迁入京、津、沪三地。"适当控制"镇民迁往城市，小城市市民流向大城市，广大农村村民流向城镇郊区。允许高等级城镇人口迁往低等级城镇和农村，允许同级别城镇之间和乡村之间的人口迁移。第一次正式提出严格控制户口"农转非"。② 随后，公安部又施加了另外一道"农转非"的紧箍咒——指标控制，明确规定每年每市镇允许办理户籍迁入手续的人数控制在该城镇"非农"户籍人口的 1.5‰，"农转非"户籍性质转换的政策与指标双重管理体制形成。③ 从 1958 年到改革开放之前，国家户籍制度基本思想一直控制着农村人口向城市的迁移。

1979 年 6 月，国发〔1979〕162 号文指出：必须继续贯彻从严控制城镇人口的方针，各级公安机关要切实加强对农业人口迁入城镇的控制工作，粮食部门要切实杜绝违反政策要求将集体性质的农村户籍就地转变为非农户口。所有达不到城镇入户条件或者不应转为非农业人口的，限期把户口、粮食关系退回去。④ 1981 年 12 月，国发〔1981〕181 号文指出：各级政府和相关部门要严格贯彻执行党的各项农村政策，引导农业富余劳动力就地开展多种经营，减轻城市人口压力，说服农民"不要往城里挤"。同时，要采行有效管控措施，切实做到严控农村人口进城找工作和农业户口变性为非农户籍。各级各地公安机关要严格遵循国发〔1977〕140 号文的相关举措和说明，严格掌控乡城人口流动迁移情况。粮食部门要严格审查商品粮的供给范围和对象，违反户口迁移政策的不予供给。⑤ 1984 年 10 月，《国务院关于农民进入集镇落户问题的通知》

---

① 《公安部关于处理户口迁移的规定（草案）》，《山西政报》，1964 年第 12 期，第 453～454 页。

② 万川：《当代中国户籍制度改革的回顾与思考》，《中国人口科学》，1999 年第 1 期，第 32～37 页。

③ 张英红：《户籍制度的历史回溯与改革前瞻》，《宁夏社会科学》，2002 年第 3 期，第 104～108 页。

④ 《国务院批转公安部、粮食部关于严格控制农业人口转为非农业人口的意见的报告》，http://www.gov.cn/zhengce/content/2018-05/30/content_5294750.htm。

⑤ 《国务院关于严格控制农村劳动力进城做工和农业人口转为非农业人口的通知》，《中国劳动》，1982 年第 2 期，第 2～3 页。

（国发〔1984〕141 号）允许符合特定"职住"、经营条件的农民落户集镇。这一规定打破了自 1958 年起日益收紧的乡城人口流动通道和只能平级或"向下"的户籍迁移原则。第一次在集镇层面允许户籍迁移的"向上"变动。① 自理口粮进集镇落户政策并未造成大规模农民涌入集镇的场景，据统计，自理口粮落户集镇的农业人口，截至 1986 年底是 163 万户（454 万人），1990 年底是 428 万人，1993 年底是 470 万人。②③ 1985 年 7 月，公安部《关于城镇暂住人口管理的暂行规定》给予全体公民在户口登记地点之外长期工作、生活、居留的权利，对 16 周岁以上的流动人口依据居留时间和居留缘由分别采行"暂住证"和"寄住证"管理。同年 9 月通过的《中华人民共和国居民身份证条例》规定公民可以使用身份证自证身份，办理相关事务。1989 年 10 月，国发〔1989〕76 号文指出：把"农转非"纳入国民经济和社会发展计划，实行计划管理。④ 1991 年，商业部、公安部联合发布的《关于自理口粮户口人员"农转非"办理户粮关系有关问题的通知》（商粮联字第 137 号文），解决了进镇落户农民的平价粮食供应问题。1992 年 8 月，公安部《关于实行当地有效城镇居民户口制度的通知》创造性地允许各省级单位在小城镇、经济特区范围级别内推出具有时代印记和商品性质且不受"农转非"指标限制的"蓝印户口"。"蓝印户口"标志着小城镇户籍政策进入"准入管理"时期。1997 年在全国近 400 个小城镇进行户籍改革试点。1997 年 6 月，《国务院批转公安部小城镇户籍管理制度改革试点方案和关于完善农村户籍管理制度意见的通知》（国发〔1997〕20 号）允许各省级单位在县级市以下范围内选择 10～20 个不等的小城镇试点符合特定"职住"条件的进镇农民入户城镇常住户口。从 1998 年开始，各地逐步开放小城镇户籍。新中国成立近 50 年颁布和实施的重要户籍政策如表 4—7 所示。

---

　① 李若建：《小城镇人口状况与小城镇户籍制度改革》，《人口与经济》，2002 年第 4 期，第 3～8 页。

　② 中华人民共和国公安部：《中华人民共和国全国分县市人口统计资料（1990 年度）》，群众出版社，1990 年。

　③ 姚秀兰：《论中国户籍制度的演变与改革》，《法学》，2004 年第 5 期，第 45～54 页。

　④ 《国务院关于严格控制"农转非"过快增长的通知》，http://www.gov.cn/zhengce/content/2011—09/07/ content _ 5972. htm。

表 4-7　新中国成立近 50 年重要户籍政策一览表

年份	政策	对农村人口迁移的影响
1951	《城市户口管理暂行条例》，使全国城市户口管理制度基本得到统一	划分
1953	《关于劝止农民盲目流入城市的指示》	限制
1957	《关于制止农村人口盲目外流的指示》	限制
1958	《中华人民共和国户口管理条例》	限制
1958	《关于精简职工和减少城镇人口工作中几个问题的通知》	限制
1962	《关于加强户口管理工作的意见》	严格限制
1964	《公安部关于处理户口迁移的规定（草案）》	严格限制
1977	《公安部关于处理户口迁移的规定》	严格限制
20 世纪80 年代初	国家调整"农转非"控制指标：由原来不超过当地非农业人口的 0.15％调整为 0.2％	改革松动
1984	《关于农民进集镇落户问题的通知》	改革松动
1985	《关于城镇暂住人口管理的规定》	改革松动
1985	《中华人民共和国居民身份证条例》	改革松动
1989	《临时身份证暂行规定》	改革松动
1989	《关于严格控制"农转非"过快增长的通知》	严格控制
1992	《关于实行当地有效城镇居民户口的通知》	改革试点
1993	国务院宣布自 1993 年 1 月 1 日起在全国放开粮油市场价格，停止粮票流通，宣布户籍与粮食供应脱钩等	改革松动
1997	《小城镇户籍管理制度改革试点方案和关于完善农村户籍制度的通知》	改革松动
1998	《关于解决当前户口管理工作中几个突出问题的意见》	改革松动

资料来源：王伟、吴志强：《基于制度分析的我国人口城镇化演变与城乡关系转型》，《城市规划学刊》，2007 年第 4 期，第 39～46 页。

　　农民自身要求加入城市化进程的需求强烈。据统计，在 1992 年全国的"卖户口"热潮中，自愿购买县以下城镇居住权的非正式户口的农民达数百万人。① 改革开放 20 年间，党和国家在坚持严格控制大中城市人口和农村人口流向城市的同时，逐步放开了农村人口在小城镇落户的闸门，形成了农村人口向小城镇就地转移的制度动力。

第四节　政策企业家和政策之窗

积极发展小城镇政策盛行的 20 年中，以费孝通为代表的"政策企业家"充分利用自己的学者型专家职位，准确、恰当地界定小城镇问题实质，以及渐进式地发展策略成功地使该政策通过了"政策之窗"，并长久保持。政策之窗体现出"常规型"和"溢出型"的特质，耦合逻辑遵循问题寻找答案的"随之而来"模式。

一、政策企业家

作为积极发展小城镇政策的代言人，费孝通展示了一位"政策企业家"应有的魅力：充分利用学者型官员的优势，顺利打通科研、咨询、决策、实践四个环节；准确、恰当地界定小城镇问题的实质，实现了与主政者的思想合流；内生于传统的渐进式小城镇发展路径，贴近了改革开放 20 年间的经济社会现实。

首先，费孝通利用其学者型官员的身份，顺利打通了科研、咨询、决策、实践四个环节。从学者开始，及至后半生，费孝通既一面依然为学者，同时又走上了重要的政治岗位。他巧妙地使学术活动和政治活动得以两全。②

《小城镇　大问题》一文于 1983 年发表后，受到各方高度关注。长时间的政府任职以及与政府高层决策者的互动，使得积极发展小城镇政策在改革开放以后保持了 20 余年的热度。

其次，费孝通准确、恰当地界定了小城镇问题的实质，实现了与主政者的思想合流。改革开放之后，费孝通先生三访江村之时，敏锐地观察到小城镇兴旺发达的秘密在于苏南农民利用集体积累兴办乡镇企业，实现广大农民"吃

---

① 国家体改委中国小城镇课题组：《体制变革与中国小城镇发展》，《中国农村经济》，1996 年第 3 期，第 11~16 页。

② ［日］鹤见和子：《内发型发展论的原型——费孝通与柳田国男的比较》，江苏人民出版社，1991 年，第 61 页。

饱、穿暖、有钱花"的朴素梦想和急切参与工业化进程的愿望，这无疑与改革开放所确立的转到经济建设上来的思路不谋而合，发展小城镇之路就是富裕农民之路。关于苏南小城镇的就业模式和人口流动模式，费孝通先生准确提炼出"离土不离乡"和"离乡不背井"两种兼业模式和小城镇"人口蓄水池"的思想，这与当时二元经济社会背景下，控制农村剩余劳动力流入城市的政府思维再一次高度契合，发展小城镇之路就是就地转移农村剩余劳动力之路。

再次，费孝通倡导的内生于传统文化的渐进式工业化道路，契合了改革开放头20年的经济社会现实。费孝通以中国小城镇最发达的苏南地区为切入点开展实地调查。当农村、小城镇的工业化问题作为第六个五年计划（1981—1985年）的重要措施之一，被提到日程上来时，以沿海14个城市的技术开发区以及深圳、汕头、珠海等经济特区为中心的工业技术现代化，正处于方兴未艾阶段，这是引用外资及国外尖端、先进技术的外发型的大型开发计划。另外，中国人口的80％当时均为农村人口，而其中占很大比重的农村居民尚不能直接接受城市型的大规模工业化的思想。因此就打算在农村与小城镇相连接的地区，以当地拥有的小资本，结合居民的需要，依靠居民的智慧和创造力，兴办小规模的工业。通过内发型工业化的开展，来提高农村居民的经济和文化生活，也可以防止农村人口向大城市外流。他建议，这种内发型的工业化，应与外发型的大规模的工业化同时并存，相辅相成。

最后，费孝通从小城镇到区域经济再到全国一盘棋的思想，保证了小城镇政策在政府政策议程上的关注度。从苏南五个小城镇（震泽镇、盛泽镇、松陵镇、同里镇、平望镇）的类型划分到乡镇企业带动的苏南模式，从苏南模式到温州模式、珠江模式、侨乡模式、民权模式，之后又从模式研究扩展到黄河上游经济带、长江经济带的区域经济设想，最后达致以东支西、以西资东的"全国一盘棋"思想。以小城镇为起点走向全国一盘棋的思路，有力提升了小城镇在经济社会发展中的重要地位。

二、政策之窗

本书将政策之窗划分为常规型、溢出型、自由裁量型和随机型四种类型。积极发展小城镇政策阶段的政策之窗类型突出表现为"常规型"和"溢出型"两种政策之窗类型。

1978年4月，第三次全国城市工作会议确立"控制大城市规模，合理发展中等城市，积极发展小城镇"①的思想；1998 年 10 月，中共十五届三中全会确立"小城镇 大战略"的指导思想。改革开放 20 年来，积极发展小城镇的政策表述不断出现在党的历次全会、中央城市工作会议和城市规划工作会议、中央农村工作会议和国务院相关部门尤其是户籍主管部门的规范性文件中。积极发展小城镇政策在这些常规型的党和国家的中央级别会议和文件中的长久停留和一以贯之的指导思想清晰表明了本阶段"常规型"政策之窗的属性。

改革开放之后，1982 年中央一号文件充分肯定了农村"包产到户"的伟大创举，将劳动支配权还给广大农民，充分调动了广大农民的劳动积极性。1982—1986 年，中央连续五年都以一号文件的形式明确肯定家庭联产承包责任制。②家庭联产承包责任制所开启的农民支配自己劳动的政策实践的一个自然"溢出"就是将农民支配自己的劳动经商办企业的权力还给农民，这也就是邓小平同志所讲的"放活农村经济"，放活的范围由农业劳动自然蔓延到了工商业劳动。所以，这一阶段的政策之窗同时具有了"溢出型"政策之窗的特质。

三、耦合逻辑

扎哈里亚迪斯关于问题之窗与源流耦合逻辑之间的关系假定为：当"问题之窗"开启时，耦合遵循问题寻找答案的"随之而来"模式；当"政治之窗"开启时，耦合遵循方案寻找问题的"教条"模式。积极发展小城镇阶段的耦合逻辑遵循的是"问题之窗"开启时，问题寻找答案的"随之而来"模式，因为这一阶段并不存在一个成熟的"答案"在等待附着其上的问题。

1978 年 12 月 13 日，邓小平同志在《解放思想，实事求是，团结一致向前看》的讲话中确立了"局部试点—持续改进—全国推广"的改革逻辑指导思路。③1987 年 11 月，邓小平指出："我们现在所干的事业是一项新事业，马克思没有讲过，我们的前人没有做过，其他社会主义国家也没有干过，所以，没有现成的经验可学。我们只能在干中学，在实践中摸索。"④

---

① 《从城镇化到城市化：中国城市化 37 年路线图》，http://finance.sina.com.cn/china/gncj/2015 −12−30/ doc−ifxmykrf2649736.shtml。

② 《中国农民的伟大创造》，http://www.xinhuanet.com/2019−10/12/c_1125097094.htm。

③ 邓小平：《邓小平文选（第 2 卷）》，人民出版社，1994 年，第 150 页。

④ 邓小平：《邓小平文选（第 3 卷）》，人民出版社，1993 年，第 258~259 页。

这也就是改革开放中中国共产党奉行的"摸着石头过河"的逻辑，问题和试验在前，规范和总结在后，政策跟着问题走。1987 年 6 月，邓小平指出："农村改革中，我们完全没有预料到的最大的收获，就是乡镇企业发展起来了，异军突起。这不是我们中央的功绩。乡镇企业的发展，解决了占农村剩余劳动力百分之五十的人的出路问题。农民不往城市跑，而是建设大批小型新型乡镇。这是我个人没有预料到的，许多同志也没有预料到，是突然冒出这样一个效果。"[1]

费孝通指出："从现实生活出发提炼研究成果，学术成果反过来更好地促进现实发展是我一以贯之、行之有效的工作方针。工业下乡、发展乡镇企业都不是我的创造，而是中国历史上发生的事实。我作为一个研究工作者只是抓住这个历史事实进行分析、表达和传播，使人们能够理解其在社会发展中的正面和反面的作用，从而通过对社会舆论的影响，对社会客观进程发生影响。"[2]这也再一次印证了，费孝通经典内生式小城镇发展理论是对改革开放以后，农民为了解决温饱问题，自发兴办乡镇企业，积极发展小城镇的生动实践的反映，而绝非某一预设理论在中国大地上的实践。

第五节　本章小结

如图 4-23 所示，1978—1999 年，我国的小城镇发展政策展现出典型的"积极发展"特征。积极发展政策的转向是问题流、政策流、政治流不断成熟，并在政策企业家的倡导之下，推开政策之窗实现政策变迁的过程。

---

① 邓小平：《邓小平文选（第 3 卷）》，人民出版社，1993 年，第 238 页。
② 费孝通：《中国城乡发展的道路——我一生的研究课题》，《中国社会科学》，1993 年第 1 期，第 7 页。

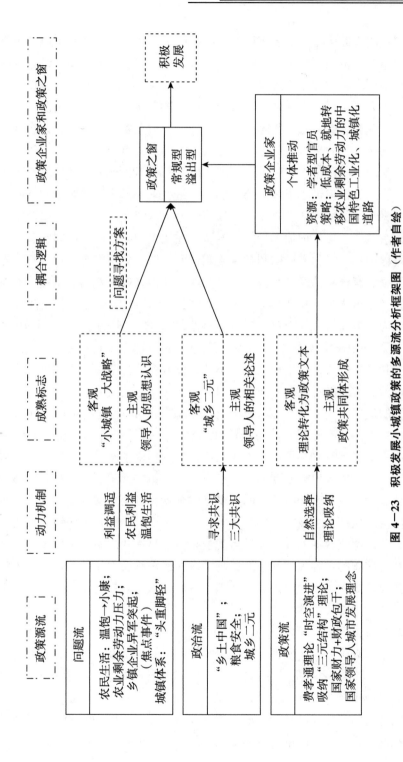

图 4—23　积极发展小城镇政策的多源流分析框架图（作者自绘）

从问题流方面来看，主要有四大问题：一是农民总体生活水平由"半饥半饱"到"温饱"再到"小康"过渡。生活水平提高引发了改善基础设施水平和建筑风貌的需求，增加了商品流通的需求，从而产生了积极发展小城镇的动力。二是"人地关系"紧张和农业劳动生产率提高所产生的农业剩余劳动力压力。大量农业剩余劳动力在紧闭的城门之外，被迫在农村兴办工业，客观上需要大量小城镇来承载。三是作为"焦点事件"的乡镇企业异军突起，作为特殊历史条件下的"农民创造"，乡镇企业的蓬勃发展有力推动了农村的工业化和城镇化进程，直接促进了小城镇的发展。四是"崇大抑小"的城市方针所造就的"头重脚轻"的城镇体系，在相对均质化的中国农业社会，亟须向金字塔形的城镇体系转变，需要增加大量的小城镇。在四大问题所驱使的问题源流向前流动的过程中，市民和农民的利益碰撞调试，在城乡分割的历史背景下，农民吃饱、穿暖、有钱花的经济利益诉求只能通过就地兴办工业和小城镇从而参与到工业化和城市化进程中来实现。这一时期，问题流成熟的标志从客观上来看，表现为中央政策文件中对于积极发展小城镇的系列表述，尤其是1998年10月十五届三中全会所确立的"小城镇·大战略"方针；从主观方面来看，表现为党和国家领导人对于积极发展小城镇以改变农村落后面貌的思想认识。

从政治流方面来看，一方面是党的十一届三中全会所确立的"以经济建设为中心"的理念及随后对家庭联产承包责任制和乡镇企业两大农民创造的认可，由计划经济向有计划的商品经济和社会主义市场经济体制改革的整体嬗变，为广大农民通过兴办小城镇参与工业化进程提供了政治合法性。另一方面是在二元分割的城乡户籍制度之下逐步放宽小城镇户籍限制，为小城镇蓬勃发展提供了制度环境。政治源流中的共识是中国特色社会主义制度的确立，小城镇成为中国特色社会主义和中国社会主义市场经济、中国特色城镇化道路的典型代表。政治源流成熟的标志，从客观上来看，是中央政策文本中关于城乡二元经济社会体制的系列表述和小城镇带动农村经济社会发展的阐述；从主观上来看，是时任党和国家领导人关于乡镇企业和小城镇发展对于带动农村经济社会发展重要性的相关论述。

从政策流方面来看，费孝通的经典内生式小城镇发展理论，从确立"类别、层次、兴衰、分布、发展"十字研究课目开始，到提出"工业下乡""农工相辅""离土不离乡"的"苏南模式"，再到"温州模式""侨乡模式""民权模式"和区域经济、全国一盘棋思想的时空演进，20余年的持续跟踪研究契合了中国特有的三元经济社会特征，逐渐在政策原汤中沸腾起来。费孝通小城镇发展理论一是契合了改革开放初期国家财力有限的经济环境和财政包干体制下地方政府通过兴办乡镇企业建设小城镇充盈地方财政的经济动力；二是契合了马恩经典著作中关于"均衡城镇化""反城镇化"的论点，改革开放前囿于国际形势所作的均衡生产力布局决策，以及邓小平同志非均衡城市化思想；三是也与"生产城市"思想指导下控制大城市规模的"思想惯性"相契合。这一时期，费孝通小城镇思想占据理论制高点是在20年的思想市场中，理论不断流变，科研、咨询、决策、实践相互激荡的结果。政策源流成熟的标志，从客观上来看，是费孝通"小城镇　大问题"思想在党和政府的会议、文件中被吸纳为"小城镇　大战略"；从主观上来看，是以邓小平同志为代表的党和国家领导人对于城市的认识由"生产城市"向"消费城市"逐渐转变，逐步摆正"骨头和肉"的关系的过程。

从政策企业家方面来看，鉴于费孝通先生在小城镇政策研究和推动小城镇政策制定上的持续和卓越贡献，这一时期的政策企业家带有个体推动特征。费孝通先生因为其特有的"学者型官员"的身份，不断推动实践探索、理论研究向政策文件转化，他所倡导的内生式小城镇发展理论可以归结为一条"低成本、就地转移农业剩余劳动力的中国特色工业化、城镇化道路"。因其理论相融于改革开放前20年的地方文化传统、经济条件、政治体制，从而极具"中国特色"，总体相融于中国特色社会主义制度。

从政策之窗的类型来看，积极发展小城镇政策写入党和国家政策文件的"机会"，既有党的历届全会、中央城市工作会议、中央农村工作会议、一号文件，又有政府出台的行政法规、"五年规划"，户籍、财税、土地等领域的行政规章，这些都是"常规型"政策之窗。同时，家庭联产承包责任制所推开的农村生产力改革政策之窗的溢出效应和乡镇企业异军突起所推开的农村就地工业化政策之窗的溢出效应，有效推动了积极发展小城镇的农村就地城镇化政策之窗。

从耦合逻辑方面来看，积极发展小城镇政策阶段的耦合逻辑，遵循"实践基础上的理论创新"（摸着石头过河）逻辑，属于"问题之窗"开启时，问题寻找答案（方案）的"随之而来"模式。

第五章　重点发展小城镇政策
阶段的多源流分析

重点发展小城镇政策阶段肇始于世纪之交，2000 年 6 月，《中共中央　国务院关于促进小城镇健康发展的若干意见》（中发〔2000〕11 号）明确指出：城镇化道路要由"控大促小"转向"均衡论"。要优先发展已经具有一定规模、基础条件较好的小城镇。重点发展现有基础较好的建制镇。① 文件释放了两个明确信号：一方面不再提严格限制大城市，另一方面小城镇发展的航向由"积极发展"转向"重点发展"。2000—2015 年间，与小城镇发展相关的财税体制、户籍制度、工农城乡关系、生态环保、公共服务、土地制度、城镇化战略等相关制度体系发生巨大转变。

第一节　问题流

根据第三章的文本分析结果，积极发展小城镇政策阶段所面临的问题主要有如下三点：（1）城镇化的速度与质量之间的矛盾，突出表现为人口城镇化滞后于工业化和非农化，人口城镇化滞后于土地城镇化，户籍人口城镇化滞后于常住人口城镇化，"半城镇化"现象明显。（2）大规模流动人口和农民工群体对流入地的公共服务需求问题和流出地的农村空心化、留守儿童和空巢老人等问题。（3）乡镇企业规模偏小、布局分散、环境污染和"离农倾向"问题，相应的小城镇发展面临规模偏小、浪费土地和财政资金不足问题。

---

① 《中共中央　国务院关于促进小城镇健康发展的若干意见》，《城乡建设》，2000 年第 8 期，第 4~6 页。

一、城镇化速度和质量问题

自千禧年伊始,"十五"计划提出"要不失时机地实施城镇化战略"以来,"城镇化"首次上升为中国的国家战略。[①]

肖金成将我国改革开放 40 年的城镇化历程划分为 1978—2000 年的被动城镇化阶段和 2000 年之后的主动城镇化阶段。[②] 苏红键、魏后凯根据城镇化率标准将我国的城镇化划分为三个阶段:1978—1995 年的初级阶段,城镇化率由 17.9% 提升到 29%,年均增长 0.65%,临近 30% 的分界点。1995—2010年的快速推进阶段,城镇化率由 29% 提升到 50%,年均增长 1.39%,达到50% 的分界点。2010—2017 年的快速推进但速度放缓阶段,城镇化率由 50%提升到 58.5%,年均增长 1.22%。[③]

根据城镇化的内涵特征,改革开放 40 年的城镇化历程可以划分为四个阶段:第一阶段是 1978—1991 年间,以就近城镇化为主要特征的缓慢推进阶段,农民外出务工以"离土不离乡"和"进厂不进城"为主要特征,国家奉行"控大促小"的城市发展战略。第二阶段是 1992—2001 年间,就近城镇化与异地城镇化并存的城镇化速率"由慢转快"阶段,农村富余劳动力逐步跨出镇界、县界、省界,拉开了区域间、城乡间人口大规模迁移的序幕,国家奉行"严格控制大城市规模,合理发展中等城市和小城市"的城市发展方针。第三阶段是2002—2011 年间,城镇化快速推进,以异地城镇化为主,强调市场在配置劳动力资源中的作用,奉行"大中小城市和小城镇协调发展",实际追求大城市扩张的方针。[④] 第四阶段是 2012 年至今,以就地城镇化与异地城镇化并重为特征的快速推进但速度放缓阶段,"不完全城镇化"现象严重,国家奉行城市发展"协调论"和强调小城镇特色发展和乡村振兴的战略。

改革开放以来,我国城镇化率由 1978 年的 17.92% 增长到 2018 年的59.58%[⑤],40 年间增长了 41.66%,年均增长 1.04%。常住人口城镇化率快速提升的背后隐藏着我国城镇化质量不高的深层次问题。

---

① 肖金成:《改革开放以来中国特色城镇化的发展路径》,《改革》,2008 年第 7 期,第 5~15 页。
② 肖金成:《中国城镇化四十年》,《中国金融》,2018 年第 18 期,第 32~34 页。
③ 苏红键、魏后凯:《改革开放 40 年中国城镇化历程、启示与展望》,《改革》,2018 年第 11 期,第 49~59 页。
④ 李培林:《小城镇依然是大问题》,《甘肃社会科学》,2013 年第 3 期,第 1~4 页。
⑤ 国家统计局:《中国统计年鉴(2019)》,中国统计出版社,2019 年,第 31 页。

第一，人口城镇化滞后于工业化和非农化。从国际城镇化历程来看，城镇化率与工业化率合理比值为 1.4～2.5。[①] 如图 5-1 所示，1978—2018 年间，我国城镇化率与工业化率的比值长期徘徊在合理区间之外，由 1978 年的 0.41 逐步提升，直到 2013 年才达到 1.44，刚刚步入合理比值区间，2018 年为 1.76。城镇化率与非农化率之间的差距长期存在，由 1978 年的 11.58% 逐步增长到 1996 年的 19.02% 的峰值，之后逐渐下降到 2003 年的 10.37%，再回升到 2018 年的 14.32%。城镇化率与非农化率之间的长期偏离代表着农民的"身份转换"滞后于"工作转换"。

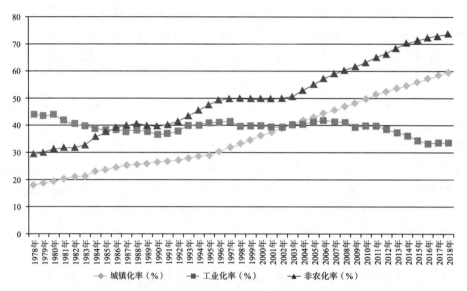

图 5-1　1978—2018 年间我国的城镇化率、工业化率和非农化率

数据来源：国家统计局：《中国统计年鉴（2019）》，中国统计出版社，2019 年。

第二，人口城镇化滞后于土地城镇化。全国人均城乡建设用地从 2000 年的 152.8m²/人快速增长到 2010 年的 175.5m²/人。2000 年以来，土地城镇化率以年均 3.8% 的速度递增[②]，同期人口城镇化率年均提升 1.3%，土地城镇化率接近人口城镇化率的 3 倍。

第三，户籍人口城镇化滞后于常住人口城镇化。2016—2018 年，全国常

---

① 赵文丁：《加快河北省城镇化进程的思考》，《探索与求是》，2003 年第 7/8 期，第 60～61 页。

② 潘家华、魏后凯：《城市蓝皮书》，社会科学文献出版社，2009 年，第 56 页。

住人口城镇化与户籍人口城镇化的差额分别是 16.15％、16.17、16.21％。[1][2]
大量农村人口进入城市之后，仍然持有农村户籍，不能享受常住地的福利待遇
和公共服务。

纵观全球城镇化进程，一些典型国家都经历过一些相对较快的发展阶段
（城镇化率在 30％～70％之间，称为快速城镇化阶段）。早期的英国、德国、
法国和美国等，快速城镇化阶段均持续长达 100 年左右的时间，城镇化率年均
增幅在 0.5％左右。20 世纪 30 年代以后开始快速城镇化的日本、俄罗斯（包
括苏联）、巴西、墨西哥和韩国等国，其快速城镇化阶段大多仅持续了 50～60
年的时间，城镇化率年均增幅在 1％左右。我国城镇化自 20 世纪 90 年代中期
以来进入快速发展时期，与其他发展中国家相比，速度更快，速度与质量之间
的矛盾也较早地凸显出来。

二、流动人口（农民工）问题

2018 年，全国人户分离人口 2.86 亿人，全国流动人口 2.41 亿人，全国
农民工总量 28836 万人，其中外出农民工 17266 万人。[3]改革开放 40 年，我国
流动人口的数量迅猛增长，从 1982 年的 657 万（占全国总人口的 0.66％）增
长到 2014 年的 2.53 亿人（占全国总人口的 18.5％）；1982—2014 年间，流动
人口总量增长了 37.5 倍，年均增长 1.17 倍。具体数据如图 5－2 所示。
1990—2010 年间，流动人口增速迅猛，2014 年到达流动人口峰值 2.53 亿人之
后，绝对数量和人口占比开始出现小幅回落。

---

[1]　国家统计局：《中华人民共和国 2017 年国民经济和社会发展统计公报》，http：//www. stats.
gov. cn/tjsj/zxfb/201802/t20180228＿1585631. html。

[2]　国家统计局：《中华人民共和国 2018 年国民经济和社会发展统计公报》，http：//www. stats.
gov. cn/tjsj/zxfb/201902/t20190228＿1651265. thml。

[3]　国家统计局：《中华人民共和国 2018 年国民经济和社会发展统计公报》，http：//www. stats.
gov. cn/tjsj/zxfb/201902/t20190228＿ 1651265. html。

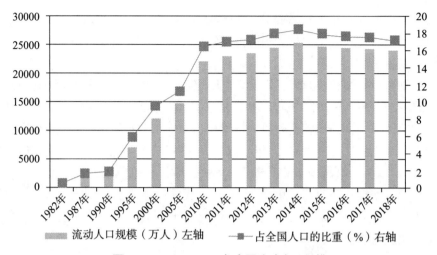

图5-2　1982—2018年全国流动人口规模

数据来源：1982—2010年的数据来自：段成荣、吕利丹、邹湘江：《当前我国流动人口面临的主要问题和对策》，《人口研究》，2013年第2期，第17～24页。

2010年之后的数据来自：国家统计局：《中国统计年鉴（2019）》，中国统计出版社，2019年。

大规模流动人口在为国家社会经济发展做出巨大贡献的同时，其自身及家庭的生存和发展状况也得到了较大改善。同时，流动人口仍然面临诸多问题，包括就业、就医、定居、子女入托入学等方面的实际困难。

作为流动人口中的主力军，"农民工"的规模从1985年的接近6000万，到1995年的1.34亿，再到2018年的2.88亿，实现了飞跃式增长。自2008年国家统计局发布年度农民工监测统计数据10年来，我国农民工和外出农民工总量稳步增长，农民工总量由2008年的22542万人持续增长到2018年的28836万人，外出农民工总量由2008年的14041万人持续增长到2018年的17266万人。从增长速度来看，外出农民工增速慢于农民工总量增速，具体如图5-3所示。

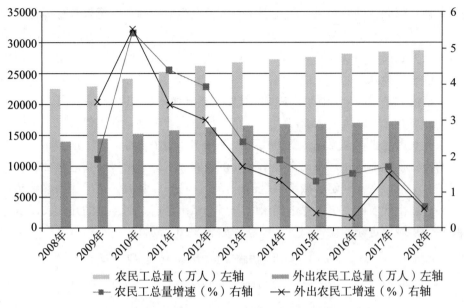

图 5-3　2008—2018 年全国农民工规模

数据来源：根据国家统计局历年《农民工监测报告》整理。

2017 年，1980 年及以后出生的"新生代农民工"逐渐成为农民工主体，占全国农民工总量的 50.5%，成为农民工群体中的主力军。纵观 10 年农民工监测数据，可以得出以下结论：第一，从农民工基本特征来看，男性农民工占主体，但女性和有配偶农民工占比不断提高；50 岁以上农民工占比逐年提高，本地农民工平均年龄高于外出农民工平均年龄；农民工整体的学历和受教育水平逐年提升。第二，从农民工流入地特征来看，以流入东部地区为主，但流入中西部地区的农民工数量逐年提高；跨省流动农民工逐年减少；举家外出农民工数量逐年增多；跨省流动农民工主要流入大中城市，省内流动农民工主要流入小城镇（2013 年，跨省流动农民工在直辖市、省会城市、地级市和小城镇就业的比例是 144.4%、22.6%、39.6%、22.5%；省内流动农民工的比例分别是 3.3%、21.5%、28.1%、47.1%。2015 年，跨省流动农民工在直辖市、省会城市、地级市和小城镇就业的比例是 15.3%、22.6%、42.1%、19%；省内农民工流动的比例分别是 3%、22.5%、29.1%、45.4%）。第三，从农民工就业状况来看，第三产业就业比例不断提高，2018 年占比过半，达到 50.5%；农民工月收入水平稳定增长，外出农民工平均收入水平高于本地农民工；自营方式就业的农民工比重提高，2014 年占比 17%。第四，进城农民工居住状况方面，人均居住面积、享受保障性住房的比例不断提高，居住设施不断完善。第五，进城农民工随迁子女教育情况方面，随迁儿童教育总体得到较好保障，总体不受歧视，本地升学入园难、费用高等教育问题仍然突出。第六，进城农民工的社会融入状况方面，进城农民工城镇归属感较稳定，组织化程度进一步提高。

清华大学 2010—2013 年中国城镇化调查表明：超过 70％的农民工表示不打算回乡就业，绝大多数农民工不再打算从事农业劳动，新生代农民工中愿意回家务农者更是寥寥无几。新生代农民工基本不懂农业生产，"亦工亦农"兼业的比例很低。居住意愿调查显示：大多数农民工仍然希望回到地级市和县城居住、生活。在不同定居城镇层级的选择上，选择在县城和镇居住的群体超过50％，新生代农民工更愿意选择层级较高的城市定居，而年长的几代农民工选择在中小城镇定居的比例则更高。具体如表 5-1 所示。[①]

表 5-1 各出生组农民工定居城镇层级选择

出生年代	镇	县城	地级市	省会城市	直辖市	合计
20 世纪 90 年代	13.7％	32.3％	27.1％	22.3％	4.5％	100.0％
20 世纪 80 年代	17.7％	35.0％	24.5％	16.7％	6.2％	100.0％
20 世纪 60—70 年代	23.1％	36.6％	17.5％	16.6％	6.2％	100.0％
20 世纪 50 年代及以前	26.7％	30.2％	20.7％	14.7％	7.8％	100.0％

巨量的"候鸟式"迁徙的农民工在流入地面临的主要问题是公共服务供给问题，同时带给流出地的巨大挑战包括农村空心化问题、农村留守儿童问题、空巢老人问题等社会和管理问题。全国首次农村留守儿童摸底排查数据显示，截至 2016 年 7 月底，共有留守儿童 902 万；截至 2018 年 8 月底，共有留守儿童 697 万，下降 22.7％。数量下降的主要原因是：农民工随迁子女数量增加，返乡创业父母人数增加，农民工落户城镇人数增加。[②] 2012 年，我国空巢老人数量高达 0.99 亿人，2013 年突破 1 亿人大关。[③]

2000 年以后，农民工流动呈现多元化与多元推动特征。[④] 2001 年，"十

① 李强、张晓山、葛延风等：《中国特色新型城镇化发展战略研究（第四卷）》，中国建筑工业出版社，2013 年，第 23～24 页。
② 民政部：《2018年农村留守儿童数据》，http://www.mca.gov.cn/article/gk/tjtb/20180900010882.shtml。
③ 吴玉韶：《中国老龄事业发展报告（2013）》，社会科学文献出版社，2013 年，第 3 页。
④ 宁夏、叶敬忠：《改革开放以来的农民工流动——一个政治经济学的国内研究综述》，《政治经济学评论》，2016 年第 1 期，第 43～62 页。

五"计划纲要提出：消除农民工进城务工的不合理限制，引导农村富余劳动力在城乡、地区间的有序流动。

三、小城镇"低、小、散、同、弱"问题

20 世纪 80 年代和 90 年代中期，在过了黄金发展时期[①]之后，乡镇企业满足广大农民"急、快、小、零、杂、难"[②] 的生活需求，带动农村工业发展，"以工补农、以工建农"，吸纳农村剩余劳动力的历史作用式微。伴随乡镇企业改制而来的是，乡镇企业规模偏小、布局分散、产业低端、污染环境和离农倾向问题逐步凸显。

乡镇企业面临的第一个问题是产业集聚度不高，企业规模偏小。全国乡镇企业 2006 年人均固定资产总值 5.3 万元，人均固定资产净值 4.01 万元；人均总产值 17.02 万元，人均营业收入 16.81 万元；人均上缴税金 4200 元，劳动者年人均报酬 8400 元。[③] 乡镇企业大多是"就地取材、就地加工、就地销售"的"五小工业"。

乡镇企业面临的第二个问题是"村村点火、户户冒烟"的布局分散问题。据统计，1992 年，乡镇企业 80％分布在村落，12％分布在乡镇，只有 1％分布在县城。[④] 1997 年全国第一次农业普查资料显示，1996 年底全国乡镇企业 1.6％分布在大中城市，3.4％分布在县城，20.5％分布在乡镇，74.5％分布在村落，乡镇企业布局高度分散。[⑤]

乡镇企业面临的第三个问题是环境污染问题。乡镇企业的技术低下，导致其污染物排放总量偏高且处理能力偏低，同时布局分散导致其污染不易被人察觉且治理成本偏高，"一个工厂污染一条河"的现象大量存在。1995 年乡镇企

① 陈光把中国乡镇企业的发展历程总结为"四个高峰"和"三个低潮"。所谓"四个高峰"是指：1980 年《关于发展社队企业若干规定》的推动；1984—1985 年，国务院《关于发展乡镇企业新局面的通知》的推动；1988 年加快改革的促动；1992 年邓小平南方讲话的促动。所谓"三个低潮"是指：1981 年国民经济调整，1986 年纠正四个失控，1990 年国民经济治理整顿。参见：陈光：《小城镇发展研究》，天津人民出版社，2000 年，第 133 页。
② 陈光：《小城镇发展研究》，天津人民出版社，2000 年，第 109 页。
③ 孔祥智、盛来运：《中国小城镇发展报告（2009）》，中国农业出版社，2010 年，第 129 页。
④ 辜胜阻：《解决我国农村剩余劳动力问题的思路与对策》，《中国社会科学》，1994 年第 5 期，第 59~66 页。
⑤ 王玉华：《中国乡镇企业的空间分布格局及其演变》，《地域研究与开发》，2003 年第 1 期，第 26~30 页。

业造成的生态破坏与环境污染损失达 613 亿元。[①]

乡镇企业面临的第四个问题是"离农倾向"问题。20 世纪 90 年代中后期，伴随着乡镇企业的股份合作制改造，乡镇企业中个体私营经济占比过半，外向型经济发展强劲，带来的后果是"离农倾向"逐渐增强。具体表现为：产业结构调整中，乡镇企业的支农为农项目减少。1996—1998 年，乡村办集体企业中，农业企业个数减少了 34.63%；以农产品为原料的轻工业，个数减少了 33.9%。个体私营企业支农力量下降。1998 年，个体私营企业支农资金占营业收入的比例只有 0.125%（集体企业 0.168%）。乡镇企业转型升级弱化了其劳动力吸纳能力。乡镇企业向小城镇和工业区集中，空间上离开了农业和农村。乡镇企业提取的支农资金比例逐年减少。1978—1994 年，乡镇企业支农资金占企业总利润的比例由 29.85% 下降到 5.25%；1996—1998 年，乡镇企业提供的支农资金由 80.2 亿减少到 64.5 亿。[②]

20 世纪末期，处于改革十字路口的乡镇企业面临吸纳劳动力能力减弱，"游击队"式经营的局限，优惠政策消失，乡企经济中的非集体部分的规范化，"企业办社区"的包袱等问题。

作为小城镇产业基础的乡镇企业所面临的困境，不可避免地导致小城镇建设和发展中所展现出来的小城镇人口集聚规模偏小，用地规模偏大和土地利用效率偏低，环境污染和财政投入与公共服务提供不足等问题。有学者将其归结为脏乱差费[③]和低、小、散、同、弱[④]问题。

城镇人口规模大于 2 万时，小城镇的集聚效应形成，人口规模超过 5 万人时可以对周边乡镇的经济和社会发展起到明显的带动作用。[⑤] 1985—2002 年是小城镇人口规模快速发展时期。2002 年停止了建制镇的设置工作，同时开始了大面积的乡镇合并工作，导致小城镇人口规模迅猛增加。2004 年每个小城镇的人口为 4949 人，到了 2008 年增加到 5531 人，该时期是小城镇人口规模

---

① 刘健、吴志阳：《乡镇企业在农村可持续发展中的作用》，《山东环境》，1999 年第 3 期，第 59～60 页。

② 卢文：《关于乡镇企业"离农倾向"的探讨》，《农业经济问题》，2000 年第 2 期，第 26～29 页。

③ 朱通华：《小城镇建设与中国城市化道路》，《经济社会体制比较》，1990 年第 2 期，第 60～63 页。

④ 石忆邵：《中国新型城镇化与小城镇发展》，《经济地理》，2013 年第 7 期，第 47～52 页。

⑤ 袁中金：《中国小城镇发展战略》，东南大学出版社，2007 年，第 83 页。

增加速度最快的时期。[①]

改革开放以后，我国小城镇镇域人口规模总体呈上升趋势。应《中共中央　国务院关于加强农村基层政权建设工作的通知》（中发〔1986〕22号）要求，各地陆续开展撤区（公所）并乡建镇工作之后，镇人口规模逐渐扩大。如表5-2所示，1987年9121个建制镇的总人口23666万人（平均每个镇25946人），1995年建制镇数量增长到17532个（平均人口规模32751人），2013年建制镇总人口攀升到78491万人。

表5-2　1978—2013年全国建制镇总人口的演变

年份	总人口（万人）	年份	总人口（万人）	年份	总人口（万人）
1978	5316	1990	26302	2002	42100
1979	5556	1991	27171	2003	43201
1980	5693	1992	33660	2004	43560
1981	5840	1993	32654	2007	76239
1982	6216	1994	31612	2008	76600
1983	6228	1995	35063	2009	77420
1984	13447	1996	34770	2010	77700
1985	16633	1997	35653	2011	77978
1986	20369	1998	36733	2012	78491
1987	23666	1999	37637	2013	78491
1988	23844	2000	39703		
1989	25493	2001	42311		

资料来源：根据历年《中国人口和就业统计年鉴》数据整理，2007年后统计口径由县属镇变为建制镇。

县属建制镇的规模普遍偏小，全国第一次小城镇抽样调查（1996）数据显示，县城关镇人口5万~10万的占31.9%，3万~5万的占30.6%。非城关镇人口1万以下的占65.76%，1万~3万的占28.79%，5万以上的仅占6%。[②]

---

① 王文录、赵培红：《改革开放30年我国小城镇的发展》，《城市发展研究》，2009年第11期，第34~38页。

② 国家体改委小城镇课题组：《建国以来第一次全国小城镇抽样调查工作综述》，《小城镇建设》，1997年第10期，第4~6页。

　　1984 年设镇标准调低了非农业人口指标，确立了以乡建镇新模式，导致镇非农业人口比重断崖式下跌，由 1983 年的 72.00％下降到 1984 年的 38.90％。从县辖镇的数据看，非农业人口总量持续上升，由 1978 年的 4039 万人逐年递增到 2013 年的 18847 万人；镇非农业人口比重先降后升，如表 5－3 所示，从 1978 年的 76.00％下降到 2001 年的 19.40％，再稳步提升到 2013 年的 24.01％。

表 5－3　1978—2013 年全国建制镇非农业人口的演变

年份	非农业人口（万人）	非农业人口占总人口的比例（％）	年份	非农业人口（万人）	非农业人口占总人口的比例（％）
1978	4039	76.00	1995	6980	19.90
1979	4275	76.90	1996	6879	19.80
1980	4415	77.60	1997	7045	19.80
1981	4492	76.90	1998	7230	19.70
1982	4579	73.70	1999	7474	19.90
1983	4482	72.00	2000	7850	19.80
1984	5228	38.90	2001	8201	19.40
1985	5721	34.40	2002	8536	19.90
1986	5936	29.10	2003	8999	20.83
1987	6143	26.00	2004	9174	21.06
1988	6033	25.30	2007	17386	22.80
1989	6236	24.50	2008	17574	22.94
1990	6385	24.30	2009	18105	23.39
1991	6536	24.10	2010	18110	23.31
1992	6770	20.10	2011	18463	23.68
1993	6683	20.50	2012	18847	24.01
1994	6488	20.50	2013	18847	24.01

　　资料来源：根据历年《中国人口和就业统计年鉴》数据整理，2007 年后统计口径由县辖镇变为建制镇。

　　小城镇建成区人口规模是反映小城镇人口规模最重要的指标，是小城镇规模的真实表现，表 5－4 显示，1990 年全国有建制镇 1.01 万个，建成区户籍人

口为 0.61 亿人，平均每个建制镇人口为 6040 人，每个建制镇的非农业人口为
2772 人，非农业人口占总人口的比例为 45.90％。受乡镇合并的影响，其后无
论是建制镇的总人口，还是非农业人口都有较大幅度的增加，2018 年全国共
有建制镇 1.83 万个，建成区户籍人口 1.61 亿人，建制镇平均人口规模 8758
人。另外值得注意的是，建制镇建成区暂住人口由 2006 年的 0.24 亿增长到
2016 年的 0.32 亿。非农业人口占建制镇建成区户籍总人口的比重相对稳定地
保持在 45.00％左右。

表 5－4　1990—2018 年全国建制镇建成区总人口和非农人口的演变

年份	个数（万个）	户籍人口（亿人）	非农人口（亿人）	暂住人口（亿人）	居住人口（亿人）	平均人口（人）	平均非农人口（人）	非农人口占比（人）
1990	1.01	0.61	0.28		0.61	6040	2772	45.90
1991	1.03	0.66	0.30		0.65	6408	2913	45.45
1992	1.20	0.72	0.32		0.72	6000	2667	44.44
1993	1.29	0.79	0.34		0.78	6124	2636	43.04
1994	1.43	0.87	0.38		0.85	6084	2657	43.68
1995	1.50	0.93	0.42		0.91	6200	2800	45.16
1996	1.58	0.99	0.42		0.97	6266	2658	42.42
1997	1.65	1.04	0.44		1.01	6303	2667	42.31
1998	1.70	1.09	0.46		1.07	6412	2706	42.20
1999	1.73	1.16	0.49		1.13	6705	2832	42.24
2000	1.79	1.23	0.53		1.19	6872	2961	43.09
2001	1.81	1.30	0.56		1.26	7182	3094	43.08
2002	1.84	1.37	0.60		1.32	7446	3261	43.80
2004	1.78	1.43	0.64		1.40	8034	3596	44.76
2005	1.77	1.48	0.66		1.43	8362	3729	44.59
2006	1.77	1.40		0.24	1.40	7910		
2007	1.67	1.31		0.24		7844		
2008	1.70	1.38		0.25		8118		
2009	1.69	1.38		0.26		8166		
2010	1.68	1.39		0.27		8274		

年份	个数（万个）	户籍人口（亿人）	非农人口（亿人）	暂住人口（亿人）	居住人口（亿人）	平均人口（人）	平均非农人口（人）	非农人口占比（人）
2011	1.71	1.44		0.26		8421		
2012	1.72	1.48		0.28		8605		
2013	1.74	1.52		0.30		8736		
2014	1.77	1.56		0.31		8814		
2015	1.78	1.60		0.31		8989		
2016	1.81	1.62		0.32		8950		
2017	1.81	1.55			1.68	8564		
2018	1.83	1.61			1.76	8758		

资料来源：根据历年《中国城乡建设统计年鉴》数据整理。

总体来看，我国小城镇的镇区人口规模偏小，与 3 万～5 万的人口规模效应门槛阈值存有很大差距。从 20 世纪 90 年代中后期开始，各地开始调整小城镇的行政区划（江苏、浙江、上海 1999 年开始撤乡并镇实践[①]）。2003 年拐点出现，小城镇绝对数量开始下降，小城镇发展由"数量扩张"时期转向寻求规模效益。

在土地利用方面，小城镇建设基本上以外延扩张为主，用地粗放，用地集约化程度很低，土地资源浪费严重，小城镇人均用地面积为 149m²，比大中城市高 45%～80%。如表 5-5 所示，1990—2018 年间，全国建制镇建成区面积由 82.5 万公顷增加到 405.3 万公顷，增长了 3.9 倍，建制镇平均建成区面积由 1990 年的 81.68 公顷增加到 221.02 公顷，增长了 1.7 倍，人口密度由 1990 年的 7394 人/平方公里大幅下降到 2018 年的 4345 人/平方公里。建成区面积的急速扩张和人口密度的急剧下降，清晰表明了小城镇的"土地城镇化"快于"人口城镇化"，呈现出典型的冒进态势。[②]

---

① 邹兵：《小城镇的制度变迁与政策分析》，中国建筑工业出版社，2003 年，第 239～243 页。
② 陆大道、姚世谋、刘慧等：《2006 中国区域发展报告——城镇化进程及空间扩张》，商务印书馆，2007 年，第 104 页。

表 5-5　1990—2018 年建制镇建成区面积和人口密度的演变

年份	建制镇个数 （万个）	建成区面积 （万公顷）	建制镇平均 面积（公顷）	人口密度 （人/平方公里）
1990	1.01	82.5	81.68	7394
1991	1.03	87.0	84.47	7586
1992	1.20	97.5	81.25	7385
1993	1.29	111.9	86.74	7060
1994	1.43	118.8	83.08	7323
1995	1.50	138.6	92.40	6710
1996	1.58	143.7	90.95	6889
1997	1.65	155.3	94.12	6697
1998	1.70	163.0	95.88	6687
1999	1.73	167.5	96.82	6925
2000	1.79	182.0	101.68	6758
2001	1.81	197.2	108.95	6592
2002	1.84	203.2	110.43	6742
2004	1.78	223.6	125.62	6395
2005	1.77	236.9	133.84	6247
2006	1.77	312.0	176.27	4492
2007	1.67	284.3	170.24	5458
2008	1.7	301.6	177.41	5410
2009	1.69	313.1	185.27	5214
2010	1.68	317.9	189.23	5215
2011	1.71	338.6	198.01	5021
2012	1.72	371.4	215.93	4720
2013	1.74	369.0	212.07	4947
2014	1.77	379.5	214.41	4937
2015	1.78	390.8	219.55	4899
2016	1.81	397.0	219.34	4902

年份	建制镇个数（万个）	建成区面积（万公顷）	建制镇平均面积（公顷）	人口密度（人/平方公里）
2017	1.81	392.6	216.91	4271
2018	1.83	405.3	221.02	4345

资料来源：根据历年《中国城乡建设统计年鉴》数据整理。1990—2005年间的人口密度数据引自：王志宪：《我国小城镇可持续发展研究》，科学出版社，2012年，第62页。

　　小城镇建设和市政公用设施投资方面。2006年，用于市政公用设施建设的财政资金投入供给4831721万元，中央财政、省级财政、市（县）财政、镇财政拨款占比分别为：5%、9.9%、29.5%、55.6%，小城镇市政公用设施投入的主体是县乡财政，合计占比85.1%，其中镇财政占比超50%，是绝对的投资主体。[①] 如表5-6所示，2013—2016年间，镇级财政资金投入在全部财政资金投资总额中的占比超过50%，居于绝对主体地位，同时财政投入占小城镇全部建设资金投入的占比不超过20%，小城镇建设的主体是小城镇居民和企业。小城镇自身的财政状况和小城镇居民的收入水平很大程度上决定了小城镇的建设水准。

表5-6　2013—2016年建制镇建设投资情况

年份	财政资金投资（万元）	中央预算资金（万元）	省级预算资金（万元）	地级预算资金（万元）	县级预算资金（万元）	镇（乡）本级预算资金（万元）	镇级资金占财政资金比例（%）	建设投入合计（万元）	财政投入占建设投入比例（%）
2013	9719102	507683	685053	665117	1896165	5964536	61.37	71480746	13.60
2014	11085594	603087	1018521	615989	2409544	6438544	58.08	71721740	15.46
2015	11749891	694912	1062248	687771	2711552	6593500	56.12	67813592	17.33
2016	11641001	870824	1133410	721990	3139881	5775005	49.61	68253562	17.06

数据来源：2013—2016年《中国城乡建设统计年鉴》。

---

　　① 建设部综合财务司：《中国城乡建设统计年鉴（2006年）》，中国建筑工业出版社，2007年，第123页。

第二节　政策流

　　"重点"发展小城镇理论的浮现基于以辜胜阻、王小鲁、樊纲为代表的经济学家对于"规模效应"和"极化效应"的推崇，这种思潮又体现在以周一星、陆大道为代表的城市规划学家的空间构想中，同时前一阶段的小城镇道路拥趸者逐渐滑向"重点论"。重点发展小城镇政策之所以能够被政府采纳和接受，从经济来看是由于分税制改革所带来的中央财政充盈和转移支付力度加大，从政治角度来说是相融于宏观的统筹城乡制度安排。

一、重点发展小城镇政策的理论演进

　　重点发展小城镇政策阶段，在暗流涌动的"政策原汤"中，最终浮出水面的是经济学中的"规模经济"理论和"增长极"理论，以及两大理论在城市规划（地理）学中的应用。

　　世纪伊始，关于我国城镇化道路与小城镇发展政策的第一场论争发生在秦尊文与陈美球之间。两人以《中国农村经济》杂志为主战场，于 2001—2005 年之间，陆续就以下问题展开理论交锋与争鸣：（1）1978—1999 年，国家城镇化政策是否存在"小城镇政策偏好"？如果有的话，偏好的理由又是什么？（2）以大中城市为重点的"异地集聚型"城镇化模式与以小城镇为重点的"就地分散型"城镇化模式在 2000 年前后的国家城镇化进程中扮演什么样的角色？（3）"大城市病"和"小城镇病"孰轻孰重？各自的优势又在哪里？

　　世纪之初，秦尊文与陈美球一来一往的两次理论交锋，搅动了原本平静的小城镇发展"政策原汤"，仔细分析两者的观点，可以总结出以下几个争论焦点：（1）关于小城镇发展道路问题，是否存在小城镇偏好？秦尊文给出的答案是肯定的，理由是相关的政策文本与领导表态。陈美球则从实际出发，认为现实中囿于体制原因，小城镇发展受到限制。（2）关于小城镇道路的地位问题，秦尊文认为小城镇道路是城乡二元结构条件下不得已而为之的产物，小城镇道路应该处于"补充"地位。陈美球则强调以大中城市为载体的"异地城镇化"与以小城镇为载体的"农村城镇化"是相互补充的协调关系。（3）关于"小城镇病"问题，秦尊文认为现实中小城镇发展面临人口、建设、产业、资金问题，"小城镇病"比"大城市病"更严重。陈美球认可小城镇发展中存在的问题，但重点指出其背后的行政等级城镇体系原因。同时两者也有共同的认识基础：即小城镇的发展有其历史合理性。反观历史，迈入 21 世纪之后，实际上以大中城市为主体的城市化道路和以"扩权强镇"为代表的小城镇改革分别印证了两人认识中的合理成分。

纵观 2000—2015 年间的小城镇相关研究成果，经济学领域以"规模经济"理论为支撑，倡导以大中城市为主体的城市化道路学者处于上风，城市规划（地理）学领域以"增长极"理论为支持，倡导非均衡发展道路的学者居于主流。

辜胜阻指出，20 世纪 80 年代，"均衡发展观"指导下的"小城镇道路"在转移农村剩余劳动力、促进农村工业化、发展农村商品经济、提高农民收入、丰富农村文化生活等方面，有其历史必然性和合理性。20 世纪 90 年代，小城镇规模狭小、资源浪费、环境污染、基础设施落后等弊病日益凸显。小城镇道路必须调整，调整的思路是农村城镇化或县域城镇化应重点考虑极化效应，走以 2000 多个县城为中心的据点式城镇化道路。中国的城市化道路应该是以县城为中心的据点式城市化道路和以城市圈为特点的网络式城市化道路协同推进。[①]

王小鲁指出，改革开放头 20 年，囿于城市外部成本的重视和忌惮，规模效应的忽视和浅见，我们采取了"控大促小"的城镇化道路，用农村工业化替代城市化。综合测度城市规模收益和外部成本的计量经济模型结果显示：10万～1000 万人口规模的城市都具有正的规模收益，100 万～400 万人口规模的城市净收益最大（最优值是 200 万人口）。中国的大城市不是太多，而是太少。缺乏规模经济和产业集聚效应的小城镇无力支撑完善的基础设施、配套的公共服务的投资和运营。城市发展政策鼓励的重点应放在发展 100 万～200 万人口的大城市。过去向小城市和小城镇倾斜的政策被证明是不成功的。在城市化中小城市和小城镇不能代替大城市发展，政策向小城市和小城镇倾斜会导致资金和土地资源浪费，应采取均衡的城市化政策。[②]

张正河、谭向勇指出，小城镇道路是迫不得已的选择，"村镇病"比"城市病"更麻烦。巴西、阿根廷、墨西哥等绝大多数国家限制大城市、发展小城镇的政策不是很成功。小城镇很难充当中国城市化的主力。[③]

---

① 辜胜阻：《非农化与城镇化研究》，浙江人民出版社，1991 年，第 185～186、196～201 页。
② 王小鲁：《对"重点发展中小城市和小城镇"的质疑》，《中国市场》，2010 年第 46 期，第 44～48 页。
③ 张正河、谭向勇：《小城镇难当城市化主角》，《中国软科学》，1998 年第 8 期，第 14～19 页。

段禄峰、魏明指出，多年来我国严格控制大城市规模的政策并不成功，小城镇缺乏聚集效应和就业能力，人口向城镇聚集和大城市优先发展，体现了市场效率和规律。"城市病"的"病根"是管理和规划问题。审视世界城市化历程和规律可知：我们不可能越过集聚型城市化阶段，通过"离土不离乡"一步实现逆城市化阶段才有的富饶、生态、文明小城镇目标。当人口规模低于 5 万，完备的基础设施建设是缺乏效益的。我国多数城市尚处于聚集阶段。[①]

蔡继明、周炳林从城市职能和产业职能两个角度对比了以大中城市为主体的集中式城市化道路和以小城镇为主体的分散式城市化道路。从"产业职能"角度来看，在相同的技术条件下，城市越大越有利于实现可持续发展。规模越大越集中，新技术的采行速度越快、成本越低，治理和监督成本也越低，效果也越好。从"城市功能"角度来看，规模越大，基础设施和公共服务设施越完备，人民物质文化生活更加丰富，人均能耗和污染水平也越低。改革开放 20 年来，我国城市化研究的偏差主要有五点：（1）没有区分产业功能和城市功能。（2）只注重污染总量，不注重人均污染量。（3）单与农村比效率，不与大中城市比高下。（4）偏重人文情怀，忽视经济效益分析。（5）未全面完整地认识"城市化—郊区化—逆城市化—再城市化"的世界城市化演替规律，片面强调"郊区化"和"逆城市化"阶段的西方理论和实践，忽略了其"再城市化"的现实剧目。[②]

蔡之兵、张可云对比了大城市在收入属性、成长属性、生活属性上的优势和小城镇在成本属性、地理属性、环境属性上的优势[③]，通过实证分析得出：不存在单一最优城市规模，中国城市体系总体规模偏小。[④]

城市规划（地理）学学者以"增长极"理论和"点－轴系统"理论等空间理论为指导探究我国城镇化和小城镇发展的非均衡发展道路。同时经济学中的交易成本理论和制度经济分析也在城市规划领域得到重视，并且得到实际管理部门的响应。

赵新平、周一星、曹文忠指出，乡村工业化的核心战略基础已经削弱，市

---

① 段禄峰、魏明：《大城市还是小城镇——我国城镇化道路再探讨》，《理论月刊》，2017 年第 12 期，第 118~123 页。

② 蔡继明、周炳林：《小城镇还是大都市：中国城市化道路的选择》，《上海经济研究》，2002 年第 10 期，第 22~29 页。

③ 蔡之兵、张可云：《大城市还是小城镇？——我国城镇化战略实施路径研究》，《天府新论》，2015 年第 2 期，第 89~96 页。

④ 蔡之兵、张可云：《中国城市规模体系与城市发展战略》，《经济理论与经济管理》，2015 年第 8 期，第 104~112 页。

场机遇、创业环境、宽松的财政金融环境不复存在。城镇化发展战略需变重点发展小城镇为全方位城镇化战略，城镇化要注重质量。^①

陆大道、姚世谋、刘慧等指出，从总体上看，我国小城镇人口规模仍然偏小，在 2 万～10 万的人口区间内，经济效益与人口规模成正比，5 万人口是规模效应的阈值，应重点发展 5 万人口以上的小城镇。主次不分、重点不突出、齐头并进、均衡发展的小城镇发展模式并不是我国农村城镇化道路的理想选择，撤乡并镇应成为小城镇发展过程中的重要选择。综合考量全球小城镇发展规律和中国 20 年小城镇发展实践，应当构建新的县域空间和都市圈空间引导政策。县级空间调控重点是县城镇和一般建制镇，都市圈实现大中小城市的协调发展。国家和区域开发过程中，其社会经济要素的空间集聚和扩散，可以用"增长极"和"点－轴系统"理论来解释和模拟，最终形成网络化大都市空间格局。^②

赵燕菁指出，"十五"计划所提发展小城镇的五个理由在单独把小城镇和农村放在一起时是正确的，放到整个城市体系中时就值得推敲了。根据杨小凯和霍格宾的交易分层金字塔结构理论，考虑迁移成本和交易成本，构建三个模型。模型Ⅰ：单一社区，非异地移民条件下的分层结构。模型Ⅱ：单一社区，异地移民条件下的分层结构。模型Ⅲ：多个社区，异地移民条件下的分层结构。由模型分析可知：发展小城镇实际是在国家城乡分离的大背景下被迫的选择。城乡分离的政策使得大中城市从一开始就同农村问题的解决无关。在城乡统筹背景下要实现农民进城的帕累托改进，就必须降低农民进城门槛，增加农民启动资本。^③ 这就从制度经济学的角度阐明了，伴随着城乡要素流动和城乡一体化进程的加快，大中城市将成为经济增长极。

俞燕山指出，小城镇的兴起很大程度上得益于城乡二元分割的体制环境，同时原有的体制环境又成为制约小城镇高质量发展的绊脚石。进一步推动小城镇发展需要在规划制度、户籍制度、土地制度、投融资体制、产业发展、财政体制上深化改革。^④

---

① 赵新平、周一星、曹广忠：《小城镇重点战略的困境与实践误区》，《城市规划》，2002 年第 10 期，第 36～40 页。
② 陆大道、姚世谋、刘慧等：《2006 中国区域发展报告——城镇化进程及空间扩张》，商务印书馆，2007 年，第 3、102、211、214 页。
③ 赵燕菁：《制度变迁·小城镇发展·中国城市化》，《城市规划》，2001 年第 8 期，第 47～57 页。
④ 俞燕山：《制度创新与小城镇的发展》，《改革》，2001 年第 3 期，第 17～25 页。

　　积极全面发展小城镇的政策主张在这一时期逐渐弱化，并且向重点发展小城镇政策靠拢。李培林和沈关宝 2013 年发表的两篇回顾和总结费孝通小城镇思想的文章，更多的是凸显小城镇发展对于带动农村经济社会发展的"社会意义"，同时对于快速城市化中的"城市病"问题提出警告。改革开放头 20 年小城镇在带动农村经济社会发展中的功能正在大中城市中、在要素自由流动中、在公共服务均等化提供中得到解决。

　　李培林在回顾费孝通先生 1983 年 9 月《小城镇　大问题》一文发表 30 周年的小城镇发展历程时指出：20 世纪 90 年代，"离土不离乡"的中国特色城市化道路，逐步让位于"离土又离乡"的集聚城市化模式，"村村点火、户户冒烟"成为小城镇道路司空见惯的诘难和质疑，土地城市化催生的大中城市集聚效应、规模经济显著。小城镇在我国推进城镇化，破除城乡二元结构，走城乡一体化道路的背景下获得了新的战略意义。促进小城镇发展和繁荣重新成为一项大政策。小城镇是城市化的一个重要渠道，实现城乡一体化的重要抓手，普遍富裕农民的载体。[1] 沈关宝在《小城镇　大问题》发表 30 周年的纪念文章中指出："离土不离乡"的农民工"摆动"进城是城市化的过渡现象，是"蜕变中的青蛙，身后还拖着一条尾巴"，是大中城市无力吸纳大规模农业剩余劳动力的无奈选择。目的是避免社会动荡和保证改革开放大局稳定。[2]

　　进入 21 世纪后，限制城市规模的城市化方针逐步淡化，代之以对城镇化发展速度的重视。[3] 大城市论者的理论基础仍然是大城市规模效益好于小城镇，综合效益好于小城镇。小城镇论者一般都放弃了"就地转移论"观点，强调促进小城镇适度集中，以克服"数量多，规模小"的弊病。中国城市规划学会副理事长何兴华在总结小城镇规划与建设 30 年的发展争议时指出，把小城镇作为大战略，最主要的原因是不敢轻易打破城乡二元的经济社会结构。从城镇角度看，小城镇是"凤尾"，没有竞争优势，缺乏资源配置效率。从乡镇角度看，小城镇是"鸡头"，影响范围有限，公共服务能力不足。[4]

　　回首重点发展小城镇政策阶段的 16 年，在波涛涌动的"政策原汤"中，秉持"规模效应"和"极化效应"的经济学家群体扛起了小城镇重点发展政策

　　① 李培林：《小城镇依然是大问题》，《甘肃社会科学》，2013 年第 3 期，第 1～4 页。
　　② 沈关宝：《〈小城镇　大问题〉与当前的城镇化发展》，《社会学研究》，2014 年第 1 期，第 1～9 页。
　　③ 国家发展和改革委员会国土开发与地区经济研究所课题组：《改革开放以来中国特色城镇化的发展路径》，《改革》，2008 年第 7 期，第 5～15 页。
　　④ 何兴华：《小城镇发展争议之我见》，《小城镇建设》，2018 年第 9 期，第 10～11 页。

的大旗，以辜胜阻、王小鲁、樊纲等人为代表。增长极理论在城市规划领域的应用出现了经由增长极、点-轴，最终形成网络化都市空间的思想，以周一星、陆大道等人为代表。同时，经济学和城市规划领域在这一时期还特别注重交易成本分析和制度分析，从制度角度分析小城镇道路由全面向重点转移的合理性，这种分析又得到体改部门实际工作者的支持。社会学在这一时期主要是反思费孝通小城镇道路的适用性和价值，重在突出小城镇发展对于农村的"社会意义"，以及在城乡一体化中的作用，不自觉地滑入了重点发展小城镇的队伍。

在长期的思想交锋、互动与实践过程中，这一时期的政策流展现出如下共识：（1）关于城市化的发展规律。西方的城市化经历了城市化—郊区化—逆城市化—再城市化四个阶段，通过"大跃进"的形式一步迈入逆城市化阶段是不可行的。（2）积极发展小城镇政策的历史合理性。遍地开花式地均衡式小城镇发展模式有其历史合理性，是计划经济时代和城乡二元分割条件下的选择。（3）关于"大城市病"和"小城镇病"。"大城市病"表现为交通拥堵、住房紧张、用水紧张、环境污染等问题。"小城镇病"表现为规模偏小、就业不足、布局分散、浪费土地、污染环境等问题。从规模效益和综合效益的角度来看，大中城市优于小城镇。（4）关于大中城市和小城镇的发展次序问题。大中城市和城市圈的发展能有力带动小城镇的发展，缺乏大中城市的辐射和脱离都市圈的小城镇很难带动周围地域发展。（5）关于制度环境问题。城乡分割的二元体制很大程度上促成了改革开放头 20 年乡镇企业和小城镇的蓬勃发展，伴随城乡壁垒的松动和要素的自由流动，大中城市在市场机制的作用下迎来了自己的黄金时期。（6）关于小城镇与"三农"问题。小城镇在带动农村经济社会发展和促进城乡一体化过程中仍然发挥着重要作用。

二、经济可行性分析

新中国成立以来，我国财政体制的演变经历了统收统支、分灶吃饭（包干制）和分税制三个阶段。[①] 从 1994 年 1 月 1 日起开始施行的"分税制"改革通过"分事权"确定央地支出范围，通过"分税种"划定央地收入范围，通过"分机构"区分央地征管渠道，辅之以"税收返还"制度和"转移支付"制度，

---

① 刘玲玲、冯懿男：《分税制下的财政体制改革与地方财力变化》，《税务研究》，2010 年第 4 期，第 12~17 页。

初步建立了一套相对固定规范的分级财政体制。[①]

1994 年分税制改革以后，国家财力尤其是中央财力不断壮大。如图 5－4 所示，全国财政收入由 1993 年的 4348.95 亿元一路攀升至 2018 年的 183359.84 亿元，25 年间增长了 41.16 倍，年均增长 16.14％。中央本级财政收入占全国公共财政收入的比重由 1993 年的 22.02％提高到 2002 年的 54.96％，2018 年为 46.61％。全国财政收入占 GDP 的比重由 1993 年 12.19％上升到 2015 年的 22.2％，2018 年为 20.37％。中央财政收入占全国财政收入的比重由 1993 年的 22.02％飙升至 1994 年的 55.7％，然后小幅回落到 2018 年的 46.61％，绝大多数年份维持在 50％左右的水平。中央财政实力的增强为中央政府的宏观调控能力提供了财力保障。

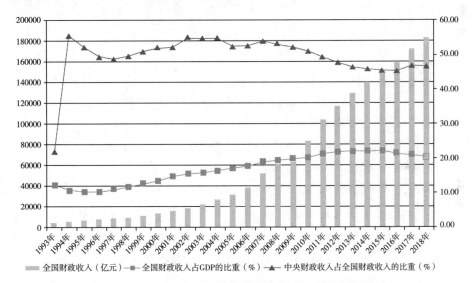

图 5－4　1993—2018 年全国财政收入及其构成情况

数据来源：根据历年《中国统计年鉴》数据整理。

如图 5－5 所示，中央对地方的税收返还和转移支付规模，由 1994 年的 1911.27 亿元增加到 2018 年的 69680.66 亿元，24 年间增长了 35.46 倍，年均增长 16.16％。税收返还和转移支付占地方财政支出的比重由分税制实施之前 1993 年的 14.72％迅速提升到 1994 年的 47.33％，峰值是 2004 年的 50.54％，2018 年是 37.03％。税收返还和转移制度力度的加大，不仅为推进基本公共服

---

① 彭健：《分税制财政体制改革 20 年：回顾与思考》，《财经问题研究》，2014 年第 5 期，第 71～78 页。

务均等化提供了财力基础，也有力保障了国家宏观政策在地方层面的落地实施。

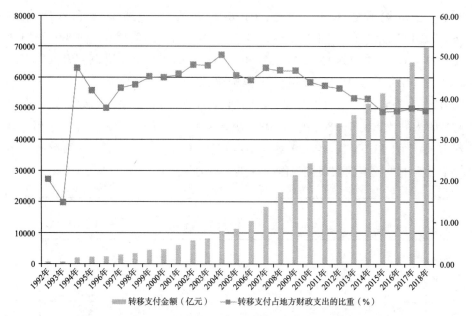

图5-5 1992—2018年转移支付规模及占地方财政支出比重

资料来源：根据历年《中国财政年鉴》数据整理。

注：2007年以前，称"中央税收返还和补助收入"。

全国财政收入的不断充盈，中央财政收入的主体地位，以及中央对地方转移支付的规模与地方财政收入占比情况，保证了国家宏观战略的调整空间和有效执行。这也为重点发展小城镇政策阶段，国家集中精力加快推进城镇化进程尤其是大中城市的城市化进程提供了财力支撑。

三、政治可行性分析

《行政区划管理条例》第九条规定：乡、民族乡、镇的设立、撤销、更名，行政区域界线的变更，人民政府驻地的迁移，由省、自治区、直辖市人民政府审批。[1] 全国各地的撤乡并镇浪潮自1998年开始酝酿启动，到2005年大部分

---

① 《行政区划管理条例》，http://www.gov.cn/zhengce/content/2018—11/01/content _ 5336379. htm。

地区已经结束，有的地区还在继续进行这项工作。^① 在前几轮的撤乡并镇浪潮中，江苏、浙江、山东等地都进行过大规模的撤乡并镇实践。2019 年 11 月，四川省启动了新一轮乡镇形成区划调整工作。^②

2003 年 10 月，《中共中央关于完善社会主义市场经济体制若干问题的决定》指出：统筹城乡发展，取消农民进城务工限制，符合相应"职住"条件的农业人口依法依规在流入地登记户籍，享有当地居民同等权利。^③

2007 年 6 月，《国家发展和改革委员会关于批准重庆市和成都市设立全国统筹城乡综合配套改革试验区的通知》（发改经体〔2007〕1248 号）批准成立成渝城乡统筹试验区。2009 年 4 月，《国务院办公厅关于重庆统筹城乡综合配套改革试验总体方案》（国办函〔2009〕47 号）要求重庆市围绕推进城乡经济协调发展、推进城乡劳务经济协调发展、推进土地流转和集约利用"三条主线"，探索建立统筹城乡发展的 12 项新机制。^④ 2009 年 5 月，国务院批复了《成都市统筹城乡综合配套改革试验总体方案》，允许成都市在构建新型城乡形态、创新统筹城乡的管理体制、健全城乡一体化的就业和社会保障体系、实现城乡基本公共服务均等化等 9 个方面先行先试。

成都市的统筹城乡实践探索主要包括四个方面：（1）"撤乡并镇"的行政区划改革；（2）"农改居"的户口登记制度和"租房入户"的户籍制度改革；（3）以"还权赋能"（把集体土地使用权、经营权、转让权还给农民）为核心的农村产权制度改革；（4）城乡统筹土地制度改革。四大举措有力促进了生产要素在城乡间自由流动、优化配置。阎星、冯长春、孙阳将成都市的统筹城乡改革实践归结为：实施户籍及配套制度改革，推进劳动力要素自由流动；实施农村土地产权制度改革，推进土地要素自由流动；实施农村投融资体制改革，推进资金要素自由流动。^⑤

设立农村土地交易所、地票试验、户籍制度改革下的农村土地使用权退出，构成重庆农村土地制度创新的三大亮点。《重庆农村土地交易所管理暂行

① 王志宪：《我国小城镇可持续发展研究》，科学出版社，2012 年，第 76 页。

② 胥大伟：《四川乡镇改革，政府"神经末梢"能否降低行政成本？》，http：//www. inewsweek. cn/finance/ 2019－11－25/7791. shtml。

③ 《中共中央关于完善社会主义市场经济体制若干问题的决定》，http：//www. gov. cn/gongbao/ content/2003/ content _ 62494. htm。

④ 《〈重庆市统筹城乡综合配套改革试验总体方案〉获国务院批准》，《城市规划通讯》，2009 年第 11 期，第 3 页。

⑤ 阎星、田昆、高洁：《破除二元体制，开拓中国新型城市化道路——以成都城乡统筹的改革创新为例》，《经济体制改革》，2011 年第 1 期，第 112～115 页。

办法》（渝府发〔2008〕127号）指出："地票"是农村集体建设用地经复垦验收后产生的用地指标的票据化。[①] 实质是一种城乡建设用地增减挂钩指标[②]，是市域内城乡建设用地通过市场机制跨区域置换的模式。[③] "农转城"工程和统筹城乡户籍制度改革保证了农村土地使用权的顺利退出，概括起来就是"335"政策实施机制：转户农民可以享受宅基地、承包地使用收益权"3年过渡"，林地使用权、计生政策、农村补贴"3项保留"，城镇教育、医疗、社保、就业、住房政策"5项纳入"。[④] 重庆地票制度为中国农村土地制度改革提供了四点启示：坚持土地集体所有制；强化农民财产权利，增加农民财产性收入；打破城乡分割，增强农地流通性；利于农民离土离乡，进城定居。[⑤]

"制度统筹"是城乡统筹的关键所在。消除城乡二元结构需要大力推进我国农村的教育制度、组织制度、医疗卫生制度、土地制度、社会保障制度、财政金融制度、就业制度、户籍制度等配套的"制度统筹"。[⑥]

成都和重庆两地的统筹城乡实践探索是我国市场经济体制改革和破除城乡二元体制努力的缩影。正是在这种生产要素自由流动的障碍不断破除的经济社会环境下，"重点"发展小城镇成为一种现实选择，同时各项系统配套的"制度统筹"又为这种重点发展保驾护航。

第三节　政治流

重点发展小城镇阶段，社会主义市场经济体制逐步完善，城乡统筹发展加速，城乡统一的劳动力、土地、资本市场加快形成。基本公共服务均等化保障了乡城流动人口的自由权、劳动权、居住权、福利权和教育权。小城镇的户籍制度全面放开，大中城市的户籍制度由"指标制"向"准入制"转变，条件逐

[①] 陈春、冯长春、孙阳：《城乡建设用地置换运行机理研究——以重庆地票制度为例》，《农村经济》，2013年第7期，第37~41页。

[②] 杨庆媛、鲁春阳：《重庆地票制度的功能及问题探析》，《中国行政管理》，2011年第12期，第68~71页。

[③] 程世勇：《城乡建设用地流转：体制内与体制外模式比较》，《社会科学》，2010年第6期，第45~52页。

[④] 梅哲、陈霄：《城乡统筹背景下农村土地制度创新——对重庆农村土地制度改革的调查研究》，《华中师范大学学报（人文社会科学版）》，2011年第3期，第18~26页。

[⑤] 冯桂：《重庆地票制度的价值及其对城乡一体化改革的启示》，《国家行政学院学报》，2014年第1期，第81~85页。

[⑥] 毛昕、刘鹏：《城乡统筹重在"制度统筹"》，《宁波党校学报》，2004年第6期，第60~63页。

步放宽；居住证制度的实施逐步剥离了附着在户籍上的各种福利待遇。分税制改革、农村税费改革和"乡财县管"制度加剧了乡镇财政财权和事权的不匹配程度，带来了预算外软约束和财政状况分化现象。农业税为主体的乡镇"撤乡并镇"以减少财政开支，工商业税为主体和土地财政丰裕乡镇试行"扩权强镇"和中心镇优先发展政策。

一、中国共产党的执政理念与公民权利意识

自 1992 年 10 月，党的十四大报告正式确立社会主义市场经济体制改革目标以来，在中国特色社会主义宏观制度框架下，在党中央的擘画指导下，社会主义市场经济体制改革笃定前行，逐步深化，不断完善，趋向成熟。

社会主义市场经济体制的发展进程，历经"目标确立"（1992 年 10 月党的十四大）—"搭建框架"（1993 年 11 月十四届三中全会具体部署，确立 20 世纪末初步建立目标）—"基本建立"（2000 年实现①；2002 年 11 月党的十六大确认，并提出不断完善的任务和 2020 年建成目标②）—"不断完善"（党的十六大提出，2003 年 10 月十六届三中全会提出"五大统筹"任务③）—"加快完善"（2012 年 11 月党的十八大提出，2017 年 10 月党的十九大重申，2019 年 11 月十九届四中全会重申）五个大的历史时期。④ 作为市场经济体制核心要义的"市场"在资源配置中的地位，由党的十四大报告中"基础性作用"的表述，转变为十八届三中全会"决定性作用"的论断。对市场和市场机制的尊崇与践行贯穿整个重点发展小城镇政策时期。

2007 年 3 月，《物权法》将土地承包经营权界定为用益物权，从财产权的角度对农民的土地权利进行保护。2013 年，中央一号文件要求"全面开展农村土地确权办证工作"。2014 年中央一号文件提出落实所有权、稳定承包权、放活经营权的农村集体土地制度"三权分置"改革。2016 年 10 月，中共中央办公厅、国务院办公厅印发《关于完善农村土地"三权分置"办法的意见》，

① 徐井万：《中共三代领导核心对社会主义市场经济体制的探索历程》，《市场论坛》，2004 年第 4 期，第 17~19 页。
② 任保平、吕春慧：《中国特色社会主义市场经济体制改革——改革开放四十年回顾与前瞻》，《东北财经大学学报》，2018 年第 6 期，第 3~10 页。
③ 叶裕民、李晓鹏：《统筹城乡发展是对完善社会主义市场经济体制的有效探索》，《城市发展研究》，2012 年第 3 期，第 42~47 页。
④ 安蓓：《故事，从大讨论开始——社会主义市场经济体制确立历程》，http://www.gov.cn/xinwen/2018-11/16/ content _ 5341207. htm。

确立了到 2021 年，切实做到"保障、落实、放活"的三权要求，三权关系顺畅，三权平等保护的"三权分置"格局的目标。改革更加注重农民的财产权利及其价值的实现，以及农村地区土地所附着的社会保障功能与经济效用功能的分离。①

2001 年国发〔2001〕21 号文提出：要依法保障流动儿童在流入地接受义务教育的权利。② 2003 年 1 月，国办发〔2003〕1 号文提出：要取消对农民进城务工就业的不合理限制，保障农民工子女接受教育的权利。③ 2004 年 2 月，中发〔2004〕8 号文要求高度重视流动人口家庭子女的义务教育问题。④ 2006 年 1 月，国发〔2006〕5 号文指出：异地转移与就地转移双轮驱动吸纳农村富余劳动力，消除限制和歧视农民进城务工的政策、制度与体制，逐步完善解决农民工在流入地的公共服务供给和社会保障问题，切实维护农民工依法享有的各类经济、政治、社会权利和权益。⑤ 2006 年 10 月，中发〔2006〕19 号文提出完善公共财政制度，逐步实现基本公共服务均等化。⑥ 2017 年 1 月，国发〔2017〕9 号文提出：享有基本公共服务是公民的基本权利和政府的重要职责。2020 年总体实现基本公共服务均等化。⑦

伴随着我国经济体制由计划经济向市场经济的总体转型和不断完善，市场在资源配置中的基础性和决定性作用不断凸显，"无形之手"和"有形之手"相互配合，使得城乡之间的人口、土地等生产要素逐渐获得自由流动的权利，流动人口的自由权、劳动权、居住权、福利权和教育权等民主权利逐渐得以保障。

---

① 陈宗胜、王晓云、周云波：《新时代中国特色社会主义市场经济体制逐步建成——中国经济体制改革四十年回顾与展望》，《经济社会体制比较》，2018 年第 4 期，第 24~41 页。

② 《国务院关于基础教育改革与发展的决定》，http://www.gov.cn/gongbao/content/2001/content_60920.htm。

③ 《国务院办公厅关于做好农民进城务工就业管理和服务工作的通知》，http://www.gov.cn/zwgk/2005-08/12/content_21839.htm。

④ 《中共中央　国务院关于进一步加强和改进未成年人思想道德建设的若干意见》，http://www.gov.cn/gongbao/content/2004/content_62719.htm。

⑤ 《国务院关于解决农民工问题的若干意见》，http://www.gov.cn/zhuanti/2015-06/13/content_2878968.htm。

⑥ 《中共中央关于构建社会主义和谐社会若干重大问题的决定》，http://www.gov.cn/govweb/gongbao/content/2006/content_453176.htm。

⑦ 《国务院关于印发"十三五"推进基本公共服务均等化规划的通知》，http://www.gov.cn/content/2017-03/01/content_5172013.htm。

二、户籍制度

重点发展小城镇政策阶段，乡城人口转移的"口子"越开越大，直至放开除特大城市以外的大中城市户籍限制，同时逐步剥离附着在户口上面的各种福利待遇。

2000 年以前的户籍制度改革模式可以归纳为三种类型：以"基本条件，全面放开"为特征的小城镇户改模式，以"取消指标，条件准入"为特征的普通大中城市户改模式，以"抬高门槛，开大城门"为特征的京沪特大城市户改模式。

2000 年以后，伴随社会主义市场经济体制的持续完善，乡城人口流动的体制和政策藩篱不断拆除，各级政府对待进城务工农民的态度逐渐由阻遏、限制转为支持、引导。"城乡统筹就业"系列配套政策相继写入"十五"计划和"十一五"规划。作为人口管理政策工具与人口流动风向标的户籍制度逐渐松动，尤其是大中城市的落户条件逐渐放宽。

2001 年 3 月，国发〔2001〕6 号文指出：县级市及以下建制镇，凡符合最低"职住"条件的，均可自愿办理城镇常住户口，不再实行计划指标管理。[①] 2002 年，公安部再次明确：只要具备稳定的"职住"条件，即可入户县级市和小城镇。县级市及小城镇户籍全面放开。[②] 2001 年 8 月，石家庄的户籍制度改革标志着大城市开始探路以"职住"条件为标准的"准入制"户改方案。

2002 年 4 月，上海颁布《引进人才实行〈上海市居住证〉制度暂行规定》，引进人才居住证持证人享有相应的市民待遇。2004 年 10 月，开始实施《上海市居住证暂行规定》，居住证适用对象从"引进人才"扩大到"在上海具有稳定'职住'条件的非本市户籍的境内人员"。2009 年 2 月，《持有〈上海市居住证〉人员申办本市常住户口试行办法》（俗称上海"户籍新政"）中的申办条件和排队轮候规定，从"指标管理"演变为"条件管理＋指标管理"，上海建立起"临时居住证→一般居住证→人才居住证→常住户口"的逻辑衔接制

---

① 《国务院批转公安部关于推进小城镇户籍管理制度改革意见的通知》，http://www.gov.cn/zhengk/content/2016-09/22/content_5110816.htm。

② 王海光：《2000 年以来户籍制度改革的基本评估与政策分析——21 世纪以来中国城镇化进程中的户籍制度改革问题研究之一》，《理论学刊》，2009 年第 5 期，第 91~100 页。

度。① 2002 年 11 月，苏政发〔2002〕142 号文规定：建立江苏全省城乡统一的居住地户口登记管理制度，取消历史上存在的各种户籍类型，统一登记为"居民户口"。取消"农转非"制度，户口迁移由"计划指标许可管理"转为"条件准入制"。② 但其不同户籍类型附着的差异化权益没变。截至 2007 年，全国已有 12 个省级单位统一了"居民户口"。2003 年，"孙志刚事件"促使国务院用"救助管理办法"取代"收容遣送制度"。2003 年 6 月，《居民身份证法》出台。③ 2004 年 1 月，佛山市委九届三次全会决定，佛山市全市域范围内自 7 月 1 日起统一登记为"居民户口"、统一入户条件，并逐步落实城乡一元化社保、就业、计生、教育等相关福利待遇。2000 年以后，越来越多的省份沿着"准入制"取代"指标制"的思路，持续放宽落户条件，并施行"居住证"制度，逐步剥离附着在原有户口上的各种权益。2011 年，广东 6 市先后全面开展积分入户工作。分值计算标准包括文化程度和技能水平、年龄、参与社保情况、纳税情况、住房情况等。④ 积分性人口管理体制包括两种：积分落户体制和积分福利体制。积分落户制度是 2010 年以后广东省开始的探索，积分福利体制是 2009 年上海市开展的"居住证转户籍"的改革。⑤ 现实中，积分制度解决的主要是城市所需的"人才户籍"，而非流动人口所需的"民生户籍"。2011 年 2 月，国办发〔2011〕9 号文指出：允许中小城市和小城镇根据自身"综合承载能力"制定以"职住"条件为基础的差异化准入门槛。合理控制直辖市、副省级市和其他大城市人口规模。⑥⑦

　　2013 年 11 月，党的十八届三中全会决定提出，按照"严格控制""合理确定""有序放开""全面放开"的准则分别确定特大城市、大城市、中等城

————————

　　① 郭秀云：《城市户籍制度的边际性改革——兼论上海"居住证转户籍"政策的解读》，《西北人》，2010 年第 3 期，第 115～119 页。

　　② 《省政府批转公安厅关于进一步深化户籍管理制度改革意见的通知》，《江苏政报》，2003 年第 1 期，第 16 页。

　　③ 《中华人民共和国居民身份证法》，http://www. npc. gov. cn/wxzl/gongbao/2011－12/30/content_1686368. htm。

　　④ 《户籍制度变迁：从"不许动"到"你愿意进城吗"》，http://finance. people. com. cn/n/2014/0731/ c1004－25374104. html。

　　⑤ 任远：《当前中国户籍制度改革的目标、原则与路径》，《南京社会科学》，2016 年第 2 期，第 63～70 页。

　　⑥ 《国务院办公厅关于积极稳妥推进户籍管理制度改革的通知》，http://www. gov. cn/zwgk/2012－02/23/ content_2075082. htm。

　　⑦ 《中国户籍制度改革历史回眸》，http://www. gov. cn/xinwen/2014－07/30/content_2727331. htm。

市、小城镇的落户条件。① 2014年7月，国发〔2014〕25号文提出，进一步明确落实基于综合承载能力的差别化城市落户政策：小城市和建制镇"全面放开"，50万～100万城区人口的中等城市"有序放开"（全面放开＋"职、住、社保"条件），100万～500万城区人口的大城市"合理确定"（100万～300万人口："职、住、社保"条件。300万～500万人口："职、住、社保"条件＋积分落户），500万城区人口以上的特大城市"严格控制"（积分落户）。统一城乡户口登记制度，还原户籍制度的人口登记管理职能。全面实施居住证制度，并将基本公共服务附着其上。② 自2016年1月1日起，《居住证暂行条例》正式实施，居住证是在户籍之外承载流入地基本公共服务的制度平台，有利于未落户人员享有同等的居住地福利和权益，流动人口管理由"暂住证"时代进入"居住证"时代。③ 2014年3月，国务院的《政府工作报告》首提"3个1亿人"目标。④ 2016年3月，《政府工作报告》再提"3个1亿人"目标。⑤ 2016年9月，《国务院办公厅关于印发推动1亿非户籍人口在城市落户方案的通知》（国办发〔2016〕72号）提出，要加速破除城乡户籍迁移壁垒，放宽落户限制、拓宽落户通道，推动1亿非户籍人口在城市落户。⑥

　　21世纪的户籍制度改革总体上遵循"取消指标限额许可政策，采行条件准入政策，持续降低准入门槛，逐步拓宽落户渠道"的思路。此阶段，小城市和建制镇的户籍大门完全敞开，城区人口规模50万以上的各级别城市依据具体的"综合承载能力"采纳差异化的"积分落户"和"'职住、社保'限制"等形式的"准入政策"。户籍制度改革与居住证制度和基本公共服务均等化携手共进，共同解决农村人口流动进城和权益保障问题。居住证是从户籍上剥离附着权益的新型载体，基本公共服务是从户籍上剥离附着权益的核心内容。

---

① 《中共中央关于全面深化改革若干重大问题的决定》，http://www.gov.cn/jrzg/2013-11/15/content_2528179.htm。

② 《国务院关于进一步推进户籍制度改革的意见》，http://www.gov.cn/zhengce/content/2014-07/30/content_8944.htm。

③ 《居住证暂行条例》，http://www.gov.cn/zhengce/2015-12/14/content_5023611.htm。

④ 《政府工作报告——2014年3月5日在第十二届全国人民代表大会第二次会议上》，http://www.gov.cn/guowuyuan/2014-03/14/content_2638989.htm。

⑤ 《政府工作报告——2016年3月5日在第十二届全国人民代表大会第四次会议上》，http://www.gov.cn/guowuyuan/2016-03/17/content_5054901.htm。

⑥ 刘金伟：《新一轮户籍制度改革的政策效果、问题与对策》，《人口与社会》，2018年第4期，第89～98页。

三、财税制度

乡镇财政是在 1983 年底国家实行政社分开、恢复乡政府后获得自主地位的。① 到 20 世纪 90 年代，全国各地基本形成了"核定基础、定收定支、收支挂钩、定额上交或定额补贴、超收分成，一定三年"的乡镇财政管理体制。由于长期国库建立不配套，乡镇财权形式上归乡镇，实际上"钱匣子"却留在县里。1994 年分税制改革，基本建立了规范的"央地"分税体制，但未明确划分和规范地方政府相互之间的财权、事权范围，在"财权上收、事权下移"的利益驱使下，乡镇财政要么陷入困境，要么寻找"预算外"财源。② 据贾康、白景明估算，我国地方政府非税收入（预算外收入＋制度外收入）与税收收入大体相当。③ 乡镇财政的预算内收入主要包括"农业四税"和"工商税"两大类，预算外收入主要是各种"税收附加"，制度外（自筹）收入主要包括：乡镇企业上缴利润、罚没款、行政性收费、乡镇统筹四类。在财政分税包干制度环境下，由于乡镇经济发展水平与财政收入结构的巨大差异，东西部乡镇财政之间的"马太效应"显著。④

2002 年 12 月，国发〔2002〕26 号文指出：财力不足乡镇可通过转移支付县财政统筹满足其财政支出需求，财力充裕乡镇财政实施规范的财政管理。⑤ 2006 年 7 月，财预〔2006〕402 号文指出：除具备规范管理能力的个别财政收支大镇外，原则上全部推行乡财县管。⑥ 截至 2011 年底，全国 86.1% 的乡镇实行了"乡财县管"改革。⑦ 旨在充盈乡镇财政，规范乡镇财政管理的"乡财县管"改革从实践和体制现状来看，大都引致"半级财政"的窘境。

---

① 谭秋成：《地方分权与乡镇财政职能》，《中国农村观察》，2002 年第 2 期，第 2～12 页。

② 金太军、施从美：《乡镇财政制度变迁的路径依赖及其破解》，《学习与探索》，2006 年第 4 期，第 85～90 页。

③ 贾康、白景明：《中国政府收入来源及完善对策研究》，《经济研究》，1998 年第 6 期，第 46～54 页。

④ 赵树凯：《困局中的乡镇财政——10 省区 20 乡镇的调查》，《决策咨询》，2004 年第 10 期，第 21～23 页。

⑤ 《国务院批转财政部关于完善省以下财政管理公有制有关问题意见的通知》，http://www.gov.cn/gongbao/content/2003/content_62557.htm。

⑥ 财政部：《关于进一步推进乡财县管工作的通知》，《中国农业会计》，2006 年第 9 期，第 11 页。

⑦ 李俊生、侯可峰：《"乡财县管"导致乡镇财政能力弱化的机理与改革建议》，《预算管理与会计》，2015 年第 6 期，第 18～22 页。

秉持"多予少取放活"方针，2000 年 3 月，中发〔2000〕7 号文决定在安徽试点农村税费改革；到 2003 年 3 月，国发〔2003〕12 号文决定在全国推开，实行"正税清费"和"农业税减免"；到 2006 年起废止《农业税条例》和免征农业税；再到 2006 年 10 月，国发〔2006〕34 号文决定转入"农村综改"阶段。

为保证农民"减负"的长效性，乡镇以下机构改革和"乡财县管乡用"改革作为农村税费改革的配套措施和保障机制同步推进。"乡财县管"改革客观上导致乡镇一级政府（尤其是西部农业税财政主导乡镇）失掉了财政"汲取"功能，只承担财政"消费"功能；促使乡镇政府的角色向社会管理和公共服务供给嬗变。[1] 为了压缩财政支出，截至 2010 年底，85％的乡镇开展了"撤乡并镇"和"合并村组"的乡镇以下机构改革。[2]

东部沿海地区受大城市辐射和乡镇企业先发优势，工商业税源充足，土地升值较快，地税收入较高，自下而上地出现了"扩权强镇"的需求，中心镇、重点镇得到优先发展。

中国第二次全国农业普查资料显示，从乡镇单位财政收入看，平均乡镇财政收入水平居于前 5 位的乡镇地区依次是上海、江苏、广东、浙江、北京，平均每个乡镇的年财政收入均在 5900 万元以上；平均财政收入排倒数 5 位的乡镇地区是西藏、甘肃、宁夏、黑龙江、贵州，每年每个乡镇的财政收入在 500 万元以下，不足前 5 位的 1/10。东、中、西部的乡镇财政收入呈现出明显的梯度递减现象，东部地区乡镇财政收入分别是中部、西部的 4.4 倍和 6.1 倍。从乡镇财政收入总额来看，1996—2006 年间，平均乡镇财政收入排名前 3 的上海、江苏、广东涨幅分别为 8.4 倍、7.1 倍、4.9 倍，平均乡镇财政收入排名倒数 3 位的西藏、甘肃、宁夏涨幅分别为 1.5 倍、1.9 倍、3.0 倍，西部地区乡镇财政收入的涨幅落后于东部发达地区。

伴随着 1994 年分税制的实施，乡镇一级财政收支缺口巨大，结构扭曲，预算外收入占比较大。2003 年农村税费改革以来，尤其是 2006 年全面取消农业税和"乡财县管"改革以来，乡镇一级财权事权不匹配程度加剧，预算外软约束问题严重，乡镇财政地区分化严重。农村税费改革和"乡财县管"改革在以农业税为主体的西部乡镇及工商业税和土地增值明显的东部乡镇造成了不同的后果，西部贫穷乡镇开展"撤乡并镇"以期减少财政支出，东部富裕乡镇试点"扩权强镇"和中心镇、重点镇优先发展策略。

---

① 邻艳丽：《小城镇管理的制度思辨》，《小城镇建设》，2016 年第 5 期，第 78～83 页。

② 徐勇：《在乡镇体制改革中建立现代乡镇制度》，《社会科学》，2006 年第 7 期，第 93～97 页。

第四节　政策企业家和政策之窗

重点发展小城镇政策阶段的政策企业家可以称为由经济学家群体和城市地理学家群体组成的具集体推动特征的"政策企业家"，他们掌握了大量的学术和政治资源，并在政治决策日益科学化、民主化、法治化的过程中，不断发出自己的声音去影响主政者的决策。政策企业家将"离土又离乡"的集聚型城镇化道路建构为一种经济社会综合效益优于"离土不离乡"的分散型城镇化道路的功能替代方案。政策之窗的类型除了常规型政策之窗以外，由市场体制、户籍、土地、财税制度变革等"制度红利"促成的"溢出型"政策之窗和由"撤乡并镇""扩权强镇"的地方实践引发的"自由裁量型"政策之窗也格外显著。方案和问题的耦合逻辑展现出典型的"教条"模式特征。

一、政策企业家

如果说积极发展小城镇政策阶段的企业家是以费孝通为代表的具有个人推动特征的"个人政策企业家"的话，那么重点发展小城镇政策阶段的企业家就是以辜胜阻、王小鲁、樊纲为代表的经济学家群体和以周一星、陆大道为代表的城市规划（地理）学家群体，具有集体推动特征。

从政策企业家掌握的资源和与决策者的接触通道来看，"据点式"小城镇发展战略倡导者辜胜阻是名副其实的学者、官员两栖型人才，曾任十三届全国政协副主席、民建中央常务副主席、湖北省副省长、武汉大学教授，地方和中央的长期从政履历和经济学背景，使得"据点式"小城镇发展理论具有了理论和实践上的可行性，同时也为政策方案的落地实施创设了良好的政治环境。经济学家王小鲁两次荣获"孙冶方经济科学论文奖"，曾是中国社科院中国农村发展问题研究组成员，深度参与改革开放初期的思想解放大潮，曾是体改委中国经济体制改革研究所成员。樊纲两次荣获"孙冶方经济学优秀论文奖"，现任中国经济体制改革研究会副会长，曾任中国改革研究基金会理事长、央行货币政策委员会委员。2015年10月，其作为主要贡献人的"过渡经济学理论"获得中国经济理论界的最高奖——中国经济理论创新奖。樊纲同时也是素有中国顶级财经智库之称的"中国经济50人论坛"的学术委员会成员，有力地影响着中国的经济政策走向。周一星是北京大学城市与环境学系教授，中国地理学会常务理事，城市地理专业委员会副主任，北京市人民政府顾问，建设部专家委员会成员。其所著的《城市地理学》是国内发行量最大、影响最广的城市地理学著作，有力影响着国内的地理规划学者和政府地理规划政策。陆大道，中国科学院院士，其 2000 年所提出的"点－轴"开发理论模式被写入《全国国土规划纲要》和 23 个省、自治区的国土规划方案。自 20 世纪 80 年代后期开始"T"型空间结构战略在全国得到大规模实施，诸多省份都按照"点－轴系统"模式确定了本地区的重点发展轴线和中心城镇。应该说，信奉"规模效应"和"极化效应"的经济学家和城市地理学家们在各自的学术领域享有很高的声誉，同时又有地方和中央政府的主政者，拥有良好的政治资源和政治通道。

关于中国政治决策的模式，不同学者从不同的侧面提出了一系列竞争性解释框架，比如：宁骚根据中国决策几上几下的特征概括的"上去下来"模型[①]，陈玲的"官僚体系与协商网络"模型[②]，海尔曼·塞巴斯蒂安（Heilmann Sebastian）的"分级制实验"模型[③]，陈玲、王绍光等的"共识型决策"模型等。[④][⑤] 不同的决策模型都揭示了我国公共决策在趋向科学化、民主化、法治化的过程中，十分注重吸纳专家学者、各级政府官员、社会各界的意见和智慧，智库的作用日益凸显，真正实现了"集思广益"式的民主集中决策。"党委领导、政府负责、民主协商、社会协同、公众参与、法治保障、科技支撑"[⑥] 的社会治理体系日益完善。比如"十五"计划编制期间，1999 年下半年开始，国家计委广泛征求社会各方面的意见，召开高新技术、就业、社保等专题座谈会，听取国内外专家学者（包括联合国、世界银行专家）、企业家的建议，征求对"十五"计划思路的意见。《中共中央关于制定国民经济和社会发展第十个五年计划的建议》起草小组在近一年的时间里，先后到 6 个省区市的 180 多个单位听取意见，组织 15 个专题小组进行研究。国家发改委召开四场座谈会，听取经济学家、科学家、企业家、规划系统老同志的意见。国家

　　① 宁骚：《公共政策学》，高等教育出版社，2003 年，第 287~290 页。

　　② 陈玲：《官僚体系与协商网络：中国政策过程的理论建构和案例研究》，《公共管理评论》，2006 年第 2 期，第 46~62 页。

　　③ Sebastian Heilmann：Policy Experimentation in China's Economic Rise, Studies of Comparative and International Development，2008，43（1）：1—26.

　　④ 陈玲、赵静、薛澜：《择优还是折衷？——转型期中国政策过程的一个解释框架和共识决定决策模型》，《管理世界》，2010 年第 8 期，第 59~72 页。

　　⑤ 王绍光、樊鹏：《中国式共识型决策："开门"与"磨合"》，中国人民大学出版社，2013 年，第 263 页。

　　⑥ 《中共中央关于坚持和完善中国特色社会主义制度　推进国家治理体系和治理能力现代化若干重大问题的决定》，http://www.xinhuanet.com/politics/2019—11/05/c_1125195786.htm。

发改委在福州召开东部地区座谈会，在成都召开西部地区座谈会，在武汉召开中部地区座谈会。[①] 面向国内外专家学者的咨询有利于认清城镇化发展的国际规律，对于"规模经济"和"极化经济"及其在空间规划领域的应用相较前一个时期更加科学、全面的认识，更容易使"重点发展小城镇"政策的理念进入中央决策层。如图5-6所示，"十三五"规划的整个出台过程包括四个阶段、十个步骤，编制期间充分吸收了部门、地方、专家的意见，事前协商吸纳事后制衡。西方的民主就如同比萨饼，馅都摊在外边；中国的民主如同包子和饺子，馅是包在里面的，很实在。[②] 参与党的《中共中央关于制定国民经济和社会发展第十三个五年规划的建议》（图5-6上简称党中央《建议》）起草组的成员有中央党校常务副校长李景田、中国科学院常务副院长白春礼、黄志坚，中国社科院常务副院长王伟光，中国社科院人口与劳动经济研究所所长蔡昉等人；而参与《中华人民共和国国民经济和社会发展第十三个五年规划纲要》（图5-6上简称《纲要》）起草的则有国家宏观经济研究院常务院长王一鸣等人。[③] 其中，蔡昉就是流动人口权益保障的积极倡导者，也是破除乡城人口流动障碍的拥趸者，这就有力地塑造了"重点发展小城镇"政策的要素流动市场环境。

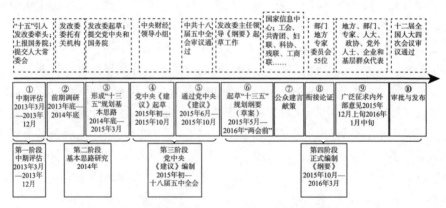

图5-6 "十三五"规划出台过程（作者自绘）

资料来源：王绍光、鄢一龙：《大智兴邦：中国如何制定五年规划》，中国人民大学出版社，2015年，代序第1~5页。

---

① 王绍光、鄢一龙：《大智兴邦：中国如何制定五年规划》，中国人民大学出版社，2015年，第238~240页。

② 《"你所不知道的五年规划"（3）：中国决策过程特征是"事前协商吸纳事后制衡"》，http://news.sina.com.cn/o/2016-03-23/doc-ifxqnnkr9926578.shtml。

③ 《"你所不知道的五年规划"（4）：五年规划编制如何借助外脑》，http://www.sohu.com/a/65457100_115496。

"重点发展小城镇"阶段的政策企业家，改变了"积极发展小城镇"阶段以费孝通为代表的政策企业家将小城镇发展问题建构成为"低成本"分散城镇化破解"人地关系紧张"的思路。他们基于"规模效应""极化效应"和制度分析，将全面开花式的分散城镇化贴上了"低效率""污染环境""不得已而为之"的标签，同时用大中城市为主体的城镇化替代小城镇的历史功能，即通过破除乡城人口流动藩篱，让农民工的就业和致富问题在大中城市得以解决，通过流入地的公共服务均等化来解决"离土又离乡"的后顾之忧，通过大中城市和重点小城镇的发展来破解"人地关系紧张"的国情。总体上来看，政策企业家用"重点发展小城镇"的功能全面替代了"积极发展小城镇"的历史功能，是在社会主义市场经济背景下，符合国际惯例和城镇化发展规律的"必由之路"。"离土又离乡"的集聚城镇化被建构为一种经济社会综合效益优于"离土不离乡"的分散城镇化的替代方案。

二、政策之窗

按照"常规政策之窗""溢出政策之窗""自由裁量政策之窗"和"随机政策之窗"的四种类型划分，"重点发展小城镇"政策阶段的政策之窗类型，表现为常规型、溢出型和自由裁量型的混合。常规型政策之窗不难理解，制度化、常态化的党和政府的重要会议，法律、法规的制定和调整，使得常规型的政策之窗随时可以打开。下面着重分析"溢出型"和"自由裁量型"两种类型。

"溢出型"政策之窗主要体现为市场经济体制和户籍制度、土地制度和财税制度等"制度红利"的不断显现。伴随着社会主义市场经济体制的不断完善，市场在资源配置中的作用不断强化，在价格和收入杠杆的撬动下，生产要素不断向大中城市和重点小城镇集聚。2000—2015年间，户籍制度改革稳步推进，小城镇户籍全面放开，大中城市的户籍在"准入条件"放宽和"居住证"剥离户口福利的两个路径上"分进合击"，阻挡乡城人口流动的户籍闸门开口越来越大，使得人口在大中城市和中心城镇落户安家、长期居住成为可能。以成渝城乡统筹试验区所代表的土地确权办证、承包经营权流转、地票制度等地方试点和实践，党的十八大以来关于农村土地所有权、承包权、经营权"三权分置"以致后来的"三块地"改革（农村土地征收、集体建设性用地入市、宅基地改革），基层的探索和中央的顶层设计，不断释放着农村土地的权能，为农民进城逐步扫清财产权障碍。1994年的分税制改革、2003年的农村税费改革、2006年的全面取消农业税与"乡财县管"改革，在以农业税为主体的乡镇促生了"撤乡并镇"实践，在以工商业税为主体的乡镇引发了"扩权强镇"和中心镇优先发展实践。

"自由裁量型"政策之窗主要体现为地方的"撤乡并镇"实践和"扩权强镇"实践。遵循充分发挥中央和地方两个积极性的思路，加之乡镇撤并的权限在省级政府机关，从20世纪末，江苏、浙江、广东、山东等地的"撤乡并镇"行政区划调整到2003年农村税费改革后引发的"撤乡并镇"实践和"扩权强镇"实践，地方在"试点先行"的政策思路下，不断突破"积极发展小城镇"政策阶段的制度藩篱，自下而上地推动着中央政策的变革。

三、耦合逻辑

根据"问题之窗"开启时问题寻找答案的"随之而来"模式与"政治之窗"开启时方案寻找问题的"教条"模式划分，"重点发展小城镇"阶段的耦合逻辑呈现出典型的"教条"模式特征。

关于城市化与小城镇道路的争论，自人民公社解体，恢复乡镇建制起就已经存在。比如，宗寒发表在《求索》1982年第1期的文章《试论我国的城市化道路》一文中指出：社会生产力发展到一定阶段，农村人口将逐渐减少，非农业人口将逐渐增加，城市经济的地位和比重将逐渐上升，这是不以人们意志为转移的客观规律。[1] 陈可文发表在《求索》1982年第5期的文章《论城市化不是唯一的道路——兼与宗寒同志商榷》一文中指出：工业化必然导致城市化是资本主义制度的演进逻辑，社会主义可以打破这个逻辑。社会主义国家实行"工厂乡村化"不仅有必要而且有可能。[2]

如果说改革开放初期的这场讨论还带有明显的"意识形态"痕迹的话，那么伴随着家庭联产承包责任的确立和国企改革的推进，尤其是在邓小平1992年南方谈话和党的十四大确立社会主义市场经济体制以后，尤其是20世纪90年代中后期，伴随着乡镇企业的改制，小城镇道路作为唯一道路或者城镇化主体地位的论点不断受到挑战，辜胜阻的"据点式"城镇化战略、王小鲁的最优城市规模和大中城市优先发展理论、周一星对于重点发展小城镇的实证反驳、陆大道的"点-轴系统"理论都发轫于20世纪90年代。伴随着改革开放的深

---

[1] 宗寒：《试论我国的城市化道路》，《求索》，1982年第1期，第1~7页。

[2] 陈可文、陈湘舸：《论城市化不是唯一的道路——兼与宗寒同志商榷》，《求索》，1982年第5期，第27~32页。

入，对于世界城市化发展规律的认识不断深化，中国的小城镇不再作为西方高度城市化之后功能疏解型的卫星城和花园城市的等价物。

规模经济理论和极化经济理论在世纪之交被引入、争论，并逐步走向成熟，"重点发展小城镇"政策解决方案所要做的就是等待 21 世纪的政治环境和附着其上的一系列问题——"半城市化问题""流动人口的权益保障问题""小城镇低弱散同问题"。这一阶段的耦合逻辑充分契合了方案寻找问题的"教条"式耦合逻辑。

第五节　本章小结

如图 5-7 所示，小城镇发展政策由"积极论"转向"重点论"是问题源流、政治源流和政策源流三大源流不断成熟，并在政策企业家的努力之下，推开政策之窗，实现政策变迁的结果。

从问题源流来看，问题溪流中流淌的主要表现为三大问题：一是城镇化的质量问题。突出表现为人口城镇化滞后于工业化和非农化，人口城镇化滞后于土地城镇化，户籍人口城镇化滞后于常住人口城镇化。这种"半城镇化"和"不完全城镇化"问题客观上要求加快大中城市发展和重点小城镇发展，以提升城镇化质量。二是大量流动人口的权利保障问题。伴随社会主义市场经济体制的确立和不断完善，在市场机制作用下，大量农村人口迁入城市就业、居住、就医、入学，引发相应的"平权"诉求，广大农民工群体（尤其是新生代农民工群体）大都选择定居县城和建制镇以上层次。为了回应大规模流动人口的权利诉求，国家一方面在大中城市积极推进农业转移人口市民化，另一方面优先发展重点小城镇以满足返乡农民工的权利诉求和留守儿童、空巢老人等流出地社会治理问题。三是小城镇"低、小、散、同、弱"问题。度过黄金发展期的乡镇企业在 20 世纪末表现出"产业低端、规模偏小、布局分散、技术低下、环境污染、离农倾向"等问题，从而造成小城镇人口规模偏小、用地粗放、市政公用设施投资不足等问题，客观上要求优先发展重点小城镇以提升规模效应。隐藏在问题源流中的利益调试过程，重在解决漂浮在城乡之间的大规模流动人口的权利问题，调试的结果是一部分人口的诉求在大中城市满足，另一部分人口的诉求在重点小城镇解决。问题源流成熟的标志，从客观上来讲是日益凸显的"小城镇病"，从主观上来讲是国家领导人对于流动人口权利的认识和表态，突出表现为"3 个 1 亿人"的表述。

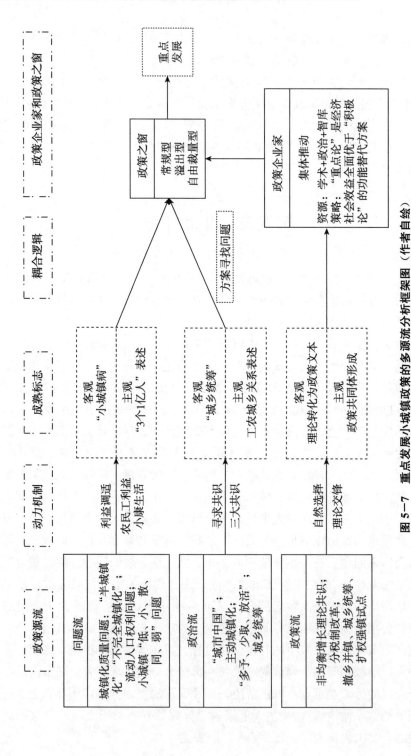

图 5—7　重点发展小城镇政策的多源流分析框架图（作者自绘）

从政治源流来看，一方面伴随社会主义市场经济体制的不断完善，市场机制在资源配置中备受推崇，为了满足大规模流动人口向城市流动、在城市落地生根的诉求，国家实施了"五大统筹"和公共服务均等化战略。另一方面户籍制度改革不断深化，大中城市的户籍制度由"指标管理"向"准入管理"演变，流动人口管理由"暂住证"向"居住证"转变，附着在户籍制度上的各种福利待遇不断剥离。同时 1994 年的分税制改革、2003 年的农村税费改革、2006 年的全面取消农业税和"乡财县管"改革，造成乡镇财政状况分化，催生了两大后果：以农业税为主体的贫穷乡镇实施"撤乡并镇"以压缩财政支出，以工商业税为主体的富裕乡镇试点推行"扩权强镇"和中心镇优先发展策略。政治源流中不断形成的"共识"是充分发挥市场机制作用，促进城乡要素自由流动。政治源流成熟的标志，从客观上来讲是"城乡统筹"系列配套制度的出台；从主观上来看，是国家领导人关于"以工补农、以城带乡"新型工农城乡关系的表述。

从政策源流来看，"非均衡发展理论"在理论争鸣中渐成主流。经济学家对于"规模效应"的推崇，城市规划（地理）学家对于"极化空间"的倡导，制度学派对于交易成本和迁移成本的考察，体改工作者对于分散城镇化的反思，小城镇积极发展论者的思想转变，形成了一股强大的"非均衡发展"思想合力，推动小城镇发展理论由"积极论"向"重点论"转化。1994 年分税制改革之后，中央财政的充盈和转移支付力度的加大，为优先发展大中城市的"集聚型"城镇化提供了财力支撑。省级政府的建制镇行政区划调整权限，以及苏、浙、粤、鲁等地的"撤乡并镇"实践和成渝"城乡统筹"试点，增加了小城镇重点发展论的政治可行性。在"积极论"和"重点论"的思想碰撞过程中，尤其是在秦尊文和陈美球的两次理论交锋中，"重点论"逐渐掌握话语权，占据主流。政策流成熟的标志，从客观上来看，是"非均衡增长"的理论共识，尤其是对世界城镇化规律的"重新认识"；从主观上来看，国家领导人对于城市的重新认识，具体表现在政策文件中对于大中城市和小城镇发展政策的重新表述。

从政策企业家方面来看，促进"非均衡发展"理论共识，促使小城镇政策向"重点论"转变的学者，有以辜胜阻、王小鲁、樊纲为代表的经济学家，有以周一星、陆大道为代表的城市地理学家，有以杨小凯、赵燕菁为代表的制度分析学家，有一批体改工作者，这一时期的政策企业家具有集体推动特征。这批政策企业家拥有丰富的学术（知识）资源、政治资源和智库通道，不断推动理论研究向政策文本和实践探索转化。政策企业家采取了截然不同的"问题建构"策略，他们将"离土不离乡"的"分散型"城镇化建构为"低效率""污染环境""不得已而为之"的城镇化道路。同时将非均衡的"集聚型"城镇化建构为一种经济社会效益全面优于"积极论"的功能替代方案。

从政策之窗的类型来看，"常规型"的党政会议、决议和政策文本政策之窗依然开启。同时得益于社会主义市场经济体制的不断完善所带来的"制度红利"，"五大统筹"尤其是城乡统筹配套制度所带来的"制度统筹红利"，溢出效应显著，构成重点发展小城镇政策的"溢出型"政策之窗。"撤乡并镇""扩权强镇""城乡统筹"等先行先试的地方试点，表现为典型的"自由裁量型"政策之窗。

从耦合逻辑方面来看，"非均衡发展"理论和小城镇发展"重点论"在20世纪90年代的中国学者之中就开始酝酿，并逐步成熟；如果放眼全球，则"非均衡论"在20世纪50—60年代就已经走向成熟，它只是在政策溪流中静静地流淌，等待"智者"的重新发现。从这个意义上来讲，小城镇发展"重点论"的转向，遵循政治之窗开启时，方案（答案）寻找问题的"教条"模式。

第六章　特色发展小城镇政策
阶段的多源流分析

2016 年 10 月，发改规划〔2016〕2125 号文系统阐述了发展特色小（城）镇的重大战略意义和现实意义，充分肯定了特色小镇建设的"浙江模式"。① 这标志着浙江自下而上的特色小城镇探索获得中央顶层设计的认可，小城镇发展政策掀开新的一页。

第一节　问题流

根据第三章的文本分析，我国城镇的行政等级化管理体制导致权力和资源的行政中心偏向，这种偏向主要通过权限设置、资源配置和制度安排三种途径来实现。发轫于粤浙两地的"扩权强镇改市"行政体制改革，是在现有行政区划体制下，赋予经济发达镇相应经济社会和行政管理权限的治理体系改革探索，是冲破城镇行政等级化藩篱的"焦点事件"。改革开放 40 年，我国的城市群体系，尤其是东部城市群体系逐步走向成熟，城市群内部形成了完整庞大的产业链，集聚效应和扩散效应日趋显著，空间布局向网络化结构演进，不同等级城镇之间的联系日益密切。

一、城市体系等级化

我国的城市与西方"自治城市"的传统不同，是具有不同行政等级的存在，不同等级的城市所掌握的权力、拥有的资源差异悬殊。国外城市大都是"切块设市"而来的小规模实体，拥有城市自治传统，采用市民自治方式进行

---

① 《国家发展改革委关于加快美丽特色小（城）镇建设的指导意见》，http://www.ndrc.gov.cn/zcfb/zcfbtz/ 201610/t20161031 _ 824855. html.

管理，不存在行政等级之分。我国的城市主要采取"整建制设市"模式，涵盖了城市与乡村，不同的城市拥有不同的行政等级。上至直辖市，下至一般建制镇，共有七级城市序列划分。平均来看，我国城市人口和用地规模，随着城市行政等级的提高，呈指数递增趋势。① 王垚、年猛分析指出：在控制历史、自然条件、市场潜力等影响城市人口增长因素的条件下，1991—2010 年间，高行政等级城市的人口增长率比其他行政等级城市高 1.6 个百分点，行政等级越高，城市达到人口门槛值的时间就越早，总体发展水平也就越高。② 总体来看，我国的城镇管理体制有四个特点：（1）城镇等级化。（2）向上集聚的行政和市场资源配置态势。（3）城市管辖农村的"城乡合治"。（4）实行差别化管理和公共服务供给的相对封闭社区。

政府在权力和资源配置、制度安排等方面，偏向于高行政等级城市，产生"行政中心偏向"。行政中心偏向对城市规模增长的影响主要有三种途径：权限设置、资源配置和制度安排。"权限设置"是指高等级城市在立法、行政、经济和社会管理权限方面明显优于低等级城市，动员和配置资源的能力较强。"资源配置"是指高等级城市因处于权力和决策中心，上级政府给予的资源和机会较多，基础设施和公共服务水平明显优于低等级城市。"制度安排"是指因为"摸着石头过河"和"试点先行、典型示范、全面推广"的政策逻辑，高等级城市更早、更多地享受"制度红利"。

尽管面临"土地财政"收益、财税使用、市场投资等方面的行政和资源配置劣势，东部沿海地区，尤其是粤浙两省，相当一部分小城镇的产业发展、城镇建设、经济和人口规模增长速度等综合指标远超其上位城市。甚至在其财政收入上缴之后，仍然保持着快于其上高等级城市的增长速度。③ 第六次全国人口普查数据显示，2010 年全国常住人口超过 10 万人的一般建制镇（不含县城关镇）有 315 个。《国家新型城镇化报告（2015）》指出：截至 2015 年底，全国镇区人口超过 10 万人的建制镇有 238 个，镇区人口超过 5 万人的建制镇有885 个。④

① 魏后凯：《中国城市行政等级与规模增长》，《城市与环境研究》，2014 年第 1 期，第 4~17 页。
② 王垚、年猛：《政府"偏爱"与城市发展：以中国为例》，《财贸经济》，2015 年第 5 期，第 147~160 页。
③ 李铁：《城镇化呼唤新体制》，《中国改革》，2001 年第 12 期，第 30~31 页。
④ 徐绍史、胡祖才：《国家新型城镇化报告（2015）》，中国计划出版社，2016 年，第 8 页。

改革开放以来，我国城市化道路遵循"政府主导＋市场推动"[①] 的混合动力模式。行政中心偏向造成再分配资源和市场资源要素持续大规模地流向高等级城市[②]，导致首位城市过度集中[③]和对其他城镇的"虹吸效应"。[④] 要真正落实"协调发展"城镇化战略，亟须打破城镇体系等级化体制，具体改革措施包括：（1）以发展潜力和综合承载能力为依据控制城市规模。综合承载能力包括区域资源环境承载能力、城市基础设施容量、人口吸纳能力。[⑤]（2）维护城市之间的公平竞争环境。由"政府主导＋市场推动"转向"政府引导＋市场主导"，着力疏解已经超载的特大城市功能，实现"去功能化"，同时着力提升中小城市和小城镇的产业支撑和公共服务能力。（3）以扩权为重点促进小城镇发展。对镇区人口达到设市标准的建制镇，启动"镇改市"试点；加大建制镇的公共投入，提高建制镇的公共服务能力和水平；深化扩权强镇试点，扩大建制镇的行政、经济和社会管理职能。避免行政区划与经济发展错位的"小马拉大车"[⑥] 现象。

二、扩权强镇改市试点

2008 年 10 月，党的十七届三中全会通过的《中共中央关于推进农村改革发展若干重大问题的决定》提出：依法赋予人口经济大（强）镇相应行政管理权限。[⑦] 2010 年 4 月，中央编办发〔2010〕50 号文在 13 个省遴选了 25 个经济发达镇试点调整区划、下放权限、机构改革三个方面的"强镇扩权"行政管理体制改革。[⑧] 2010 年 6 月，发改地区〔2010〕1243 号文提出：将有条件的重

① 王垚、王春华、洪俊杰等：《自然条件、行政等级与中国城市发展》，《管理世界》，2015 年第 1 期，第 41～50 页。

② 蔡昉、都阳：《转型中的中国城市发展——城市级层结构、融资能力与迁移政策》，《经济研究》，2003 年第 6 期，第 64～71。

③ Harry W. Richardson：The Costs of Urbanization：A Four－Country Comparison，Economic development and cultural change，1987，35（3）：561－580.

④ Vernon Henderson：Urban primacy，external costs，and quality of life，Resource and energy economics，2002，24（1）：95－106.

⑤ 改革开放以来我国控制城市规模的三大措施是：城市规划控制、城市户口控制、产业疏散控制。

⑥ 费孝通：《小城镇　新开拓（五）》，《瞭望周刊》，1985 年第 3 期，第 22～23 页。

⑦ 《中共中央关于推进农村改革发展若干重大问题的决定》，http://www.qov.cn/jrzg/2008－10/19/content_1125094.htm.

⑧ 刘超：《"强镇扩权"：理论逻辑与实践困境——兼谈中心镇治理模式创新》，《云南社会科学》，2013 年第 6 期，第 15～19 页。

点中心镇培育成为小城市，赋予江浙两省部分人口规模大、经济实力强的中心镇部分县级经济社会管理权限。① 2012 年 11 月，党的十八大报告强调要深化乡镇行政体制改革。2013 年 11 月，十八届三中全会决定指出：可赋予人口经济大（强）镇与其实力相匹配的管理权。② 相关改革要求随后写入中发〔2014〕4 号文。2014 年 12 月，国家发改委、财政部等 11 个部委联合印发《国家新型城镇化综合改革试点方案》（发改规划〔2014〕2960 号），确定浙江省温州市苍南县龙港镇探索精简、高效、创新的新型设市模式，吉林省延边朝鲜族自治州安图县二道白河镇探索行政管理创新、行政成本降低的设市模式。其中龙港镇的试点措施包括：明确"县级单列管理"基本定位，下放财政权、审批权和行政执法权③（2019 年 8 月，龙港镇撤镇设县级市，由浙江省直辖，温州市代管）。2016 年 2 月，国发〔2016〕8 号文指出：在用地权、人事权、财权、事权等领域赋予镇区人口 10 万以上的特大镇部分县级管理权限，允许其建设与人口规模相适应的市政设施。加快推进特大镇改市和设市模式改革。④ 2016 年 12 月，中共中央办公厅、国务院办公厅发布在基层治理、综合执法、财金管理、管理权限、行政审批、机构设置、用编用人等领域深入推进"强镇扩权"改革的指导意见。

浙、粤、苏、鲁、皖、鄂、冀、豫、川等地积极开展了行政审批、财政、规划、城市管理执法权等方面的强镇扩权行政体制改革。其中具有典型意义的三类模式分别是：率先培育"镇级市"的浙江模式，分类推进"简政强权"事权改革的广东模式，创新"前台+后台"基层治理体制的江苏模式。扩权的方式有委托执法、联合执法、派驻机构服务等，扩权的内容涵盖事权、财权、人事权、用地指标等。2009 年 1 月，《吉林省人民政府关于印发吉林省百镇建设工程实施方案的通知》（吉政明电〔2009〕1 号）确立了以"城建费用全额返还，设置独立国库，坐实镇级财政"为特点的扩权强镇吉林方案。

浙江省的"强镇扩权"改革围绕重点镇（中心镇）增能赋权的思路展开。2005 年 9 月，绍兴县将适合属地就近下沉管理的劳动用工、安全生产、城建

---

① 《国家发展改革委关于印发长江三角洲地区区域规划的通知》，http://www.gov.cn/zwgk/2010-06/22/content_1633868.htm。

② 《中共中央关于全面深化改革若干重大问题的决定》，http://www.gov.cn/jrzg/2013-11/15/content_2528179.htm。

③ 《关于印发国家新型城镇化综合试点方案的通知》，https://www.ndrc.gov.cn/xxgk/zcfb/tz/201502/t20150204_963756.html。

④ 《国务院关于深入推进新型城镇化建设的若干意见》，http://www.gov.cn/zhengce/content/2016-02/06/content_5039947.htm。

监察、环境保护 4 项职能委托授予其下的 5 个中心镇。2006 年 10 月，嘉兴县试点镇域土地出让金的让利改革（镇得收益上浮 10%）。2007 年 5 月，《关于加快推进中心镇培育工程的若干意见》（浙政发〔2007〕13 号）指出：加快推进 141 个试点镇用地指标、投入体制、经济管理、城镇规划、公共服务、财政体制等 10 个领域的行政体制改革。浙江的"强镇扩权"改革主要是县、镇两级政府权力关系的调整。2007 年度绍兴县强镇扩权举措入选"十大地方公共决策实验"。

2010 年 3 月，温州市开启旨在解决经济发达镇"责大权小"矛盾的"镇级市"改革试点，赋予镇级政府城市建设和管理权能。2010 年 10 月，《关于进一步加快中心镇发展和改革的若干意见》（浙委办〔2010〕115 号）将"强镇扩权"试点范围扩大至全省 200 个中心镇，同时启动中心镇小城市培育试点。2010 年 12 月，《浙江省强镇扩权改革指导意见》（浙发改城体〔2010〕1178 号）明确落实了主要以委托、交办方式开展省级中心镇扩权改革。2010 年 12 月，《浙江省人民政府办公厅关于开展小城市培育试点的通知》（浙政办发〔2010〕162 号）确定首批 27 个旨在推动特大镇向小城市转型的小城市培育试点中心镇。之后，2014 年 3 月〔《浙江省人民政府办公厅关于公布第三批小城市培育试点名单的通知》（浙政办发〔2014〕43 号）〕，第二轮扩围 16 个；2016 年 12 月〔《浙江省人民政府办公厅关于公布第三批小城市培育试点名单的通知》（浙政办发〔2016〕168 号）〕，第三轮扩围 26 个。浙江省分 3 轮（1 轮 3 年）共确定 69 个镇改市试点，其中龙港镇已于 2019 年 8 月顺利升格县级市。2014 年 6 月，《浙江省人民政府办公厅关于印发浙江省强镇扩权改革指导意见的通知》（浙政办发〔2014〕71 号）确定省级中心镇尤其是小城市培育试点镇的经济社会管理事项扩权指导目录。浙江"镇改市（镇级市）"的本质是扩权强镇的升级版，是在现有行政区划框架内按照城市建设管理标准的深度增能赋权。[1]

"强镇扩权"改革克服了"小马拉大车"人事权问题、"看得见、管不着"的事权问题、财政供给不足问题，提高了政府公共服务能力，增强了城镇发展的自主性和活力。

---

① 王克群：《谈谈强镇扩权改市的意义》，《机构与行政》，2011 年第 2 期，第 18~20 页。

三、城市群体系逐渐成熟

2001 年 12 月，中国成功加入世界贸易组织，伴随着社会主义市场经济体制的不断完善，中国经济开始深度融入全球分工和贸易网络，东部沿海城市群作为领头雁率先成型，成为参与全球经济竞争的主体形态。2000 年以后，中国城镇化进程持续加速，要素流动速度加快、空间扩大，各级城镇之间的联系网越织越密，中西部城市群陆续形成，城市群逐渐成为中国推进城镇化的主体形态。

2006 年 3 月，国家第一个"五年规划"（"十五"及以前称为"五年计划"）——"十一五"规划纲要首次提出以城市群为主体形态推进城镇化。2007 年 10 月，党的十七大报告提出增强城市群综合承载能力和经济辐射能力。2011 年 3 月，"十二五"规划纲要指出：增强城市群辐射带动作用，东部城市群要提升国际竞争力，西部城市群要逐步培育壮大，粤港澳瞄准世界级城市群目标。2012 年 11 月，党的十八大报告提出要科学规划城市群布局和规模。2014 年 3 月，《国家新型城镇化规划（2014—2020 年）》提出：要以城市群为主体形态，推动城镇化协调发展。东部城市群要瞄准"世界级城市群"目标，提升其内部中小城市和建制镇承接特大城市疏散功能与经济人口集聚能力。积极培育中西部城市群。增强城市群一体化程度和协调发展机制。2016 年 3 月，"十三五"规划纲要指出：以城市群为主体形态推进新型城镇化建设。建设长三角、珠三角、京津冀三大世界级城市群，差异化引导东中西部城市群发展，提升城市群一体化协调发展水平和机制。以城市群为载体解决中西部地区 1 亿人就近城镇化问题。2017 年 10 月，党的十九大报告指出：以城市群为主体构建推动形成协调发展城镇格局。

2010 年 12 月，《国务院关于印发全国主体功能区规划的通知》（国发〔2010〕46 号）把城市群作为推进"优化＋重点"开发区域城镇化的主体形态。2012 年 8 月，《国务院关于大力实施促进中部地区崛起战略的若干意见》（国发〔2012〕43 号）指出：发挥核心城市群辐射带动作用，促进健康城镇化。2014 年 9 月，《国务院关于依托黄金水道推动长江经济带发展的指导意见》（国发〔2014〕39 号）重申构建以城市群为主体形态的城镇化格局。2015 年 3 月，《推动共建"一带一路"愿景与行动》白皮书指出：依托城市群推动产业集聚与区域合作。

改革开放 40 年来，城市群从无到有，从少到多，从弱到强，数量、名称、空间界限几经变动，政府学界存有共识的城市群数量由 1980 年的 1 个增长到 2010 年最高峰时期的 23 个，再调整、规范、合并为 2015 年的 19 个。具体如表 6-1 所示。

表 6-1　改革开放 40 年来中国城市群数量及名称变化表

时间	城市群数（个）	城市群名称变动
1980—1990 年	1	长三角
1991—2000 年	3	增加 2 个：珠三角、京津冀
2001—2005 年	10	增加 7 个：海峡西岸、辽东半岛、山东半岛、成渝、中原、武汉、长株潭
2006—2010 年	23	增加 13 个：呼包鄂、南北钦防、哈大长、晋中、江淮、关中、银川平原、环鄱阳湖、天山北坡、滇中、黔中、兰白西、酒嘉玉
2011—2015 年	20	保持不变 14 个； 调整名称 4 个：辽东半岛→辽中南，呼包鄂→呼包鄂榆，南北钦防→广西北部湾，哈大长→哈长； 整合 2 个：武汉＋长株潭＋环鄱阳湖→长江中游，银川平原＋酒嘉玉→宁夏沿黄
2015 年以来	19	保持不变 15 个； 整合 1 个：江淮城市群＋长三角→长三角； 调整名称 3 个：广西北部湾→北部湾，关中→关中平原；兰白西→兰西

资料来源：方创琳：《改革开放 40 年来中国城镇化与城市群取得的重要进展与展望》，《经济地理》，2018 年第 9 期，第 1~9 页。

除却城市群数量、名称、空间范畴的变动之外，1980—2016 年间，19 个城市群在占地面积、承载人口规模总量和占比情况、城镇人口规模总量和占比情况、劳动力人口总量和全社会占比情况、经济总量与所占份额、基础设施（市政设施）与固定资产投入和投资占比情况、实际引进和利用国际资金能力、财税收入贡献情况、金融机构资金存量、居民可支配收入与资金保有量、终端商品消费情况等 11 个方面发生了翻天覆地的变化。

具体如表 6-2 所示，截至 2016 年底，全国城市群以不到 30％的国土面积，承载了 70％以上的人口（城镇人口）和劳动力，80％以上的经济总量、财税贡献和居民收入。1980—2016 年，城市群在上述 11 个领域的增长幅度分别为：51.19％、41.68％、23.33％、55.22％、14.64％、39.78％、91.58％、15.23％、42.26％、16.24％和 35.27％。城市群的人口、经济、空间集聚总量日益增强，是我国推进城镇化和新型城镇化的核心载体和重要抓手。

表 6－2　1980—2016 年中国城市群主要经济指标在全国的地位及贡献动态变化

年份	A	B	C	D	E	F	G	H	I	J	K
1980	19.26	53.07	58.38	43.37	70.42	58.93	47.62	79.14	58.76	75.25	65.18
1985	19.60	57.64	62.09	43.92	70.60	58.98	47.93	77.42	62.32	64.14	64.88
1990	20.51	61.91	65.94	48.10	71.39	60.00	52.87	75.67	78.39	64.45	69.94
1995	21.44	64.99	67.96	56.00	73.40	67.54	77.30	91.66	76.45	63.01	70.69
2000	28.00	69.14	53.98	55.85	75.42	74.69	80.01	84.44	78.90	75.29	78.16
2005	29.12	70.52	57.90	67.09	78.65	89.75	83.60	88.08	93.38	85.02	87.58
2010	29.12	74.34	67.76	73.18	79.64	84.15	86.56	92.29	88.95	83.76	86.85
2011	29.12	77.16	73.45	76.13	79.95	81.48	87.11	88.73	85.87	85.98	87.47
2012	29.12	77.38	73.61	77.26	80.06	82.15	88.06	88.29	86.28	84.81	87.27
2013	29.12	77.24	73.53	74.53	80.11	81.60	89.23	88.71	85.69	84.61	88.28
2014	29.12	77.18	74.97	79.01	80.35	80.59	90.34	88.73	88.39	86.07	88.11
2015	29.12	76.47	72.83	61.53	80.65	81.49	90.32	90.50	85.70	88.78	88.25
2016	29.12	75.19	72.00	67.32	80.73	82.37	91.23	91.19	83.59	87.47	88.17

注：A：城市群面积占全国的比重（%）；B：城市群总人口占全国的比重（%）；C：城镇人口占全国的比重（%）；D：全社会从业人员占全国的比重（%）；E：现价 GDP占全国的比重（%）；F：全社会固定资产投资占全国的比重（%）；G：实际利用外资占全国的比重（%）；H：财政收入占全国的比重（%）；I：年末金融机构存款余额占全国的比重（%）；J：年末城乡居民存款余额占全国的比重（%）；K：社会消费品零售总额占全国的比重（%）。数据来源：同表 6－1。

中国十大城市群[①]与群内城市的发展和空间分布呈非均衡态势，东部沿海城市群存量规模优势明显，但增长速度开始放缓，大中小城市经济规模悬殊、产业协调和互动不够；内陆城市群呈现加速增长态势；城市群集聚效应还停留在经济集聚阶段，人口集聚相对滞后；单中心城市群的空间结构更有利于城市集聚效应的发挥。

仇保兴指出：长江三角洲、珠江三角洲、粤港澳大湾区等城市群的长板是

---

① 京津冀城市群、辽中南城市群、长江三角洲城市群、海峡西岸城市群、山东半岛城市群、中原城市群、长江中游城市群、珠三角城市群、川渝城市群、关中城市群。

完整庞大的产业链，是举世无双的产业集群。^① 曾鹏对我国十大城市群的实证分析得出：以产业链为联系基础的中国十大城市群分工十分清晰，城市的职能分配特点突出。各大城市群在实力强劲的制造业水平之上，因循自身独特的区位、传统、资源优势，拥有了各自独特的产业定位和角色定位。^②

第二节　政策流

2015 年，滥觞于浙江的"特色小镇"政策和实践的创新、扩散经历了"两上两下"的历程，在内涵、治理结构和管理体制上发生了改变。特色小镇政策的创新和扩散表现为地方政府率先创新，中央政府跟进规范，央地多轮互动学习的"M"型政策学习路径。特色小镇政策也展现出非渐进爆发式政策扩散特征，是中央政府的压力控制机制和地方政府的社会化学习机制双重逻辑共同作用的结果，特色小镇的省际扩散表现为"浙江首创—上层吸纳推广—地方跟进采纳"的一般过程。特色小镇的"涌现"是小城镇中的人与外部环境共同作用的结果。特色小镇是具有异质性、自组织性和自适应性的主体（居民、企业家、政府）对环境的主动适应、学习、应对、挑战而形成的复杂性社会经济系统。小城镇内部异质性主体之间的非线性作用和无序互动，会产生各种"隐秩序"，从而形成"特色"，这一过程充满"不确定性"。特色小镇具有自组织、共生性、多样性、强连接、产业集群、开放性、超规模效应、微循环、自适应和协同涌现十大特征。

一、特色小城镇政策的创新与扩散

浙江是第一个"试水"特色小镇创建的省份，"特色小镇"的提法诞生于2014 年的云栖大会。2015 年 1 月，浙江省的《政府工作报告》首倡"企业主体，承载产业升级、历史文化、旅游功能"的"特色小镇"。定位是"非镇（建制镇）非区（经济开发区）"的创新创业平台。2015 年 4 月，《浙江省人民政府关于加快特色小镇规划建设的指导意见》（浙政发〔2015〕8 号）明晰了

---

① 仇保兴：《中国已到城镇化中后期　不能再凭空构造城市群》，《现代城市》，2019 年第 1 期，第 1~2 页。

② 曾鹏、罗艳：《中国十大城市群城市职能结构特征比较研究》，《中国科技论坛》，2013 年第 2 期，第 103~107 页。

特色小镇复合社区、旅游、文化、产业四大功能的"非园（产业园区）非区（行政区划）"内涵特质，明确了产业、面积、投资、文化、生态、生活、运转等方面的指标和功能要求。2016 年 7 月，《住房城乡建设部　国家发展改革委 财政部关于开展特色小镇培育工作的通知》（建村〔2016〕147 号）指出：到 2020 年培育 1000 个左右市场主导、设施便捷、生态宜居、文化产业特色鲜明的特色小镇。遴选范围限定在县城关镇以外的普通建制镇，全国重点镇优先。2016 年 10 月，建村〔2016〕221 号文公布确认了首批 127 个特色小镇名单。2017 年 8 月，建村〔2017〕178 号文确认公布了第二批 276 个特色小镇名单。2017 年 7 月，建村〔2017〕144 号文重申贯彻绿色发展、特色发展要求，延续原有风貌格局、保护传承传统文化。2016 年 10 月，《国家发展改革委关于加快美丽特色小（城）镇建设的指导意见》（发改规划〔2016〕2125 号）区分了作为"非镇非区"双创平台的特色小镇和作为"建制镇"范畴的特色小城镇两种创建形态。特色小（城）镇包括三种类型——镇区常住人口 5 万以上的特大镇、3 万以上的专业特色镇、特色小镇。其有效衔接特色小（城）镇创建和"扩权强镇改市"改革政策与实践，肯定了特色小镇的"浙江模式"。2017 年 12 月，《国家发展改革委、国土资源部、环境保护部、住房城乡建设部关于规范推进特色小镇和特色小城镇建设的若干意见》（发改规划〔2017〕2084 号）指出：重申规范特色小镇"特、精、专"要求，纠偏政府举债建设和房地产化行为。2018 年 8 月，《国家发展改革委办公厅关于建立特色小镇和特色小城镇高质量发展机制的通知》（发改办规划〔2018〕1041 号）提出：构建完善特色小镇典型引路、规范纠偏机制，提升发展质量。

从特色小镇政策的府际互动和政策展开过程来看，2015 年 6 月 5 日，浙江省公布了首批 37 个省级特色小镇创建名单。浙江特色小镇定位"非镇非区"，具备产业"特而强"、功能"有机合"、形态"小而美"、机制"新而活"四大特征。2016—2018 年间，尤其是 2016 年、2017 年，住建部、发改委密集出台有关特色小（城）镇内涵特质、创建要求（办法）、重大意义、规范纠偏、典型引路的规范性文件，肯定或部分肯定了特色小镇创建的浙江样本。特色小镇政策由浙江创始到中央吸纳规范的府际学习互动过程，大体分为四个阶段。

第一阶段，特色小镇政策首先得到浙江省内市县的普遍响应。2015 年 4 月，浙政发〔2015〕8 号文吹响浙江特色小镇建设号角，成立由常务副省长领衔的联席会议制度和主抓主管机构"特镇办"，细化配套建设规则。同年 6 月 5 日，旋即出炉 37 家创建名单。2016 年 1 月，浙特镇办〔2016〕2 号文公布第二批 42 家创建名单和 51 家培育名单。2015 年 7 月，绍政发〔2015〕27 号文规定成立由市长领衔的创建小组，采用"三级联创、梯度培育"方式。"绍兴特镇小组"于同年11月公布33家市级创建名单。2015年8月，温政发〔2015〕44号文将创建任务分解到县区市。2016年3月，温政办〔2016〕20号文公布21家市级创建名单。2016年8月，《温州市特色小镇规划建设三年行动计划（2016—2018年）》（温政办〔2016〕79号）细化出台。宁海县宁政发〔2015〕20号文推出特色小镇建设"369"①计划。浙江全省在1年之内完成了自上而下的省、市、县三级创建政策体系和实践。

第二阶段，中央政府的局部修正。2016年2月，国发〔2016〕8号文使用了"特色小城镇"和"特色镇"两个概念，文件在"扩权强镇"话语下的建制镇改革之外，单列"特色镇"概念，特色创新、市场主体、文化传承、功能疏解等内涵阐述使得"特色小镇"概念呼之欲出。2016年7月，建村〔2016〕147号文正式使用"特色小镇"概念，其所提培育要求与"浙江样本"如出一辙，不同的是其大规模培育的对象是县城镇以外的一般建制镇，全国重点镇优先。第二阶段，住建部的"中央方案"与先行先试的"浙江样本"之间在存有"特色"共识的前提下尚有3点区别：（1）现实载体：建制镇VS"非镇非区"。（2）牵头部门：住建VS发改。（3）治理结构：镇村一体VS功能疏解。

第三阶段，地方推广阶段。2016年10月，中央层面出现了两个版本的特色小（城）镇创建方案：一个是2016年10月8日，发改规划〔2016〕2125号文所确立的"'非镇非区'的特色小镇＋在建制的特色小城镇"的"国家发改委方案"。另一个是2016年10月11日，以建村〔2016〕221号文和此前建村〔2016〕147号文为代表的建制特色小镇"住建部方案"。2016年12月，赣府字〔2016〕100号文阐述的特色小镇"江西方案"基本遵循了发改规划〔2016〕2125号文，也即中央方案的发改委版本。

第四阶段，中央政府的再次修正。2017年7月，旨在规范纠偏特色小镇建设实践的建村〔2017〕144号文在继续强调特色绿色发展的同时，没有提及"建制镇"的载体限制，可以称为"住建部方案2.0版"。2017年12月，发改规划〔2017〕2084号文重申了"特色小（城）镇＝特色小镇＋特色小城镇"的"国家发改委方案"。2018年8月，发改办规划〔2018〕1041号文指明了特色小镇的高质量发展航向。历经央地内部和央地之间的两轮互动学习，中央层面"国家发改委方案"吸纳了"住建部方案"，形成了统一的"特色小（城）镇"中央方案，其中的"特色小镇"部分，在现实载体、牵头部门、治理结构三方

①　"369"特色小镇体系是指："十三五"末创建3个省级、6个市级、9个县级特色小镇目标。

面重归"浙江样本"。①

　　杨宏山、李娉指出：在重大政策制定中，中央与地方之间经由多轮互动学习，公共政策才会走向明晰化、定型化。政策创新中的府际学习通过问题建构、政策实验、经验采纳、权威推广四种机制进行运作。在政策试验阶段，政策学习以地方政府为主，随着政策实验取得成效，政策学习转为以中央政府为主。根据中央政府的介入程度和地方政府的学习能力，可以将地方政府的创新模式分为：中央政府高度关注政策领域和地方政府强学习能力情境下的"争先"模式，中央政府强介入和地方政府弱学习能力情景下的"模仿"模式，中央政府较低关注领域和地方政府强学习情景下的"自主"模式，中央政府介入程度较低和地方政府弱学习能力情境下的"守成"模式。② 对于"特色小镇"政策而言，浙江省的特色小镇初始探索可以视为"自主模式"，而在中央政府在全国推行特色小镇政策阶段，则在不同省份表现出"争先模式"和"模仿模式"的差异化特征。根据"第一行动集团"的差异性，可以将我国的政策学习路径划分为中央政府担任第一行动集团的"W"型学习路径和地方政府担任第一行动集团的"M"型学习路径。特色小镇政策的府际学习和互动经历了"两上两下"的历程，同时在浙江省内部的政策推广又具有"自上而下"的特征。在"一上"阶段，中央政府改变了浙江省特色小镇政策的内涵、治理结构和管理体制；"一下"阶段有模仿、有争先，呈现出浙江方案和中央方案的混合特征；"二上"阶段，中央政府增加了政策的包容性，囊括了特色小镇和特色小城镇两种类型；"二下"阶段，地方政府重新进入以模仿为主要特征的政策学习。具体如图6-1所示。

---

　　① 姚尚建：《特色小镇：角色冲突与方案调试——兼论乡村振兴的政策议题》，《探索与争鸣》，2018年第8期，第84~90页。

　　② 杨宏山、李娉：《政策创新争先模式的府际学习机制》，《公共管理学报》，2019年第2期，第1~14页。

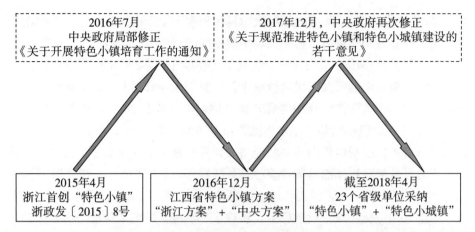

图 6-1　特色小（城）镇政策的"M"型府际学习路径（作者自绘）

资料来源：姚尚建：《城乡一体中的治理合流——基于"特色小镇"的政策议题》，《社会科学研究》，2017 年第 1 期，第 45～50 页。

杨志、魏姝认为：特色小镇政策的省级采纳和扩散表现出典型的非渐进的爆发式政策扩散。中国单一制背景下特色小镇政策的省际扩散所体现的政策爆发是中央政府的压力控制机制和地方政府的社会化采纳机制双重逻辑共同作用的结果。[①]

二、特色小镇政策的理论基础

现代系统科学经历了三代的发展。第一代系统论是 20 世纪 50 年代的"老三论"（控制论、信息论、一般系统论），"老三论"解决了两个问题：一是把基建系统的控制延伸到生物系统，二是把线性系统延伸到非线性系统。第二代系统论是始于 20 世纪 60 年代末 70 年代初的"新三论"（普里戈金的耗散结构论、托姆的突变论、哈肯的协同论），"新三论"解决了系统不确定性结构的问题。第三代系统论是 20 世纪 90 年代美国科学家霍兰和几位诺贝尔物理学奖获得者共同推出的复杂适应性理论（CAS）。复杂适应理论与前两代系统论的最大区别就是把主体对环境的主动适应性、学习能力、应对能力、挑战能力看成推动整个系统前行的发动机。第三代系统论的核心是主体（智能元）。

回溯历史，特色小镇一共经历了四代变迁：第一代特色小镇是"小镇＋一

---

① 杨志、魏姝：《政策爆发：非渐进政策扩散模式及其生成逻辑——以特色小镇政策的省际扩散为例》，《江苏社会科学》，2018 年第 5 期，第 140～149 页。

村一品"，即小镇 1.0 版。小镇的角色是服务"三农"的基地，类似于费孝通笔下的"中心"和"乡脚"的关系。时间跨越整个农业文明时期，大约 2000年。第二代特色小镇是"小镇＋企业集群＋乡镇企业"，即小镇 2.0 版。面临重工业和资金短缺的浙江人民，依靠个体经营与精细化的分工、规模经济和产业协作，织就了一张高频互动的高效经济网，即"块状经济"，时间跨度大约30年。第三代特色小镇是"小镇＋服务业"，即小镇 3.0 版。伴随块状经济的逐渐成熟，人们的视线投向"块状经济之网"所遗漏的小镇历史文化遗产。浙江着手开发旅游业以整合小镇自然文化资源，带动关联产业发展，时间始于20 世纪 80 年代末期。第四代特色小镇是"小镇＋新经济体"，即小镇 4.0 版。快速推进的工业化与城市化进程中，出现了机械分割的空间功能分区、产业功能分区、城市功能分区，人们通过特色小镇创新实行生态、产业、生活功能修复，活化城市血管，重塑城市有机体。

作为一个复杂的经济社会系统存在，特色小镇的特色本质上是在小镇居民、企业家、政府等异质性主体的非线性无序互动中产生的"隐秩序"。这种隐而不彰的秩序，是具有"自适应性"的异质主体对于周围自然、经济、社会、历史、文化、生态环境的创造性回应，从而呈现出"涌现生发"的特质。特色的"广度"和"深度"取决于互动的频次、内容和自适应的程度。从这个意义来讲，特色小镇是"特色"的孵化器，政府的任务是通过公共产品和服务供给塑造互动的环境。

从 CAS 看特色小镇演变需要坚持四项基本原则。原则一：任何复杂的系统总是动态变化的。这种变化强调技术、文化或者制度的颠覆性创新，注重个体能动性的恢复。从这个角度来看，是人的变化导致了特色小镇的变化。原则二：多样性是引致特色的源头活水。创新的涌现依赖政府供给的多样化公共产品和服务满足异质性群体的创新需求。原则三：辩证认识经济社会体系的复杂性与确定性。复杂性源于自适应主体的无序互动所形成的混沌状态。混沌状态之中隐藏着五个确定性的要求，只有遵循这五个要求，特色小镇的"特色"才能凸显，定位才能准确。第一，特色小镇发展的产业必须跟周边的产业有差异，有差异才能互补，互补才能协调。第二，特色小镇的差异必须是内生的。第三，特色小镇必须是绿色发展的，与周边环境相谐和。第四，特色小镇要跟周边的产业功能区或城市功能区互补。第五，特色小镇应该是可体验的，可居住、可旅游、可就业。原则四：适应性造就了复杂性。特色小镇产业和空间的活力来源于个体的自主性，小镇本身就具有企业孵化器的功能。

第三节　政治流

特色小镇政策，尤其是特色小镇的浙江实践，充分体现了我国经济迈入"新常态"之后，传统发展理念向"五大"新发展理念的思想转换，同时也是供给侧结构性改革、产业转型升级和高质量发展的重要抓手。习近平总书记主政浙江期间，就提出了坚定不移走新型城镇化道路的战略并成功实践。特色小镇政策出台之后，党和国家领导人予以充分肯定。在中国的政治运作逻辑中，"领导高度重视"[①]无疑为特色小镇政策迅速获得决策者的注意力分配，顺利进入政策议程，进而实现政策变迁奠定了基础。

一、创新、协调、绿色、开放、共享的新发展理念

2015 年 10 月，十八届五中全会确立了"创新、协调、绿色、开放、共享"的发展理念。[②] 2016 年 7 月，建村〔2016〕147 号文指出：培育特色小镇是"五大"发展理念指引下，促进小镇健康发展的实践探索。2016 年 10 月，发改规划〔2016〕2125 号文指出：特色小（城）镇是落实新发展理念，推进供给侧结构性改革的"双创"平台。2017 年 7 月，建村〔2017〕144 号文指出：特色小镇是推进绿色发展的有效载体。2018 年 8 月，发改办规划〔2018〕1041 号文指出：特色小（城）镇是经济高质量发展的平台。

2016 年 10 月，建村〔2016〕221 号文公布的首批 127 家特色小镇涵盖民族聚居型、工业发展型、商贸流通型、农业服务型、旅游发展型、历史文化型六种类型。其中旅游发展型 64 个，占 50.39%；历史文化型 23 个，占18.11%。合计占比 68.5%。旅游和文化类型的高占比结构也折射出国家五大发展理念的顶层设计。文化和旅游的深度融合，实现开发式保护，注重自然、风貌、历史与生态的谐和，同时也是高质量发展的应有之义。[③]

---

① 庞明礼：《领导高度重视：一种科层运作的注意力分配方式》，《中国行政管理》，2019 年第 4 期，第 93~99 页。

② 《中国共产党第十八届中央委员会第五次全体会议公报》，http://news. 12371. cn/2015/10/29/ARTI1446118588896178. shtml。

③ 孙特生：《特色小镇建设的逻辑与脉络——基于对首批特色小镇的思考》，《西北师大学报（社会科学版）》，2018 年第 4 期，第 138~144 页。

特色小镇具有与生俱来的创新品质。党的十八以来，"新常态""新时代""新矛盾""新动能"等一系列有关经济、社会、管理的新论断、新阐释、新发展，充分体现了新一代中央领导集体对于创新发展的深刻认识与笃定执行的意志。实践探索中"涌现"出来的特色小镇浙江样本，其瞄准新兴未来产业的产业创新、"非镇非区"的管理定位创新，都与中央创新发展的精神实质相吻合。

特色小镇是协调发展环境下的产物。自 2000 年 6 月中发〔2000〕11 号文明确将城镇化发展方针由"控大促小"转向"协调发展"以来，协调发展成为国家城镇化的主旋律，小城镇也成为协调发展的一环。伴随城市群的逐步成熟，2014 年 3 月，《国家新型城镇化规划》确立了城市群在城市化道路中的主体形态地位，协调发展水平进一步提升，小城镇开始担负大城市功能疏解承接者的角色。2016 年 2 月，国发〔2016〕8 号文指明，在新型城镇化背景下，特色小镇接替传统小城镇成为大城市"去功能化"的理想承载主体。特色小镇浙江样本"聚而合"的功能特质，体现了深刻的产业与城市功能协调发展意蕴。

特色小镇自带绿色发展基因。2013 年 12 月，中央城镇化工作会议提出"绿色发展"理念，城镇建设发展要"有山、有水、有乡愁"，与自然的谐和、与文化传统的关联，绿色低碳成为一种"新时尚"。浙江特色小镇"小而美"的形态，3A 或 5A 级风景区的环境创建指标，加之绿色产业的遴选机制，使得绿色发展成为特色小镇自带的发展 Logo。

特色小镇因为开放发展而得益。特色小镇诞生的现实启发来自欧美充分融入全球产业链，承担深度专业化分工的深度特色小镇，它们因全球化而生，因跨界交流碰撞而兴。"一带一路"和"人类命运共同体"所昭示的共生、共荣、共赢的和合理念，是特色小镇融入世界的制度理念土壤。

特色小镇致力共享发展。2010 年以来，共享经济勃兴，中国成为世界第一个出台"网约车"政府许可文件的国家，共享普惠的理念渐成共识。2015 年 2 月，习近平总书记在中央全面深化改革领导小组第十次会议上提出：改革要不断增强人民群众共享改革成果的"获得感"。[①] 不断深化的公共服务均等化改革也在提升共享发展的含金量。特色小镇"小而美"的格局形态提升着小镇居民的"获得感"，同时多样化、共享化的公共服务供给也是小镇规划者孵化创造力和想象力的基础供给。

---

① 《习近平主持召开中央全面深化改革领导小组第十次会议》，http://www. xinhuanet. com/politics/2015-02/27/c_1114457952. htm。

二、新型城镇化战略

2014 年 3 月，《国家新型城镇化规划（2014—2020 年）》提出：城镇化方向由加快速度转向提升质量。[①] 高质量、城市群主体、健康美丽、"人本"、绿色生态、特色发展、"新四化"成为城镇和城镇化发展的新标签和新指针。发展高质量且能有效承载大城市疏解功能的特色镇成为推动新型城镇化的重要一环和题中之义。

2016 年 7 月，建村〔2016〕147 号文指出：培育特色小镇是探路新型城镇化健康发展的重要举措。2016 年 10 月，发改规划〔2016〕2125 号文指出：美丽特色小（城）镇是深入推行新型城镇化战略（供给侧结构性改革）的重要抓手、平台和有效载体。2018 年 8 月，发改办规划〔2018〕1041 号文指出：特色小镇和特色小城镇是新型城镇化与乡村振兴的重要结合点。

2002—2007 年，习近平同志主政浙江时期，在全国首倡并成功落实了"新型城市化"战略。2006 年，浙江在全国率先提出走"新型城市化"道路。同年 8 月，习近平同志将新型城市化工作提升为"一把手"工程，全国第一个"新型城市化"指导性文件《关于进一步加强城市工作 走新型城市化道路的意见》出台。浙江执行新型城市化战略 10 年，城市化率提升 9.3%，城市建成区面积增长 43.84%，城乡居民收入差距缩小 16.87%。浙江成为全国城市化速度最快、城乡一体化程度最高的省份之一。[②]

2015 年 5 月，习近平总书记在考察浙江时，对特色小镇给予充分肯定；在中央经济工作会议上，习近平总书记大段讲述特色小镇，梦想小镇、云栖小镇、黄酒小镇等一一被点到；2015 年 9 月，中财办到浙江调研特色小镇；2015 年 11 月，中财办关于浙江特色小镇的调研报告得到习近平总书记等中央领导的批示。[③]

2015 年 12 月，习近平总书记在中央财办报送的《浙江特色小镇调研报告》上做出重要批示：抓特色小镇、小城镇建设大有可为，对经济转型升级、

---

① 《国家新型城镇化规划（2014—2020 年）》，http://www.gov.cn/zhengce/2014-03/16/content_2640075.htm。

② 李明超、钱冲：《特色小镇发展模式何以成功：浙江经验解读》，《中共杭州市委党校学报》，2018 年第 1 期，第 31~37 页。

③ 余池明：《特色小镇的起源和探索历程》，http://history.people.com.cn/n1/2016/0912/c393599-28710443.html。

新型城镇化建设，都大有重要意义。浙江着眼供给侧培育小镇经济的思路，对做好新常态下的经济工作也有启发。[①]

2018年11月22日，十三届全国政协第十五次双周协商座谈会指出：特色小镇是推进经济转型升级和新型城镇化的新抓手，是践行高质量发展的新平台。[②]

第四节　政策企业家和政策之窗

"特色发展"小城镇政策阶段的政策企业家是当时的浙江省主政者。他们将特色小镇建构为"五大发展理念"的有效载体和推进新型城镇化的重要抓手。政策之窗类型以浙江先行先试所推开的"自由裁量型"政策之窗和具有复杂适应性"涌现"特质的"随机型"政策之窗为主。

一、政策企业家

如果说，"积极发展小城镇"政策阶段和"重点发展小城镇"政策阶段的政策企业家主要是以学者为主的话，那么"特色发展"小城镇政策阶段的政策理论家则更多地是以政府官员为主。

2015年6月，在浙江省特色小镇规划建设工作现场推进会上，省长李强指出：在全省规划建设一批特色小镇，是浙江贯彻落实习近平总书记"在适应和引领新常态中做出新作为"的重要举措。[③] 规划建设小城镇是贯彻落实习近平总书记对浙江"干在实处永无止境、走在前列要谋新篇"指示精神的具体实践，是经济新常态下加快区域创新发展的战略选择，也是推进供给侧结构性改革和新型城市化的有效路径。[④]

2016年8月，翁建荣撰文指出：浙江特色小镇的特色可以概括为，产业

---

① 蔡继明：《要正确认识特色小镇在城乡融合发展中的功能定位》，http://guoqing.china.com.cn/2018-11/12/ content_71786212. htm?f=pad&a=true。
② 汪洋：《特色小镇是践行高质量发展的新平台》，http://it. people. com. cn/n1/2018/1124/c1009-30419493. html。
③ 李强：《用改革创新精神推进特色小镇建设》，《今日浙江》，2015年第13期，第8~10页。
④ 李强：《特色小镇是浙江创新发展的战略选择》，《中国经贸导刊》，2016年第4期，第10~13页。

"特而强"、功能"聚而合"、形态"小而美"、机制"活而新"。这一总结概括随后成为住建部和国家发改委对特色小镇"浙江样本"的标准阐释。特色小镇是加快产业转型升级的新载体、拉动投资的新引擎、供给侧结构性改革的新实践。特色小镇是展示浙江经济社会发展的新名片。一是赢得了中央领导的高度肯定。二是获得了部委领导的高度评价。三是引来了主流媒体的高度聚焦。特色小镇已六上中央电视台《新闻联播》。四是引来了外省市的高密度考察。[①]

2002—2007 年，习近平同志主政浙江期间，就提出了浙江要走资源节约、环境友好、经济高效、社会和谐、大中小城市和小城镇协调发展、城乡互促共进的新型城市化道路。[②] 2014 年 3 月，《国家新型城镇化规划（2014—2020年)》正式发布，新型城镇化上升为国家战略。

总体上来看，这一时期的"政策企业家"将特色小镇政策建构为一个推动产业经济转型升级，践行"创新、协调、绿色、开放、共享"发展理念，推进供给侧结构性改革和新型城镇化的一个有效载体和抓手。

"政策企业家"的实践引起实践基础上的理论创新或理论解读，其中关于特色小镇产生原因的解读，莫过于仇保兴基于复杂适应系统（CAS）的理论解读。仇保兴将浙江特色小镇的发展、演化过程归结为"小镇＋一村一品"的1.0 版本、"小镇＋企业集群"的 2.0 版本、"小镇＋服务业"的 3.0 版本、"小镇＋新经济体"的 4.0 版本。[③] 特色小镇是人与环境相互作用"涌现"出来的，"涌现"的过程充满了不确定性。具有自组织、共生性、多样性、强连接、产业集群、开放性、超规模效应、微循环、自适应、协同涌现十大特征的浙江特色小镇是极具活力的，代表了未来的发展方向。[④]

二、政策之窗

按照"常规政策之窗""溢出政策之窗""自由裁量政策之窗""随机政策之窗"的四种类型划分，特色发展小城镇政策阶段的政策之窗类型表现为常规型、自由裁量型和随机型三种类型的混合。常规型政策之窗类型不再赘述，主

---

①　翁建荣：《高质量推进特色小镇建设》，《浙江经济》，2016 年第 8 期，第 6～10 页。

②　李明超、钱冲：《特色小镇发展模式何以成功：浙江经验解读》，《中共杭州市委党校学报》，2018 年第 1 期，第 31～37 页。

③　仇保兴：《特色小镇的"特色"要有广度与深度》，《现代城市》，2017 年第 1 期，第 1～5 页。

④　仇保兴：《复杂适应理论（CAS）视角的特色小镇评价》，《浙江经济》，2017 年第 10 期，第20～21 页。

要表现为党和中央的会议、文件、决议对小城镇政策的开放性态度与新型城镇化道路的推行。下面重点分析"自由裁量"型政策之窗和"随机型"政策之窗。

2015年1月，浙江省十二届人大三次会议通过的《政府工作报告》作出建设特色小镇的决定。2015年4月，浙政发〔2015〕8号文发布"特色小镇建设指导意见"。2015年6月5日公布第一批37家创建名单。2016年1月，公布第二批42家创建名单和51家培育名单。这些特色小镇政策和创新实践探索，都早于中央层面2016年7月建村〔2016〕147号文首次出台的特色小镇培育要求。

浙江特色小镇"非镇非区"的创新创业发展平台定位是基于浙江经济社会发展的一个制度创新，是在国家全面深化改革、践行五大发展理念和推进供给侧结构性改革的创新之举，充分体现了中央和地方两个积极性的理念。特色小镇政策在浙江省的先行先试和全省范围内的推广充分体现了"自由裁量"型政策之窗的特点，是在国家顶层设计之下的地方实践探索创新。

作为一种复杂性经济社会系统的特色小镇，是由不同异质主体（居民、企业家、官员等）的变异性、对环境的主动适应性和彼此相互作用"涌现"形成的。系统中每一个元素、每一个单元、每一个个体都是有生命力、有主动性的，能学习、能思考的，能主动采取行动，能主动适应环境。[①] 浙江省的特色小镇不是政府规划出来的，而是"涌现"出来的。

特色小镇作为一个"复杂自适应"系统，是具有"自组织""自适应"性的异质性个体与外部环境相互作用产生的。异质性主体之间的相互作用产生"隐秩序"，从而形成"特色"，但是这种"隐秩序"平常是隐而不彰的，"隐秩序"的显现是一种"涌现"过程，充满了"不确定性"。正是因为特色小镇生成的这种"不确定性"决定了浙江特色小镇的政策之窗开启的机会具有了"随机性"的特征，展示出"随机型"政策之窗的结构特征。

三、耦合逻辑

浙江的特色小镇历经四代发展，每一代都是因应不同的外部环境主动回应和创造的结果。"小镇+一村一品"的1.0版本回应了农业、农村、农民产前、产中、产后的服务需求。"小镇+企业集群"的2.0版本是破解国家投资、苏

---

① 仇保兴：《复杂适应理论与特色小镇》，《住宅产业》，2017年第3期，第10~19页。

联援助和大工业缺乏的困境，自主创新的结果。"小镇＋服务业"的3.0版本是基于保护独特历史文化遗存，发展旅游业和服务业的结果。"小镇＋新经济体"的4.0版本是重构城市有机联系，实现产业修缮、生态修复、城市修补的产物。如此可见，特色小镇是"实践基础上的理论创新"，是问题倒逼的结果，也是经济社会发展到一定阶段的产物。

特色小镇的灵感来自"产业富有特色、文化独具韵味、生态充满魅力"的国外特色小镇，如法国的普罗旺斯小镇、美国的格林威治对冲基金小镇、瑞士的达沃斯小镇等。[①] 特色小镇还受到霍华德的"田园城市"理论、万斯的城市区域核心理论、卡尔·艾伯特的"技术小区—技术中心"理论等的启发。但是，浙江的特色小镇"非镇非区"的定位，浙江民营经济和块状经济30多年的积累，无疑使得任何一种西方理论的解读都显得力不从心，浙江特色小镇有其自身的历史背景、发展阶段、经济基础、文化积淀和治理创新。

截至2019年12月31日，在中国知网期刊全文数据库中键入篇名为"特色小镇"的检索条件，共获取期刊文章3400篇，其中2019年990篇、2018年1127篇、2017年936篇、2016年260篇、2015年65篇、2014年以前22篇，期刊发文数量很好地展现了理论对时间的跟随趋势，尤其是理论对浙江特色小镇建设和国家推行特色小镇政策的跟随趋势。

无论是浙江特色小镇4个版本的理论变迁所折射的"实践基础上的理论创新"，国外特色小镇的创建经验触动和既往理论的启发，还是文献对实践的跟随，"特色发展"小城镇政策阶段的耦合逻辑都表现为典型的问题寻找答案的"随之而来"模式。

第五节　本章小结

如图6-2所示，小城镇发展政策由"重点论"向"特色论"转变，是问题流在利益调适中逐渐成熟，政治流在寻求共识中不断成熟，政策流在自然选择和创新扩散中走向成熟，并在政策企业家的积极倡导下实现的。

---

① 常晓华、屈凌燕、王政：《特色小镇是什么？——浙江全面推进特色小镇创建综述》，http://news.xinhuanet.com/local/2016-02/28/c_1118181253.htm.

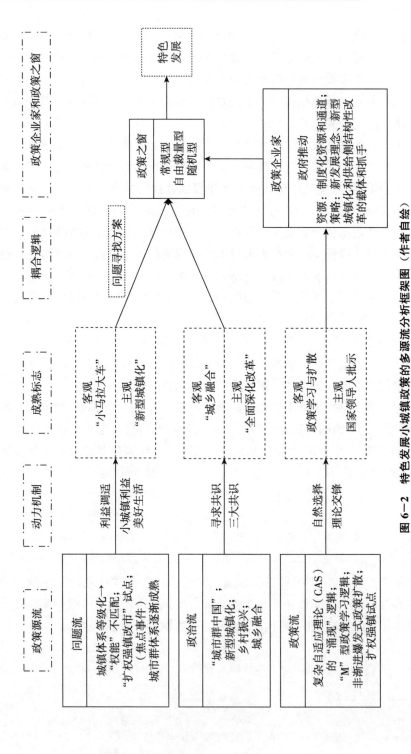

图 6—2 特色发展小城镇政策的多源流分析框架图（作者自绘）

　　从问题源流来看，问题溪流中涌动的主要有三大问题：一是城镇体系等级化问题。城镇的行政等级化管理体制引发不同等级城市和建制镇在权限设置、资源配置、制度安排方面的"行政中心偏向"，造成小马拉大车的"权能错配"现象。尤其是镇区人口超过10万的特大镇的经济发展和社会管理面临显著的体制约束，客观上要求突破原有政策路径，寻求"特色"发展。二是作为"焦点事件"的"扩权强镇改市"试点。发轫于粤浙两地的"扩权强镇改市"探索，树立了特大镇行政管理体制改革和设市模式创新改革的标杆，有力推动了"特色"小镇政策的出台。三是城市群体系逐渐成熟，并成为推动中国城镇化进程的空间主体。城市群体系越成熟，城市群内部的大中小城市和小城镇之间的功能连接越紧密，客观上要求小城镇的"特色"发展，以形成搭配合理、功能互补的完整产业链和复杂的经济社会发展网络。暗藏在问题源流中的利益调适过程，是不同等级城市，尤其是特大镇的经济发展、社会管理与行政体制掣肘之间的矛盾。问题源流成熟的标志，从客观上来讲是全国300余个（第六次全国人口普查数据315个，2015年底238个）镇区人口超过10万的特大镇小马拉大车的"权能错配"问题显著；从主观上来讲是国家领导人已经认识到特大镇的行政管理体制掣肘问题，并且做出了相应的部署，其中习近平总书记在推进新型城镇化建设会议上的若干表述尤为显著。

　　从政治源流来看，一方面，我国经济发展步入"新常态"的背景下，习近平总书记在十八届三中全会上提出"全面深化改革"的目标，继而在十八届五中全会上提出了五大新发展理念，为小城镇的"特色发展"提供了良好的制度环境。另一方面，党的十八大以来，党和国家不断推进以提升城镇化质量为目标的"新型城镇化"战略，小城镇作为城镇化的重要一环，也自然成为新型城镇化战略的重要抓手。党的十八大以来，政治源流中涌动的是不断形成的"全面深化改革"的共识。政治源流成熟的标志，从客观上来讲，是党的十九大把习近平新时代中国特色社会主义思想确立为党的指导思想并写入党章；从主观上来讲，是党和国家领导人对于推进新发展理念和新型城镇化的共识和表述。

　　从政策源流来看，一方面特色小镇的出现是具有异质性、自组织性和自适应性的主体（居民、企业家、政府）对环境的主动适应、学习、应对、挑战而形成的复杂性社会经济系统。小城镇内部异质性主体之间的非线性作用和无序互动，会产生各种"隐秩序"，从而形成"特色"，这一过程充满"不确定性"。复杂适应理论（CAS）很好地揭示了特色小镇的"生发逻辑"。另一方面特色小（城）镇政策的创新和扩散过程具备典型的"非渐进爆发式"特征，同时特色小（城）镇的政策学习过程，经历了"两上、两下"的央地互动，最终得以确立。特色小（城）镇政策的自然选择过程生动地体现在两轮央地政策学习互动过程中。政策源流成熟的标志，从客观上来讲，表现为中央（发改委、住建部）和地方（浙江、江西）的特色小（城）镇政策文件的出台；从主观上来讲，表现为习近平总书记等中央领导人关于《浙江特色小镇调研报告》的批示。

从政策企业家方面来看，有别于前两个阶段的以学者为主的政策企业家，在本次政策变迁中，政策企业家主要由当时的浙江省主政者构成。特色小（城）镇政策成功推广的策略，一方面是习近平同志主政浙江期间即最早提出"新型城镇化"战略，后继的主政者可以充分利用这一政策通道；另一方面政策企业家将特色小（城）镇发展问题建构为推动全面深化改革，落实新发展理念、新型城镇化和供给侧结构性改革的载体和抓手。

从政策之窗的类型来看，特色小镇政策变迁的政策之窗除却党政会议、决议、五年规划、公共政策的"常规型"政策之窗以外，"自由裁量型"和"随机型"政策之窗类型也位列其中。"自由裁量型"政策之窗突出表现为粤浙等地的"特色小（城）镇"先行先试。"随机型"政策之窗突出表现为浙江特色小镇的"涌现"特质，"不确定性"和"非规划性"特质显著。

从耦合逻辑来看，"扩权强镇改市"突破特大镇原有行政管理体制在先，"特色小（城）镇"的粤浙试点改革在先，复杂适应性理论（CAS）、政策创新和扩散理论解读、国外特色小镇实践和霍华德"田园城市"的重新发现在后，符合问题寻找答案的"随之而来"模式。

第七章　三次政策变迁的多源流对比分析

小城镇发展政策由"积极论""重点论"到"特色论"的三次政策转向，在三大政策源流的"内容""动力机制""成熟标志"，政策企业家的"类型""资源""策略"，政策之窗的类型和耦合逻辑四个方面具有截然不同的特征。本章重在对小城镇发展政策三次变迁的多源流耦合过程进行总结性回顾和反思。

第一节　问题源流的对比分析

按照本书建构的"新多源流分析框架"和第四～六章对小城镇发展政策三次变迁的多源流分析，问题源流的考察重在"内容""动力机制"和"成熟标志"三个方面。

一、问题源流的内容

三次政策变迁过程中问题源流的"内容"，或曰"主导性问题"，遵循"经济发展问题—权利保障问题—行政体制问题"的演进逻辑。

积极发展小城镇政策阶段，问题源流中的"核心问题"是解决占全国人口绝大部分的农民的"吃饱、穿暖、有钱花"的问题、发家致富的问题、人民生活水平由半饥半饱向温饱和小康迈进的问题。问题源流中的四大问题（农民生活水平问题、农业剩余劳动力问题、乡镇企业异军突起问题、头重脚轻的城镇体系问题）中，有三大问题与"经济发展"息息相关。

重点发展小城镇政策阶段，问题源流中的"核心问题"是解决乡城流动人口的"权利保障"问题，包括农民工群体在城市就业、就医、居住、子女入学、养老等经济社会权利保障问题。问题源流中的三大问题（"半城镇化"问题、流动人口权利问题、小城镇"低、小、散、同、弱"问题）都与农民工群体在城乡之间自由流动的权利密切相关。

特色发展小城镇政策阶段，问题源流中的"核心问题"是小城镇的行政管理体制改革问题。关键是解决行政等级化城镇体系所造成的"权能错配"问题，尤其是镇区人口超过 10 万的特大镇的"小马拉大车"问题。问题源流中的三大问题（城镇体系等级化、"扩权强镇改市"试点、城市群体系逐渐成熟）都指向小城镇的行政管理体制改革问题。

二、问题源流的动力机制

三次政策变迁过程中问题源流演进的"动力机制"，或曰问题源流中的"利益调适"过程，其中的"主导性利益"遵循"农民利益—农民工利益—小城镇利益"的演变过程。

积极发展小城镇政策阶段，"农民利益"突出表现为：农民通过多种经营，自主支配自身劳动力的利益；农民通过兴办乡镇企业，就地参与工业化进程的利益；农民建设和移居小城镇，就地参与城镇化进程的利益。本阶段，利益调适过程主要是农民"离土不离乡"地实现自身利益的过程。

重点发展小城镇政策阶段，"农民工利益"突出表现为：农民工流动到沿海城市务工的利益；农民工在流入地定居的利益；农民工在流入地扎根，充分市民化的利益。本阶段，利益调适过程主要是以农民工为主的流动人口实现与流入地市民同等权利的过程。

特色发展小城镇政策阶段，"小城镇利益"突出表现为：小城镇获得税收分成和政府投资，发展基础设施的利益；小城镇获得与镇区人口规模相适应的经济社会管理权力的利益；小城镇通过"扩权强镇改市"，顺利升格的利益；小城镇在功能上融入城市群体系的利益。本阶段，利益调适过程主要是小城镇通过行政管理体制改革获得与其体量相适应的经济社会管理权力的过程。

三、问题源流的成熟度

三次政策变迁过程中，问题源流成熟的标志，从客观上来讲，主要表现为核心问题的"指标"和"焦点事件"推动；从主观上来讲，主要表现为党和国家领导人对相关问题的表述。

积极发展小城镇政策阶段，问题源流成熟的标志，从客观上来讲，主要是用"指标"来表征的问题源流四大问题推动"小城镇　大问题"成为客观事实，并且作为"焦点事件"的乡镇企业的异军突起直接推动了问题源流的成熟。从主观上来看，党和国家领导人关于小城镇和乡镇企业的表述，标志着"小城镇　大问题"的客观事实已经成功转化为领导人思想中的"小城镇　大战略"。

重点发展小城镇政策阶段，问题源流成熟的标志，从客观上来讲，主要是用"指标"来表征的问题源流三大问题推动"小城镇病"成为客观事实，并且作为"焦点事件"的"孙志刚事件"促使流动人口权利问题显性化，直接推动了问题源流的成熟。从主观上来看，党和国家领导人关于小城镇和流动人口权利问题的表述，标志着客观事实已经转化为主政者的主观认识。

特色发展小城镇政策阶段，问题源流成熟的标志，从客观上来讲，主要是用"指标"来表征的问题源流三大问题推动镇区人口超过 10 万的特大镇"小马拉大车"的"权能错配"现象成为客观事实，并且作为"焦点事件"的"扩权强镇改市"试点（2019 年 8 月，龙港镇"撤镇改市"）标志着特大镇行政体制改革稳步推进，直接推动了问题源流的成熟。从主观上来看，党和国家领导人关于推进"新型城镇化"的若干表述，标志着特大镇行政体制改革问题已由客观事实转化为主政者的主观认识。

第二节　政治源流的对比分析

按照本书建构的"新多源流分析框架"和第四~六章对小城镇发展政策三次变迁的多源流分析，政治源流的考察与问题源流的考察一致，重在"内容""动力机制""成熟标志"三个方面。

一、政治源流的内容

三次政策变迁过程中政治源流的"内容"，主要表现为伴随党政换届所进行的中国共产党的执政理念（发展战略重心调整）对公民利益诉求的回应。从宏观角度来看，政治源流的三次变迁表现为中国特色社会主义制度的确立、完善和发展；从具体制度来看，主要表现为中国特色社会主义市场经济体制的确立、完善和发展；城乡关系由城乡二元、城乡统筹转向城乡融合；工农关系由"农业支持工业、农村支持城市""工业反哺农业，城市带动乡村"转向"工农互促，城乡互助"。

积极发展小城镇政策阶段，政治源流中的"内容"宏观上表现为中国特色社会主义制度的确立过程，具体表现为中国特色社会主义市场经济体制的逐步确立过程，工农城乡关系中"农业支持工业，农村支持城市"的"城乡二元"关系时期。政治源流中涌动的是社会主义市场经济体制在城市和农村分别展开和乡城流动的户籍壁垒在小城镇破冰，不断回应广大农民"饱肚、挣钱、圆梦"的利益诉求，也就是在农村就地参与工业化和城镇化进程的利益诉求。

重点发展小城镇政策阶段，政治源流中的"内容"宏观上表现为中国特色社会主义制度不断完善的过程，具体表现为中国特色社会主义市场经济体制不断完善的过程，工农城乡关系中"工业反哺农业，城市带动农村"的"城乡统筹"关系时期。政治源流中涌动的是社会主义市场经济体制不断完善过程中城乡要素的自由流动加速，户籍制度、财税制度等配套制度深度变革，不断回应广大流动人口向城市"流动"和在城市"落地""生根"的诉求，也就是广大农民工群体与市民群体同等参与城市化和工业化进程的利益诉求。

特色发展小城镇政策阶段，政治源流中的"内容"宏观上表现为中国特色社会主义制度的改革过程，具体表现为在社会主义市场经济体制改革过程中，市场在资源配置中起决定性作用和更好发挥政府作用，工农城乡关系"工农互惠，城乡一体"的"城乡融合"关系时期。政治源流中涌动的是在全面深化改革和新型城镇化进程中不断回应小城镇的行政管理体制改革诉求，也就是小城镇顺利"升格"和全面融入城市群体系的利益诉求。

二、政治源流的动力机制

三次政策变迁过程中，政治源流演进的动力机制，或曰政治流中的"寻求共识"过程，其中不断凝聚的共识包括对于"发展经济"的共识、对于"体制改革"的共识、对于"推进城镇化"的共识。

积极发展小城镇政策阶段，关于"发展经济"的共识集中体现在党的十一届三中全会将全党工作的重心转移到经济建设上来的伟大决策，以及"贫穷不是社会主义，社会主义就是要消灭贫穷"的认识。关于"体制改革"的共识集中体现为由计划经济体制向有计划的商品经济体制再到社会主义市场经济体制的改革共识。关于"推进城镇化"的共识集中体现为发展小城镇是中国特色城镇化道路的共识。

重点发展小城镇政策阶段，关于"发展经济"的共识集中体现为全面建设小康社会的共识。关于"体制改革"的共识集中体现为完善社会主义市场经济体制的共识和全面、协调、可持续的科学发展观的共识，尤其是统筹城乡发展的共识。关于"推进城镇化"的共识集中体现为推进城镇化健康有序发展、大中小城市和小城镇协调发展的共识。

特色发展小城镇政策阶段，关于"发展经济"的共识集中体现在决胜全面小康和"两个一百年"奋斗目标的共识，精准扶贫、全面脱贫的共识。关于"体制改革"的共识集中体现为全面深化改革、推进国家治理体系和治理能力现代化的共识。关于"推进城镇化"的共识集中体现为经济新常态背景下，推进供给侧结构性改革、高质量发展和"新四化"与新型城镇化的共识。

三、政治源流的成熟度

三次政策变迁过程中，政治源流成熟的标志，从客观上来讲，主要表现为中国共产党的执政理念和制度"共识"形成决议和政策文本；从主观上来讲，主要表现为党和国家领导人对相关问题的阐述。

积极发展小城镇政策阶段，政治源流成熟的标志，从客观上来讲，主要表现为：关于"发展经济"和"体制改革"成熟的标志体现在党的十一届三中全会决议、党的十二大报告、1984年中央一号文件、国务院有关小城镇户籍制度的行政法规、党的十二届三中全会决定、公安部人口管理行政规章、1987年10月党的十三大报告、"八五"计划、1992年10月党的十四大报告、1993年11月党的十四届三中全会决定、国发〔1997〕20号文等党和政府的会议、决议、报告、法规、规章等政策文本中。关于"推进城镇化"成熟的标志体现在1978年4月的全国城市工作会议、1980年12月全国城市规划工作会议纪要、"七五"计划、国发〔1987〕47号文、1989年12月《中华人民共和国城市规划法》、1993年10月全国村镇建设工作会议、建村〔1994〕464号文、体改农〔1995〕49号文、"九五"计划、1996年11月全国村镇建设工作会议、党的十五届三中全会决定等党和国家的会议、决议、法规、规章等政策文件中。从主观上来讲，中国共产党的执政理念和三大"共识"成熟的标志体现在党和国家领导人的一系列表述上。

重点发展小城镇政策阶段，政治源流成熟的标志，从客观上来讲，主要表现为：关于"发展经济"和"体制改革"成熟的标志体现在国发〔2001〕6号文、党的十六大报告、十六届三中全会决定、2005年中央一号文件、2006年中央一号文件、"十一五"规划、2007年中央一号文件、党的十七大报告、党的十七届三中全会决定、2009年中央一号文件、2010年中央一号文件、"十二五"规划、党的十八大报告、2013 年中央一号文件、十八届三中全会决定、2014 年中央一号文件、国发〔2014〕25 号文、2015 年中央一号文件、党的十八届五中全会决议等党和国家的会议、决议、法规、规章等政策文件中。关于"推进城镇化"成熟的标志体现在 2000 年中央一号文件、2000 年 4 月全国村镇建设工作会议、中发〔2000〕11 号文、"十五"计划、2004 年 7 月全国村镇建设工作会议、2013 年 12 月中央城镇化工作会议、2014 年 3 月《国家新型城镇化规划（2014—2020 年）》、2015 年 12 月中央城市工作会议等党和国家的会议、决议、法规、规章等政策文件中。从主观上来讲，中国共产党的执政理念和三大"共识"成熟的标志体现在主要领导和主管领导的系列讲话上。

特色发展小城镇政策阶段，政治源流成熟的标志，从客观上来讲，主要表现为：关于"发展经济"和"体制改革"成熟的标志体现在 2016 年中央一号文件、"十三五"规划、2017 年 10 月党的十九大报告、2018 年中央一号文等规范性文件之中。关于"推进城镇化"成熟的标志体现在国发〔2016〕8 号文、发改规划〔2016〕2125 号文、发改规划〔2017〕2084 号文、发改办规划〔2018〕1041 号文等行政法规和行政规章之中。从主观上来讲，中国共产党的执政理念和三大"共识"成熟的标志体现在习近平总书记有关"全面深化改革""经济新常态""五大发展理念""新型城镇化""供给侧结构性改革"和"高质量发展"等问题的系列讲话之中。

第三节　政策源流的对比分析

按照本书建构的"新多源流分析框架"和第四~六章对小城镇发展政策三次变迁的多源流分析，政策源流的考察与问题源流和政治源流一致，重在"内容""动力机制""成熟标志"三个方面。

一、政策源流的内容

三次政策变迁过程中政策源流的"内容"或曰"主导性理论"遵循"费孝通内生式小城镇理论—非均衡发展理论—特色小镇理论"的演变逻辑，某种意义上来讲也可称为"作为社会学问题的小城镇理论"—"作为经济学问题的小城镇理论"—"作为公共管理学问题的小城镇理论"的演变逻辑。

积极发展小城镇政策阶段的"主导性理论"是费孝通的经典内生式小城镇

理论，或曰"作为社会学问题的小城镇理论"，以"离土不离乡、进厂不进城"，通过集体积累兴办乡镇企业的低成本就地城镇化和就地工业化的"苏南模式"为典型特征。费孝通小城镇理论与这一时期经济学家提出的"三元经济结构"理论和社会学家提出的"三元社会结构"理论相谐和。

重点发展小城镇政策阶段的"主导性理论"是非均衡发展理论，或曰"作为经济学问题的小城镇理论"，经济学家对于"规模效应"的推崇，城市规划（地理）学家对于"极化空间"的倡导，制度学派对于交易成本和迁移成本的考察，体改工作者对于分散城镇化的反思，形成了一股强大的"非均衡发展"思想合流。

特色发展小城镇政策阶段，"主导性理论"是发轫于浙江的特色小镇理论，或曰"作为公共管理学问题的小城镇理论"。浙江特色小镇创新以产业"特而强"、功能"聚而合"、形态"小而美"、机制"活而新"的"非镇非区"创新创业平台为典型特征。特色小镇政策的出现符合复杂适应性理论（CAS）关于"自组织性""自适应性""隐秩序""涌现"等特征和规律的描述。

二、政策源流的动力机制

三次政策变迁过程中，政策源流演进的动力机制，或曰政策流中的"自然选择"过程。自然选择的标准是政策的经济和政治可行性，或者符合特定的政策学习和扩散机制。

积极发展小城镇政策阶段，费孝通经典小城镇发展理论经济可行性在于其所倡导的"离土不离乡、进厂不进城、农工兼业"低成本就地城镇化理论有效契合了改革开放初期国家财力有限尤其是中央财力有限的经济状况和财政包干体制与国家对小城镇的"放任"管理态度。费孝通经典小城镇发展理论的政治可行性在于其所倡导的"工业下乡"的就地城镇化理论契合"城乡二元"体制环境与小城镇行政区划调整的省级管辖体制以及党和国家领导人关于"大城市病""生产城市""均衡城镇化"的城市认知惯性。

重点发展小城镇政策阶段，以"规模效应""极化效应""交易成本"为基础的"集聚型""异地"城镇化理论的经济可行性在于有效契合了1994年分税制改革、2003年农村税费改革、2006年全面取消农业税和"乡财县管"改革造成的中央财政充盈和地方财政分化状况。伴随国家经济总量的稳步提升和分税制改革以来国家财政尤其是中央财政的充盈，国家有能力推动以大中城市为重点的城镇化道路；地方层面，伴随经济发展和财政收入的分化，地方政府更容易接纳小城镇非均衡发展的理论。"集聚型""异地"城镇化理论的政治可行性在于其有效契合了社会主义市场经济不断完善的经济体制环境，有效契合了"城乡统筹"背景下城乡要素自由流动的行政体制环境，有效契合了党和国家领导人有关城市发展理念、城市化规律的认知环境。城乡要素自由流动制度壁垒的系统性破除，营造了非均衡城镇化的政治环境。

特色发展小城镇政策阶段，特色小（城）镇的政策学习路径，遵循地方政府率先创新，中央政府跟进学习、规范，历经"两上、两下"央地互动的"M"型政策学习路径。同时，特色小（城）镇政策的"非渐进爆发式政策扩散"过程，是中央政府的压力控制机制和地方政府的社会化采纳机制双重逻辑共同作用的结果。特色小镇政策的经济可行性在于国家经济发展步入"新常态"背景下，其有效契合了国家倡行的"五大发展理念"，推进供给侧结构性改革和践行高质量发展的经济发展理念。特色小镇政策的政治可行性在于其有效契合了"城乡融合"背景下国家推进特大镇行政体制改革的政治环境。

三、政策源流的成熟标志

三次政策变迁过程中，政策源流成熟的标志，从客观上来讲，主要表现为：历经自然选择过程，脱颖而出的主导性理论顺利进入党和政府的规范性政策文本和主要领导人的系列讲话；从主观上来讲，主要表现为主导性"政策网络"或"政策共同体"的形成。

积极发展小城镇政策阶段，政策源流成熟的标志，从客观上来讲，主要表现为：费孝通有关"小城镇　大问题"的经典内生式小城镇发展理论顺利进入1978年4月全国城市工作会议所确定的城市发展方针、1980年12月全国城市规划工作纪要、1984年中央一号文件、中发〔1984〕4号文、国发〔1984〕141号文、1984年11月《关于调整建镇标准的报告》（国发〔1984〕165号文）、1986年4月"七五"计划、国发〔1987〕47号文、1989年12月《中华人民共和国城市规划法》、1991年4月"八五"计划、1992年10月党的十四大报告、1993年10月全国村镇建设工作会议、1993年11月党的十四届三中全会决定、建村〔1994〕464号文、体改农〔1995〕49号文、1996年3月"九五"计划、1996年11月全国村镇建设工作会议、国发〔1997〕20号文、1998年10月党的十五届三中全会决定（"小城镇　大战略"）、1999年3月朱镕基总理所作的政府工作报告、1999年9月江泽民在党的十五届四中全会闭幕会上的讲话、1999年11月中央经济工作会议等党和国家的会议、决议、法规、规章和国家领导人及主管领导的系列讲话中。从主观上来讲，费孝通小城镇理论成熟的标志体现为：形成了一支专事小城镇研究的科研队伍（以"江苏省小城镇研究课题组"为代表），产出了一系列小城镇专题研究成果（以"小城镇四记"为代表）。

重点发展小城镇政策阶段，政策源流成熟的标志，从客观上来讲，主要表现为：基于"规模效应""极化效应""交易成本"理论的集聚型异地城镇化主张和重点发展小城镇主张顺利进入2000年4月全国村镇建设工作会议、2000年6月《中共中央 国务院关于促进小城镇健康发展的若干意见》（中发〔2000〕11号文）、2001年3月"十五"计划、2002年11月党的十六大报告、2004年7月全国村镇建设工作会议、2006年中央一号文件、"十一五"规划、2007年6月成渝城乡统筹试验区通知（发改经体〔2007〕1248号）、2007年10月《中华人民共和国城乡规划法》、2008年中央一号文件、2008年10月党的十七届三中全会决定、2009年中央一号文件、2010年中央一号文件、"十二五"规划、2012年11月党的十八大报告、2013年中央一号文件、2013年11月党的十八届三中全会决定、2013年12月中央城镇化工作会议、2014年中央一号文件、2014年3月《国家新型城镇化规划（2014—2020年）》、国发〔2014〕25号文、2015年中央一号文件等党和国家的会议、决议、法规、规章中。从主观上来讲，"非均衡城镇化"理论成熟的标志在于形成了一支倡导和推动"规模效应""极化效应""交易成本"理念的，由经济学家、城市规划学家、制度分析学家、体改工作者等成员组成的"政策共同体"，形成了"广义小城镇学"[①]，出版了小城镇研究的专门期刊《小城镇建设》（1984年创刊，曾用名《村镇建设》，2000年开始改用现名）。

特色发展小城镇政策阶段，政策源流成熟的标志，从客观上来讲，主要表现为：特色小（城）镇创新（尤其是浙江特色小镇创新）顺利进入2016年7月建村〔2016〕147号文、2016年10月发改规划〔2016〕2125号文、2017年12月发改规划〔2017〕2084号文等行政主管部门的规范性文件之中。从主观上来讲，特色小镇政策成熟的标志体现为：形成了一支多角度（生发逻辑，创新扩散路径）探究特色小镇理论的公共管理学研究队伍，篇名有"特色小镇"的CNKI收录期刊论文数量自2015年浙江特色小镇创新实践以来持续飙升。

三次小城镇发展政策变迁过程中，问题流、政治流、政策流的"内容""动力机制""成熟标志"的总体情况如表7-1所示。

---

① 傅崇兰、黄育华、陈光庭等：《小城镇论》，山西经济出版社，2003年，第15~24页。

表7-1　三次政策变迁中三大政策源流内容、动力机制和成熟标志比较（作者自制）

三大源流	三次变迁	内容		动力机制		成熟标志（主客观）
问题流	积极发展	核心问题	重点发展	利益调试过程	特色发展	客观：指标＋"焦点事件"　主观：领导人讲话
	经济发展		权利保障		体制改革	
	农民利益		农民工利益		小城镇利益	
政治流	积极发展	中国共产党的执政理念	中国特色社会主义制度确立 城乡二元	寻求共识过程	发展经济的共识 体制改革的共识 推进城镇化的共识	客观：中国共产党的执政理念和三大"共识"形成决议和政策文本　主观：党和国家领导人对相关问题的系列讲话
	重点发展		中国特色社会主义制度完善 城乡统筹		发展经济的共识 体制改革的共识 推进城镇化的共识	
	特色发展		中国特色社会主义制度改革 城乡融合		发展经济的共识 体制改革的共识 推进城镇化的共识	
政策流	积极发展	主导性理论	费孝通小城镇理论（社会学问题）	自然选择过程	经济可行性 政治可行性	客观：主导性理论进入政策文本和主要领导人的讲话　主观：主导性"政策网络"或"政策共同体"形成
	重点发展		非均衡发展理论（经济学问题）		经济可行性 政治可行性	
	特色发展		特色小镇理论（公共管理学问题）		政策学习扩散机制 经济和政治可行性	

第四节　政策企业家的对比分析

按照本书建构的"新多源流分析框架"和第四～六章对小城镇发展政策三次变迁的多源流分析，对政策企业家的考察重在"类型""资源"和"策略"三个方面。

一、政策企业家的类型

三次政策变迁过程中政策企业家的"类型"，经历了"个体推动—集体推动—政府推动"的类型转换。

积极发展小城镇政策阶段，以费孝通为代表的社会学家，致力于小城镇研究20余年，写就《小城镇　大问题》等小城镇研究经典作品，"离土不离乡，进厂不进城"的分散型就地城镇化模式，也即"苏南模式"成为小城镇研究的经典理论。在费孝通的大力推动下，"小城镇　大问题"转化为中央政策文本中的"小城镇　大战略"。这一阶段的政策企业家具有个体推动特征。

重点发展小城镇政策阶段，自20世纪90年代中期开始，以辜胜阻、王小鲁、樊纲为代表的经济学家群体，以周一星、陆大道为代表的城市规划（地理）学家群体，以杨小凯、赵燕菁为代表的制度分析学家群体，以李铁、俞燕山为代表的体改工作者群体，大力倡导基于"规模效应、极化效应、交易成本"的非均衡城镇化理论，共同推动小城镇发展政策由"积极论"转向"重点论"。这一阶段的政策企业家具有集体推动特征。

特色发展小城镇政策阶段，从2015年开始，当时的浙江省主政者创新性地提出和实践了以产业"特而强"、功能"聚而合"、形态"小而美"、机制"活而新"的"非镇非区"创新创业平台为典型特征的特色小镇政策。历经"两上、两下"的"M"型央地互动政策学习过程和具有"非渐进爆发式"政策扩散特征的省际扩散，特色小（城）镇政策最终上升为国家政策。此阶段的政策企业家具有政府推动特征。

二、政策企业家的资源

三次政策变迁过程中政策企业家的"资源"，经历了"学术资源—智库资源—政治资源"的转换。

积极发展小城镇政策阶段，费孝通充分利用其学者和官员的双重身份，努力打通科研、咨询、决策、实践四个环节，立足"人地关系紧张"的国情和"男耕女织、农工相辅"的传统，总结出小城镇发展的"苏南模式"。同时，费孝通先生利用其在高校、全国人大、全国政协、民盟中央担任领导的政治通道，积极建言献策，影响党和国家的小城镇发展政策。

重点发展小城镇政策阶段，由非均衡城镇化倡导者所组成的政策企业家掌握了大量优质的学术智力资源、政治资源与制度、智库通道。辜胜阻是学者、官员两栖型人才，身兼十三届全国政协副主席、民建中央常务副主席、湖北省副省长、武汉大学教授等职。王小鲁两获"孙冶方经济科学论文奖"。樊纲是素有中国顶级财经智库之称的"中国经济50人论坛"的学术委员会成员。陆大道院士提出的"点－轴系统"开发理论模式被写入《全国国土规划纲要》。

特色发展小城镇政策阶段，当时的浙江省主政者充分利用制度化的政治资源和政治通道，在浙江省内部"自上而下"地推动特色小镇政策落地，在中央层面"自下而上"地影响中央决策。

三、政策企业家的策略

三次政策变迁过程中政策企业家的"策略"各不相同，其核心在于对小城镇发展问题的不同"问题建构"方式。

积极发展小城镇政策阶段，以费孝通为代表的政策企业家将小城镇发展"积极论"建构成一条契合"'人地关系紧张'国情，'农工相辅'传统，'国家财力有限'经济状况，'城乡二元'政治体制"，有效实现农民就地参与工业化和城镇化的低成本"富民"且极具中国特色的城镇化道路。积极发展小城镇政策可谓当时历史条件下中国城镇化道路的一种"现实选择"。

重点发展小城镇政策阶段，政策企业家将小城镇发展"重点论"建构成一条符合"市场经济规律"和"世界城市化规律"，契合国家财力充盈经济状况和"城乡统筹"体制改革的高质量城镇化道路。小城镇发展"重点论"是在经济、社会、生态上全面优于"积极论"的替代方案。重点发展小城镇政策可谓当时历史条件下中国城镇化道路的一种"科学选择"。

特色发展小城镇政策阶段，政策企业家将小城镇发展"特色论"建构成一条经济发展"新常态"背景下，契合国家推进"供给侧结构性改革"、"创新、协调、绿色、开放、共享"五大发展理念和"城乡融合"体制改革的新型城镇化道路。特色发展小城镇政策可谓以"城市群"为主体推进城镇化进程的一种"主动选择"。

第五节　政策之窗与耦合逻辑的对比分析

按照本书建构的"新多源流分析框架"和第四～六章对小城镇发展政策三次变迁的多源流分析，对政策之窗和耦合逻辑的考察重在"类型"分析。

一、政策之窗的类型

三次政策变迁过程中政策之窗的"类型"，经历了"常规型＋溢出型"—"常规型＋溢出型＋自由裁量型"—"常规型＋自由裁量型＋随机型"的类型转换。政策之窗类型日趋多元化折射出国家政治制度的稳定性、体制改革的渐进性和公共政策的创新性。

积极发展小城镇政策阶段，政策之窗的类型兼有"常规型"和"溢出型"两种。"常规型"政策之窗体现在由国家政治体制的稳定性和政治生活的正常化所铸就的党的历届全会、连续的"五年计划"、中央一号文件的"可预期性"。可预期的会议决策机制为积极发展小城镇政策进入政策议程提供了周期性的机会。"溢出型"政策之窗体现在两个方面：一是由家庭联产承包责任制的确立带来的农民自由支配自身劳动的"政策溢出"，二是由乡镇企业异军突起带来的农民就地参与工业化进程的"政策溢出"。农民自由支配自身劳动和就地参与工业化进程对积极发展小城镇阶段就地城镇化的"溢出效应"，属于"邻近"政策之间的"政策溢出"效应。

重点发展小城镇政策阶段，政策之窗类型分为"常规型""溢出型""自由裁量型"三种。"常规型"政策之窗无须赘言，与积极发展小城镇政策阶段相同。"溢出型"政策之窗体现在伴随社会主义市场经济体制的不断完善和"城乡统筹"背景下，户籍制度、土地制度、财税制度改革所带来的城乡要素自由流动的"制度溢出"（制度红利）。城乡统筹背景下，诸项"制度统筹"的溢出效应属于"上位"政策的溢出效应。"自由裁量型"政策之窗体现为苏、浙、鲁、粤等地的"撤乡并镇""扩权强镇"改革和成渝两地"统筹城乡"改革的"政策试点"效应。"自由裁量型"政策之窗的出现得益于"试点先行—典型示范—全面推广"政策实验逻辑的推行。

特色发展小城镇政策阶段，政策之窗类型分为"常规型""自由裁量型""随机型"三种。"常规型"政策之窗无须赘述，与前两个阶段相同。"自由裁量型"政策之窗体现为粤、浙、赣等地的特色小（城）镇政策创新和实践，地方的政策探索对中央层面的特色小（城）镇规范性政策出台具有典型的"政策实验"意义。"随机型"政策之窗体现为浙江特色小镇创新的"涌现"特质，浙江特色小镇创新不是政府规划的产物，而是具有"自组织"和"自适应性"的主体与周围复杂环境互动的产物，从特色小镇的生发逻辑来看，特色小镇政策进入政策议程具有"不确定性"和"不可预期性"。

二、耦合逻辑的类型

三次政策变迁过程中耦合逻辑的"类型"，经历了"随之而来"模式—"教条"模式—"随之而来"模式的类型转换。

积极发展小城镇政策阶段，"耦合逻辑"遵循当"问题之窗"开启时，问题寻找方案的"随之而来"模式。改革开放初期，遵循"摸着石头过河"的改革逻辑，积极发展小城镇政策的确立具备典型的"实践基础上的理论创新"特征。广大农民群众发家致富奔小康的经济诉求在"城乡二元"体制环境下创造性地开辟了一条兴办乡镇企业就地转移农业剩余劳动力的就地工业化和城镇化道路，费孝通小城镇理论是对这场伟大"农村革命"的准确描述和抽象提炼。

重点发展小城镇政策阶段，"耦合逻辑"遵循当"政治之窗"开启时，方案寻找问题的"教条"模式。伴随中国特色社会主义市场经济体制的确立和不断完善，政策变革的逻辑转换为"理论指导—试点先行—典型示范—全面推广"模式。世界非均衡城镇化理论在 20 世纪 50—60 年代已经成熟，中国的非均衡城镇化思想在 20 世纪 90 年代中期开始盛行，业已成型的非均衡城镇化方案等待"城乡统筹"的政治之窗开启，非均衡城镇化理论附着于解决乡城人口自由流动的权利保障问题，引发异地集聚型城镇化实践和重点发展小城镇实践。

特色发展小城镇政策阶段，"耦合逻辑"重归"随之而来"模式。伴随习近平新时代中国特色社会主义思想的确立、全面深化改革、国家治理体系和治理能力现代化进程的不断推进，政策变革的逻辑转换为"顶层设计＋摸着石头过河"的互动模式。突破小城镇发展现有行政体制束缚，全面融入城市群体系的小城镇发展诉求所催生的浙江特色小镇实践创新，在国家"新发展理念"和新型城镇化制度背景下，历经"两上、两下"的府际学习互动，最终确立为国家小城镇发展政策。关于特色小镇生发逻辑和创新、扩散规律的理论"答案"是跟随特色小镇实践创新而来的。

三次小城镇发展政策变迁过程中，政策企业家的"类型""资源""策略"，政策之窗与耦合逻辑类型的总体情况如表 7-2 所示。

表 7-2　三次政策变迁中政策企业家、政策之窗、耦合逻辑的总体比较（作者自制）

多源流要素	三次变迁	类型	资源	策略
政策企业家	积极发展	个体推动	学术资源	"现实选择"
	重点发展	集体推动	智库资源	"科学选择"
	特色发展	政府推动	政治资源	"主动选择"
政策之窗	积极发展	"常规型"＋"溢出型"	—	—
	重点发展	"常规型"＋"溢出型"＋"自由裁量型"	—	—
	特色发展	"常规型"＋"自由裁量型"＋"随机型"	—	—
耦合逻辑	积极发展	问题寻找方案的"随之而来"模式	—	—
	重点发展	方案寻找问题的"教条"模式	—	—
	特色发展	问题寻找方案的"随之而来"模式	—	—

第六节　三次小城镇发展政策变迁背后的"隐秩序"

推动小城镇三次政策变迁的逻辑是一种"隐秩序"：在问题流方面是不断增强的对人民利益的感知，在政策流方面是官员对于小城镇发展规律不断深入的认知，在政治流方面是政策制定者对城乡利益格局的认知变化，在政策企业家方面则是从理论到实践、从被动到主动的变化的推动。

一、问题流的变迁逻辑

从问题流的内容来看，小城镇发展政策三阶段总体上表现为"求数量"→"求质量"→"求特色"的演进特征，其背后隐藏的是党和国家对"人民利益"的感知和回应，"人民的利益"在三个阶段分别表现为"农民的利益""农民工的利益"和"小镇居民的利益"。

从问题流演进的动力机制来看，人民群众对于温饱、小康、全面小康生活的诉求，农民参与工业化和城镇化进程的诉求，以及社会主要矛盾的转化是背后的核心促动因素。

二、政策流的变迁逻辑

从政策流的内容来看，小城镇发展政策三阶段的主导性理论遵循"费孝通小城镇理论"→"非均衡发展理论"→"特色小镇理论"的演进历程，主导性理论变迁背后折射出主政者和学者对于世界城镇化发展规律、中国特色城镇化规律的认识是一个不断加深的过程。

从主导性政策形成的逻辑来看，表现为"理论吸纳"→"理论交锋"→"政策学习"的演进过程。费孝通小城镇理论共识的形成是其吸纳"三元经济"理论和"三元社会"理论的结果。非均衡发展理论共识的形成是其与小城镇主导的分散城镇化理论交锋的结果。特色小镇理论的共识是"两上、两下"的央地互动与横向"爆发式"政策扩散的结果。

三、政治流的变迁逻辑

政治流的筛选机制主要体现在宏观背景"乡土中国"→"城市中国"→"城市群中国"的嬗变历程和城乡关系"城乡二元"→"城乡统筹"→"城乡融合"的变迁过程。乡土中国背景下的"粮食安全"问题造就了主政者对于推进城镇化的谨慎态度，同时城乡二元的制度设计排除了大中城市主导的城市化备选方案。城市中国背景下主政者对于城镇化带动经济发展和"三农"发展意义认知的改变，同时城乡统筹的制度设计提供了小城镇主导的分散型城镇化和大中城市主导的集聚型城镇化理论交锋的场景。城市群中国背景下合理城市群分工、密切城市群联系的需要，同时城乡融合制度设计下城乡联系"中间齿轮"作用的需要，使得高质量发展的特色小镇和服务"三农"的特色小城镇政策成为可能。

四、政策企业家的变迁逻辑

从政策企业家的类型来看，三次政策变迁的政策企业家类型经历了"个体推动"→"集体推动"→"政府推动"的变迁过程，政策企业家的类型越来越丰富。伴随小城镇问题的复杂性和不确定性程度加深，需要多学科、多领域、多层次、多样化的政策企业家群体。

从政策企业家的资源来看，三次政策变迁的资源类型经历了"学术资源"→"智库资源"→"政治资源"的变迁过程。政策企业家资源类型变迁背后反映了国家治理体系和治理能力现代化水平的不断提升，以及决策科学化、民主化、法治化水平的提高。

从政策企业家的策略来看，三次政策变迁中的策略经历了中国特色城镇化道路"现实选择"→"科学选择"→"主动选择"的"问题建构"过程。流变中的问题建构策略为的是提升备选方案的经济和政治可行性，符合主政者的思想认知，回应人民的核心关切。

五、政策之窗与耦合逻辑的变迁逻辑

从政策之窗的类型来看，三次政策变迁中的政策之窗类型经历了"常规型"＋"溢出型"→"常规型"＋"溢出型"＋"自由裁量型"→"常规型"＋"自由裁量型"＋"随机型"的变化过程。政策之窗的类型越来越丰富，地方试点探索和相近领域改革的促动作用越来越显著，折射出顶层设计和"摸着石头过河"的良好互动态势。

从耦合逻辑的类型来看，三次政策变迁中的耦合逻辑类型经历了问题寻找方案的"随之而来"模式→方案寻找问题的"教条"模式→"随之而来"模式的变化过程。类型的多样化折射出问题（实践）基础上的理论创新（借鉴）与把握规律基础上的前瞻性（科学化）主张并存。

第八章 结论与展望：迈向文明发展的小城镇政策

改革开放 40 年来，我国小城镇发展政策经历了"积极发展"→"重点发展"→"特色发展"的演变历程。从 MSF 来看，小城镇政策的变迁逻辑是：问题流中官员对人民利益感知的不断增强，政策流中"政策共同体"对小城镇发展规律理解的深化，政治流中主政者对城乡关系认知的改变，政策企业家方面由理论到实践、由被动到主动的推动。因循小城镇发展理论和政策变迁逻辑，未来的小城镇政策会向"文明发展"迈进。

第一节 研究结论与政策建议

一、研究的主要结论

回应本书第二章所提出的 4 个假设，通过改革开放 40 年小城镇发展政策三次变迁的多源流分析，本书得出如下结论：

第一，问题流、政策流、政治流三大源流具有相对"独立性"。它们具有不同的"内容""动力机制""成熟标志"。问题流的核心"内容"是由小城镇的功能作用决定的；"动力机制"则是差别化的"人民利益"选择与主要矛盾转化；"成熟标志"客观上是指标、焦点事件等，主观上是主政者的"问题感知"。政策流的核心"内容"取决于不同的"问题建构"方式；"动力机制"是自然选择的过程；"成熟标志"客观上是理论转化为政策文本，主观上是政策共同体的形成。政治流的核心"内容"是指对政策的"容忍"和"筛选"机制；"动力机制"中国共产党的执政理念与公民权利意识变化带来的新的共识；"成熟标志"客观上是宏观制度转换，主观上是主政者思想认识转变。

　　第二，改革开放 40 年，小城镇政策三次变迁的多源流分析表明：三大源流中的至少"两条"趋于成熟，并且在政策企业家的持续"软化"之下，政策之窗开启的时候，政策变迁方能实现。就"积极发展"小城镇政策变迁阶段而言，站在 1978 年的时间节点上，问题流（求数量）和政治流（城乡二元）已经趋于成熟，费孝通小城镇理论迟至 1983 年才正式提出。就"重点发展"小城镇政策变迁阶段而言，站在 2000 年的时间节点上，问题流（求质量）和政策流（非均衡发展理论）在 20 世纪 90 年代末期已经趋于成熟，但是政治流（"城乡统筹"）迟至 2004 年"两个趋向"重要论断提出之时才趋于成熟。就"特色发展"小城镇政策变迁阶段而言，站在 2016 年的时间节点上，问题流（求特色）、政策流（浙江特色小镇）、政治流（新型城镇化）都已经趋于成熟。

　　第三，三次小城镇政策变迁过程中，政治源流的主导性呈现"强—弱—强"的"波动性"特征。"积极发展"小城镇政策阶段，"乡土中国"背景下"粮食安全"问题的严峻性、"城乡二元"的制度设计、"反城市化"的意识形态惯性形成了拒斥大中城市为中心的集聚城镇化方案政治环境。"重点发展"小城镇政策阶段，主政者对城市和城镇化功能、作用、规律的认知变化和"城乡统筹"的制度设计可以容纳多元的城镇化备选方案，小城镇为主的分散型城镇化与大中城市为主的集聚型城镇化理论交锋的政治环境得以形成。"特色发展"小城镇政策阶段，社会主要矛盾转化、经济新常态、供给侧结构性改革、五大新发展理念、全面深化改革以及城乡融合的体制机制设计，使得"高质量"发展成为筛选政策的核心词汇，传统发展路径遭到拒斥。

　　第四，制度对耦合逻辑和政策之窗的类型具有重要影响。政治源流主导性"强—弱—强"的波动性特征与耦合逻辑"随之而来—教条—随之而来"模式相吻合。这种匹配性的一种解释是政治源流的强主导性具有严格的政策流筛选机制，在时间上往往表现为问题在前、答案在后的"随之而来"耦合逻辑；相反，弱政治源流主导性提供了相对宽松的政治流筛选机制，备选方案相互激荡之后率先形成共识，在时间上往往表现为答案在前、问题在后的"教条"耦合逻辑。伴随着决策科学化、民主化、法治化程度的提高，议程设置模式的丰富化，正如王绍光所识别的"关门模式""动员模式""内参模式""借力模式""上书模式""外压模式"六种议程设置模式①，政策之窗的类型日益多样化，而且"自由裁量型"和"随机型"政策之窗逐渐显现并愈发重要。

　　第五，伴随着国家治理体系和治理能力现代化的推进，顶层设计和底层探

　　①　王绍光：《中国公共政策议程设置的模式》，《中国社会科学》，2006 年第 5 期，第 86～99 页。

索的互动机制日渐成熟。就三次小城镇政策变迁而言，伴随"实验—推广"模式的成熟，小城镇政策学习和变迁的时间不断缩短。小城镇政策由"曲折发展"迈向"积极发展"历时 10 年。考虑到 1995 年建设部"625"乡村城市化试点和国家体改委小城镇综合改革试点到中发〔2000〕11 号的时间间隔，小城镇政策由"积极发展"转向"重点发展"历时 5 年。考虑到从浙江省 2014年开启的特色小镇率先探索到 2016 年建村〔2016〕147 号发文推动的时间间隔，小城镇政策由"重点发展"转向"特色发展"历时 2 年。

第六，改革开放 40 年，三次小城镇政策变迁的逻辑是一种"隐秩序"，这种"隐秩序"既非全面理性，也非渐进修补，而是 14 种元素推动下的"源流耦合"过程。之所以是"隐秩序"而不是"显秩序"，一方面源于本书第二章第四节指出的小城镇政策的五大"模糊性"特质；另一方面体现为每一阶段的小城镇发展政策都隐藏着下一阶段政策的变迁诉求，但变迁的具体时间点却难准确预测。"积极发展"小城镇政策阶段，20 世纪 90 年代中后期小城镇质量不高的问题和非均衡发展思想已经萌芽，但迟至 2000 年才完成政策变迁。"重点发展"小城镇政策阶段，2010 年已经出现小城镇特色不彰和扩权强镇的试点，但迟至 2016 年才实现政策变迁。

二、适时推动小城镇政策变迁的政策建议

伴随问题流、政策流、政治流的成熟，在政策企业家的努力下，政策之窗开启之时，及时推动小城镇政策变迁，有利于具有前瞻性的小城镇理论和试点经验顺利进入政策议程并转化为公共政策。根据改革开放 40 年来三次小城镇政策变迁的多源流分析，本书提出如下政策建议：

第一，主政者应保持小城镇政策的整体性感知与问题的开放性建构。主政者感知小城镇问题的主要关注点是其功能作用，改革开放 40 年，小城镇的功能是"流变的"："服务'三农'"→"服务'三农'"＋"推进城镇化"→"服务'三农'"＋"密切城市群联系"。小城镇政策既是带动农村经济社会发展的大问题，也是推动城镇化进程和城市群发展的大问题，还是保持自身特色魅力的大问题。这就决定了小城镇政策是多维的、变动的，主政者必须保持指导政策的综合性与开放性。

第二，加强顶层设计和基层探索的良性互动，完善府际学习和扩散机制，及时吸纳先导性、创新性地方先行先试的合理经验。鉴于东中西部巨大的经济、社会、城镇化差异，以及不同主体功能区的资源环境承载能力与功能定位

差异，一方面要完善横向相似地区的府际学习和扩散机制，另一方面要完善央地政策学习和互动机制，分类吸纳地方先行先试的先导性合理创新。

第三，完善城乡融合发展体制机制，赋予农民更多财产性权利，促进人口社会性流动。着眼于 2035 年国家治理体系和治理能力现代化、新型城镇化、乡村振兴、城乡融合发展、公共服务均等化基本实现的历史节点，变城乡"双轮驱动"为"城—镇—乡"三磁铁，营造居民在美好城市（新型城镇化）、美丽乡村（乡村振兴）、特色小镇（生态宜居）之间自由选择的政治环境。

第四，降低创新成本，完善容错机制，营造"政策企业家"涌现和成长的良好环境。同时，加强政产学研协同，构建小城镇政策网络与政策共同体。

第五，坚持"问政于民、问需于民、问计于民"，丰富试点探索的内容、范围和层级，鼓励地方层面的政策创新和政策变迁超前实践，推动问题和政策的"双向耦合"，充分利用地方层面的"政策之窗"。

第六，强化中国特色小城镇发展规律研究，构建"广义小城镇学"。目前，有关世界小城镇发展规律以及中国特色小城镇功能、地位、发展规律的研究尚十分欠缺，傅崇兰 2003 年提出的"广义小城镇学"远未建成。"广义小城镇学"的发展有赖于住建部门、民政部门、发改部门、编制部门、财政部门等主管部门的"政策合力"，有赖于城市规划学（城镇体系）、经济学（产业发展）、社会学（文化传承）、公共管理学（行政体制）等学科的研究合力。目前仅有的专业期刊《小城镇建设》级别尚低，类似发改委"中国城市和小城镇改革发展中心"的专业研究机构稀少，专业设置和课程设置缺乏。

第二节　基于 MSF 的未来政策展望

因循小城镇政策的变迁逻辑（人们对小城镇本质理解的深化，主政者对城乡关系认知的深化，官员对人民利益感知的增强），未来，小城镇发展政策将沿着"积极发展"→"重点发展"→"特色发展"→"文明发展"的主线，向"文明发展"方向迈进。人们将自由徜徉在喧嚣繁华的都市、宁静恬适的乡村、进退有据的小镇之间，决定人们迁移居住选择的将较少地受制于经济因素的考量，较多地取决于生活方式的偏好，回归刘易斯·沃斯所讲的"作为一种生活方式的城镇"，真正被图 2-8 所示的三块磁铁彼此吸引。作出这一判断有两个基本依据：一是站在 2035 年的时间节点上，党的十九大作出基本实现社会主义现代化的战略部署，彼时，城乡融合发展、都市圈城市群发展、乡村振兴

（农业农村现代化）、基本公共服务均等化将基本实现，"积极发展"阶段小城镇带动"'三农'发展"的功能，"重点发展"阶段推进城镇化的功能，"特色发展"阶段密切城市群联系的功能将趋于弱化，小城镇更多的是"美好生活"的栖居地。二是《中国人类发展报告（2013）：可持续与宜居城市——迈向生态文明》预测，到 2030 年我国城镇化率将达到 70%。① 当城市人口占总人口50%以上，城市文明（生产方式、生活方式、生活质量、价值观念）普及率将达到 70%左右。当城市人口占总人口 70%～80%时，城市文明普及率将达到95%以上。② 小城镇的生态宜居尺度和社会交往模式将成为城市文明普及状态下的魅力所在。

问题流将沿着"求数量"→"求质量"→"求特色"→"求魅力"的路径，主要表现为人们在"城—镇—村"三磁铁中选择时的吸引力问题。其背后是人民群众差别化、多样化的利益诉求，基本动力是人民日益增长的美好生活需要和不平衡不充分的发展之间的矛盾。

政策流将沿着"费孝通小城镇理论"→"非均衡发展理论"→"特色小镇理论"→"文明小镇理论"的路径前进，"文明小镇理论"将是霍华德田园城市理论在新时代中国情境下的"重新发现"。芒福德曾经这样评价霍华德的田园城市理论：20 世纪我们见到了人类社会的两大成就，一是人类得以离开地面展翅翱翔于天空，一是当人们返回地面以后得以居住在最为美好的地方（田园城市）。③

政治流将沿着"城乡二元"→"城乡统筹"→"城乡融合"的逻辑进路，一体化程度不断加深。京津冀、长三角、珠三角三大世界级城市群和"十三五"规划提出的 19 个城市群，将承载全国 80%左右的人口和国内生产总值。城市群将向高度一体化、绿色化、智慧化、国际化迈进。④ 城市群和大都市区将模糊城乡界限，城乡经济、社会发展差距不断缩小。

政策企业家的类型沿着"个体推动"→"集体推动"→"政府推动"→"复合推动"的路径，政产学研协同程度不断提高，政策网络和政策共同体日

---

① 联合国开发计划署：《中国人类发展报告（2013）：可持续与宜居城市——迈向生态文明》，中国对外翻译出版有限公司，2013 年，序言 iii。

② 许经勇：《我国城镇化体系中的小城镇建设问题》，《吉首大学学报（社会科学版）》，2011 年第1 期，第 74～77 页。

③ 张鸿雁：《论特色小镇建设的理论与实践创新》，《中国名城》，2017 年第 1 期，第 4～10 页。

④ 方创琳：《改革开放 40 年来中国城镇化与城市群取得的重要进展与展望》，《经济地理》，2018年第 9 期，第 1～9 页。

益多元、丰富。政策企业家所依凭的资源一方面是"向上"的制度化资源，一方面是"向下"的动员能力。政策企业家的问题建构策略也将沿着城镇化道路的"现实选择"→"科学选择"→"主动选择"→"自由选择"的路径前进。

政策之窗的四种类型虚位以待，常规型政策之窗的大门将保持开启状态，溢出型政策之窗来自制度红利的进一步释放，自由裁量型政策之窗更多地来自地方的先行先试，随机型政策之窗来自创新政策和实践的"涌现"；耦合逻辑将在问题寻找答案的"随之而来"模式和答案寻找附着其上的问题的"教条"模式之间等待下一个回合，不过可以预见的是"教条"模式耦合的方案更多地带有中国特色。

参考文献

英文期刊

[1] Ackril R, Kay A. Multiple streams in EU policy—making: the case of the 2005 sugar reform [J]. Journal of European public policy, 2011, 18 (1): 72—89.

[2] Ackril R, Kay A, Zahariadis N. Ambiguity, multiple streams, and EU policy [J]. Journal of European public policy, 2013, 20 (6): 871—887.

[3] Bak P, Sneppen K. Punctuated equilibrium and criticality in a simple model of evolution [J]. Physical review letters, 1993, 71 (24): 4083—4086.

[4] Baumgartner F R, Jones B D. Agenda dynamics and policy subsystems [J]. The journal of politics, 1991, 53 (4): 1044—1074.

[5] Baumgartner F R, Green—Pedersen C, Jones B D. Comparative studies of policy agendas [J]. Journal of European public policy, 2006, 13 (7): 959—974.

[6] Baumgartner F R, Mahoney C. Forum section: the two faces of framing: Individual—level framing and collective issue definition in the European Union [J]. European Union politics, 2008, 9 (3): 435—449.

[7] Baumgartner F R, Breunig C, Green—Pedersen C, et al. Punctuated equilibrium in comparative perspective [J]. American journal of political science, 2009, 53 (3): 603—620.

[8] Baumgartner F R, Jones B D, Wilkerson J. Comparative studies of policy dynamics [J]. Comparative political studies, 2011, 44 (8): 947—972.

[9] Béland D. Ideas and social policy: an institutionalist perspective [J]. Social policy & administration, 2005, 39 (1): 1—18.

[10] Béland D. Ideas institutions and policy change [J]. Journal of European public policy, 2009, 16 (5): 701—718.

[11] Bendor J, Moe T M, Shotts K W. Recycling the garbage can: an assessment of the research program [J]. American political science review, 2001, 95 (1): 169—190.

[12] Benford R D, Snow D A. Framing processes and social movements: an overview and assessment [J]. Annual review of sociology, 2000, 26 (1): 611—639.

[13] Birkland T A. Focusing events, mobilization, and agenda setting [J]. Journal of public policy, 1998, 18 (1): 53—74.

[14] Birkland T A. "The world changed today": agenda—setting and policy change in the wake of the September 11 terrorist attacks [J]. Review of policy research, 2004, 21 (2): 179—200.

[15] Blankenau J. The fate of national health insurance in Canada and the United States: a multiple streams explanation [J]. Policy studies journal, 2001, 29 (1): 38—55.

[16] Brunner S. Understanding policy change: multiple streams and emission trading in Germany [J]. Global environmental change, 2008, 18 (3): 501—507.

[17] Cairney P. A 'multiple lenses' approach to policy change: the case of tobacco policy in the UK [J]. British politics, 2007, 2 (1): 45—68.

[18] Cairney P. The role of ideas in policy transfer: the case of UK smoking bans since devolution [J]. Journal of European public policy, 2009, 16 (3): 471—488.

[19] Cairney P. Standing on the shoulders of giants: how do we combine the insights of multiple theories in public policy studies? [J]. Policy studies journal, 2013, 41 (1): 1—21.

[20] Cairney P, Jones M D. Kingdon's multiple streams approach: what is the empirical impact of this universal theory? [J]. Policy studies journal, 2016, 44 (1): 37—58.

[21] Capano G. Understanding policy change as an epistemomogical and theoretical problem [J]. Journal of comparative policy analysis, 2009, 11 (1): 7—31.

[22] Coase R H. The nature of the firm [J]. Economica, 1937, 4 (16): 386—405.

［23］ Cobb R, Ross J K, Ross M H. Agenda building as a comparative political process ［J］. American political science review, 1976, 70 （1）: 126-138.

［24］ Cohen M D, March J G, Olsen J P. A Garbage can model of organizational choice ［J］. Administrative science quarterly, 1972, 17 （1）: 1-25.

［25］ Copeland P, James S. Policy windows, ambiguity and commission entrepreneurship: explaining the relaunch of European Union's economic reform agenda ［J］. Journal of European public policy, 2014, 21 （1）: 1-19.

［26］ Dahl R A. The science of public administration: three problems ［J］. Public administration review, 1947, 7 （1）: 1-11.

［27］ Dery D. Agenda setting and problem definition ［J］. Policy studies, 2000, 21 （1）: 37-47.

［28］ Dolowitz D, Marsh D. Who learns what from whom: a review of the policy transfer literature ［J］. Political studies, 1996, 44 （2）: 343-357.

［29］ Dolowitz D P, Marsh D. Learning from abroad: the role of policy transfer in contemporary policy-making ［J］. Governance, 2000, 13 （1）: 5-23.

［30］ Downs A. Up and down with ecology: the "issue-attention cycle" ［J］. Public interest, 1972 （28）: 38-50.

［31］ Etzioni A. Mixed scanning: a "third" approach to decision-making ［J］. Public administration review, 1967, 27 （5）: 385-392.

［32］ Etzioni A. Mixed scanning revisited ［J］. Public administration review, 1986, 46 （1）: 8-14.

［33］ Gersick C J G. Revolutionary change theories: a multilevel exploration of the punctuated equilibrium paradigm ［J］. The academy of management review, 1991, 16 （1）: 10-36.

［34］ Gould S J, Eldredge N. Punctuated equilibrium comes of age ［J］. Nature, 1993, 366 （6452）: 223-227.

［35］ Green-Pedersen C, Mortensen P B. Who sets the agenda and who respond to it in the Danish parliament? a new model of issue competition and agenda-setting [J]. European journal of political research, 2010, 49 (2): 257−281.

[36] Hall P A. Policy paradigms, social learning, and the state: the case of economic policymaking in Britain [J]. Comparative politics, 1993, 25 (3): 275−296.

[37] Hardin G. The tragedy of the commons [J]. Science, 1968, 162 (3859): 1243−1248.

[38] Harris J R, Todaro T P. Migration, unemployment and development: a two-sector analysis [J]. The American economic review, 1970, 60 (1): 126−142.

[39] Henstra D. Explaining local policy choices: a multiple streams analysis of municipal emergency management [J]. Canadian public administration, 2010, 53 (2): 241−258.

[40] Herweg N, Huß C, Zohlnhöfer R. Straightening the three streams: theorising extensions of the multiple streams framework [J]. European journal of political research, 2015, 54 (3): 435−449.

[41] Herweg N. Explaining European agenda-setting using the multiple streams framework: the case of European natural gas regulation [J]. Policy sciences, 2016, 49 (1): 13−33.

[42] Hilgartner S, Bosk C L. The rise and fall of social problems: a public arenas model [J]. American journal of sociology, 1988, 94 (1): 53−78.

[43] Howlett M. Issue-attention and punctuated equilibria models reconsidered: an empirical examination of the dynamics of agenda-setting in Canada [J]. Canadian journal of political science/revue canadienne de science politique, 1997, 30 (1): 3−29.

[44] Howlett M, Ramesh M. Policy subsystem configurations and policy change: operationalizing the postpositivist analysis of the politics of the policy process [J]. Policy studies journal, 1998, 26 (3): 466−481.

[45] Howlett M. Predictable and unpredictable policy windows: institutional and exogenous correlates of Canadian federal agenda-setting [J]. Journal of political science/revue canadienne de science politique, 1998, 31 (3): 495−524.

［46］ Howlett M, Migone A. Charles Lindblom is alive and well and living in punctuated equilibrium land ［J］. Policy and society, 2011, 30 (1): 53−62.

［47］ Howlett M, McConnell A, Perl A. Streams and stages: reconciling Kingdon and policy process theory ［J］. European journal of political research, 2015, 54 (3): 419−434.

［48］ Howlett M, McConnell A, Perl A. Moving policy theory forward: connecting multiple stream and advocacy coalition frameworks to policy cycle models of analysis ［J］. Australian journal of public administration, 2017, 76 (1): 65−79.

［49］ Jafari H, Pourreza A, Vedadhir A A, et al. Application of the multiple streams model in analysing the new population policies agenda−setting in Iran ［J］. Quality & quantity, 2017, 51 (1): 399−412.

［50］ James O, Lodge M. The limitations of 'policy transfer' and 'lesson drawing' for public policy research ［J］. Political studies review, 2003, 1 (2): 179−193.

［51］ John P. Is there life after policy streams, advocacy coalitions, and punctuations: using evolutionary theory to explain policy change? ［J］. Policy studies journal, 2003, 31 (4): 481−498.

［52］ Jones B D, Baumgartner F R. From there to here: punctuated equilibrium to the general punctuation thesis to a theory of government information processing ［J］. Policy studies journal, 2012, 40 (1): 1−19.

［53］ Jones M D, Jenkins−Smith H C. Trans−subsystem dynamics: policy topography, mass opinion, and policy change ［J］. Policy studies journal, 2009, 37 (1): 37−58.

［54］ Jones M D, Peterson H L, Pierce J J, et al. A river runs through it: a multiple streams meta−review ［J］. Policy studies journal, 2016, 44 (1): 13−36.

［55］ Jorgenson D W. The development of a dual economy ［J］. Economic journal, 1961, 71 (282): 309−334.

［56］ King P J, Roberts M C. Policy entrepreneurs: catalysts for policy innovation ［J］. Journal of State government, 1987, 60 (4): 172−179.

［57］ Knaggård Å. The multiple streams framework and the problem broker ［J］. European journal of political research, 2015, 54 (3): 450－465.

［58］ Kosicki G M. Problems and opportunities in agenda－setting research ［J］. Journal of communication, 1993, 43 (2): 100－127.

［59］ Lieberman J M. Three streams and four policy entrepreneurs converge: a policy window opens ［J］. Education and urban society, 2002, 34 (2): 438－450.

［60］ Lindblom C E. The science of "muddling through" ［J］. Public administration review, 1959, 19 (2): 79－88.

［61］ Lindblom C E. Still muddling, not yet through ［J］. Public administration review, 1979, 39 (6): 517－526.

［62］ Liu Xinsheng, Lindquist E, Vedlitz A, et al. Understanding local policy making: policy elites' perceptions of local agenda setting and alternative policy selection ［J］. Policy studies journal, 2010, 38 (1): 69－91.

［63］ Luo Yunjuan. Mapping agenda－setting research in China: a meta－analysis study ［J］. Chinese journal of communication, 2013, 6 (3): 269－285.

［64］ Mahoney J. Path dependence in historical sociology ［J］. Theory and society, 2000, 29 (4): 507－548.

［65］ March J G, Olson J P. The uncertainty of the past: organizational learning under uncertainty ［J］. European journal of political research, 1975, 3 (2): 147－171.

［66］ March J G. Bounded rationality, ambiguity, and the engineering of choice ［J］. The bell journal of economics, 1978, 9 (2): 587－608.

［67］ March J G, Olson J P. The new institutionalism: organizational factors in political life ［J］. American political science review, 1984, 78 (3): 734－749.

［68］ March J G. Ambiguity and accounting: the elusive link between information and decision making ［J］. Accounting, organizations and society, 1987, 12 (2): 153－168.

［69］ March J G, Olson J P. Institutional perspectives on political institutions ［J］. Governance, 1996, 9 (3): 248－264.

［70］ Mazmanian D A, Sabatier P A. A multivariate model of public policy－

making [J]. American journal of political science, 1980, 24 (3): 439-468.

[71] McCombs M E, Shaw D L. The agenda-setting function of mass media [J]. Public opinion quarterly, 1972, 36 (2): 176-187.

[72] McCombs M E, Shaw D L. The evolution of agenda-setting research: twenty-five years in the marketplace of ideas [J]. Journal of communication, 1993, 43 (2): 58-67.

[73] McCombs M E. A look at agenda-setting: past, present and future [J]. Journalism studies, 2005, 6 (4): 543-557.

[74] McCombs M, Valenzuela S. The agenda-setting theory/la teoría agenda-setting [J]. Cuadernos de informacion, 2007, 20 (10): 44-50.

[75] McCombs M E, Shaw D L, Weaver D H. New directions in agenda-setting theory and research [J]. Mass communication and society, 2014, 17 (6): 781-802.

[76] Mintrom M. Policy entrepreneurs and the diffusion of innovation [J]. American journal of political science, 1997, 41 (3): 738-770.

[77] Mintrom M, Norman P. Policy entrepreneurship and policy change [J]. Policy studies journal, 2009, 37 (4): 649-667.

[78] Mosier S L. Cookies, candy, and coke: examining state sugar-sweetened-beverage tax policy from a multiple streams approach [J]. International review of public administration, 2013, 18 (1): 93-120.

[79] Mrogers E, Wdearing J. Agenda-setting research: where has it been, where is it going? [J]. Annals of the international communication association, 1988, 11 (1): 555-594.

[80] Neuman W R, Guggenheim L, Jang S M, et al. The dynamics of public attention: agenda-setting theory meets big data [J]. Journal of communication, 2014, 64 (2): 193-214.

[81] Nowlin M C. Theories of the policy process: state of the research and emerging trends [J]. Policy studies journal, 2011, 39 (S1): 41-60.

[82] Olsen J P. Garbage cans, new institutionalism, and the study of politics [J]. American political science review, 2001, 95 (1): 191-198.

[83] Ostrom E. An agenda for the study of institutions [J]. Public choice, 1986, 48 (1): 3-25.

[84] Ostrom E. Background on the institutional analysis and development framework [J]. Policy studies journal, 2011, 39 (1): 7—27.

[85] Perroux F. La notion de pôle de croissance [J]. Economie appliquée, 1955, 7 (1): 307—320.

[86] Peters B G. Agenda—setting in the European Community [J]. Journal of Eureaopean public policy, 1994, 1 (1): 9—26.

[87] Princen S. Agenda — setting in the European Union: a theoretical exploration and agenda for research [J]. Journal of European public policy, 2007, 14 (1): 21—38.

[88] Ranis G, Fei J C H. A theory of economic development [J]. American economic review, 1961, 51 (4): 533—565.

[89] Ridde V. Policy implementation in an African State: an extension of Kingdon's multiple — streams approach [J]. Public administration, 2009, 87 (4): 938—954.

[90] Roberts N C, King P J. Policy entrepreneurs: their activity structure and function in the policy process [J]. Journal of public administration research and theory, 1991, 1 (2): 147—175.

[91] Roberts N C. Public entrepreneurship and innovation [J]. Review of policy research, 1992, 11 (1): 55—74.

[92] Robinson S E, Eller W S. Participation in policy streams: testing the separation of problems and solutions in subnational policy streams [J]. Policy studies journal, 2010, 38 (2): 199—214.

[93] Romanelli E, Tushman M L. Organizational transformation as punctuated equilibrium: an empirical test [J]. Academy of management journal, 1994, 37 (5): 1141—1166.

[94] Sabatier P A. An advocacy coalition framework of policy change and the role of policy—oriented learning therein [J]. Policy sciences, 1988, 21 (2/3): 129—168.

[95] Sabatier P A. Toward better theories of the policy process [J]. Political science and politics, 1991, 24 (2): 147—156.

[96] Sarmiento — Mirwaldt K. Can multiple streams predict the territorial cohesion debate in the EU? [J]. European urban and regional studies, 2015, 22 (4): 431—445.

[97] Scheufele D A. Agenda — setting, priming, and framing revisited: another look at cognitive effects of political communication [J]. Mass communication & society, 2000, 3 (2/3): 297—316.

[98] Seyfang G, Smith A. Grassroots innovations for sustainable development: towards a new research and policy agenda [J]. Environmental politics, 2007, 16 (4): 584—603.

[99] Simon H A. Administrative behavior: a study of decision — making processes in administrative organization [J]. Administrative science quarterly, 1959, 2 (2): 244.

[100] Simon H A. A behavioral model of rational choice [J]. The quarterly journal of economics, 1955, 69 (1): 99—118.

[101] Simon M V, Alm L R. Policy windows and two — level games: explaining the passage of acid—rain legislation in the Clean Air Act of 1990 [J]. Environment and planning c: government and policy, 1995, 13 (4): 459—478.

[102] Soroka S N. Policy agenda — setting theory revisited: a critique of Howlett on Downs, Baumgartner and Jones, and Kingdon [J]. Canadian journal of political science, 1999, 32 (4): 763—772.

[103] Spohr F. Explaining path dependency and deviation by combining multiple streams framework and historical institutionalism: a comparative analysis of German and Swedish labor market policies [J]. Journal of comparative policy analysis: research and practice, 2016, 18 (3): 257—272.

[104] Stone D A. Causal stories and the formation of policy agendas [J]. Political science quarterly, 1989, 104 (2): 281—300.

[105] Storch S, Winkel G. Coupling climate change and forest policy: a multiple streams analysis of two German case studies [J]. Forest policy and economics, 2013 (36): 14—26.

[106] Takeshita T. Current critical problems in agenda—setting research [J]. International journal of public opinion research, 2006, 18 (3): 275—296.

[107] Tallberg J. The agenda—shaping powers of the EU council presidency [J]. Journal of European public policy, 2003, 10 (1): 1—19.

[108] Todaro M P. A model of labor migration and urban unemployment in less developed Countries [J]. The American economic review, 1969, 59 (1): 138—148.

[109] Travis R, Zahariadis N. A multiple streams model of U. S. foreign aid policy [J]. Policy studies journal, 2002, 30 (4): 495—514.

[110] Wang Shaoguang. Changing models of China's policy agenda setting [J]. Modern China, 2008, 34 (1): 56—87.

[111] Weaver D H. Thoughts on agenda setting, framing, and priming [J]. Journal of communication, 2007, 57 (1): 142—147.

[112] Weible C M, Sabatier P A, Jenkins—Smith H C, et al. A quarter century of the advocacy coalition framework: an introduction to the special issue [J]. Policy studies journal, 2011, 39 (3): 349—360.

[113] Weible C M, Schlager E. The multiple streams approach at the theoretical and empirical crossroads: an introduction to a special issue [J]. Policy studies journal, 2016, 44 (1): 5—12.

[114] Weissert C S. Policy entrepreneurs, policy opportunists, and legislative effectiveness [J]. American politics quarterly, 1991, 19 (2): 262—274.

[115] White J D. On the growth of knowledge in public administration [J]. Public administration review, 1986, 46 (1): 15—24.

[116] Wilson W. The study of Administration [J]. Political science quarterly, 1887, 2 (2): 197—222.

[117] Winkel G, Leipold S. Demolishing dikes: multiple streams and policy discourse analysis [J]. Policy studies journal, 2016, 44 (1): 108—129.

[118] Wirth L. Urbanism as a way of life [J]. The American journal of sociology, 1938, 44 (1): 1—24.

[119] Zaharisdis N. To sell or not to sell? telecommunications policy in Britain and France [J]. Journal of public policy, 1992, 12 (4): 355—376.

[120] Zahariadis N, Allen C S. Ideas, networks and policy streams: privatization in Britain and Germany [J]. Policy studies review, 1995, 14 (1/2): 71—98.

[121] Zahariadis N. Selling British rail: an idea whose time has come? [J]. Comparative political studies, 1996, 29 (4): 400−422.

[122] Zahariadis N. Comparing three lenses of policy choice [J]. Policy studies journal, 1998, 26 (3): 434−448.

[123] Zahariadis N. Ambiguity and choice in European public policy [J]. Journal of European public policy, 2008, 15 (4): 514−530.

[124] Zahariadis N. Complexity, coupling and policy effectiveness: the European response to the Greek sovereign debt crisis [J]. Journal of public policy, 2012, 32 (2): 99−116.

[125] Zahariadis N. The shield of Heracles: multiple streams and the emotional endowment effect [J]. European journal of political research, 2015, 54 (3): 466−481.

[126] Zahariadis N. Delphic oracles: ambiguity, institutions, and multiple streams [J]. Policy sciences, 2016, 49 (1): 3−12.

[127] Zhu Xufeng. Strategy of Chinese policy entrepreneurs in the third sector: Challenges of "technical infeasibility" [J]. Policy sciences, 2008, 41 (4): 315−334.

[128] Zhu Yapeng, Xiao Diwen. Policy entrepreneur and social policy innovation in China [J]. Journal of Chinese sociology, 2015, 2 (1): 10.

[129] Zittoun P. Understanding policy change as a discursive problem [J]. Journal of comparative policy analysis: research and practice, 2009, 11 (1): 65−82.

[130] Zohlnhöfer R, Herweg N, Rüb F. Theoretically refining the multiple streams framework: an introduction [J]. European journal of political research, 2015, 54 (3): 412−418.

[131] Zohlnhöfer R. Putting together the pieces of the puzzle: explaining German labor market reforms with a modified multiple − streams approach [J]. Policy studies journal, 2016, 44 (1): 83−107.

[132] Zohlnhöfer R, Herweg N, Huß C. Bringing formal political institutions into the multiple streams framework: an analytical proposal for comparative policy analysis [J]. Journal of comparative policy analysis: research and practice, 2016, 18 (3): 243−256.

英文图书

[1] Allison G T. Essence of decision [M]. Boston: Little, Brown and Company, 1971.

[2] Allison G T, Zelikow P. Essence of decision: explaining the Cuban missile crisis [M]. 2nd ed. New York: Pearson Longman, 1999.

[3] Anderson J E. Public policymaking: an introduction [M]. 8th ed. Stamford C T: Cengage Learning, 2014.

[4] Araral E Jr, Fritzen S, Howlett M, et al. Routledge handbook of public policy [M]. London: Routledge, 2013.

[5] Balla S J, Lodge M, Page E C. The oxford handbook of classics in public policy and administration [M]. Oxford: Oxford University Press, 2015.

[6] Barnard C, Simon H A. Administrative behavior: a study of decision-making processes in administrative organization [M]. New York: Macmillan, 1947.

[7] Baumgartner F R, Jones B D. Agendas and instability in American politics [M]. Chicago: University of Chicago Press, 1993.

[8] Baumgartner F R, Green-Pedersen C, Jones B D. Comparative studies of policy agendas [M]. New York: Routledge, 2008.

[9] Baumgartner F R, Jones B D. Agendas and instability in American politics [M]. 2nd ed. Chicago IL: The University of Chicago Press, 2009.

[10] Berry B J L. Comparative urbanization: divergent paths in the twentieth century [M]. New York: Palgrave Macmillan, 1981.

[11] Birkland T A. After disaster: agenda setting, public policy, and focusing events [M]. Washington DC: Georgetown University Press, 1997.

[12] Birkland T A. Agenda setting in public policy [M] // Fischer F, Miller G J, Sidney M S. Handbook of public policy analysis: theory, politics, and methods. Boca Raton FL: CRC Press, 2007.

[13] Birkland T A. An introduction to the policy process: theories, concepts, and models of public policy making [M]. 4th ed. New York: Routledge, 2016.

[14] Cairney P. Understanding public policy: theories and issues [M]. Basingstoke, Hampshir, UK: Palgrave Macmillan, 2011.

[15] Cairney P, Zahariadis N. Multiple streams analysis: a flexible metaphor presents an opportunity to operationalize agenda setting processes [M] //Zahariadia N. Handbook of public policy agenda setting. Cheltenham UK: Edward Elgar Publishing Ltd., 2016.

[16] Coase R H. The firm, the market, and the law [M]. Chicago: University of Chicago Press, 1988.

[17] Cobb R W, Elder C D. Participation in American politics: the dynamics of agenda-building [M]. Boston: Allyn and Bacon, 1972.

[18] Cohen B C. The press and foreign policy [M]. Pinceton: Princeton University Press, 1963: 13.

[19] Cohen M D, March J G. Leadership and ambiguity: the American college president [M]. Highstown, New Jersey: McGraw—Hill Book Company, 1974.

[20] Coleman R, McCombs M, Shaw D, et al. Agenda setting [M] // Wahl—Jorgensen, Hanitzsch T. The handbook of journalism studies. New York: Routledge, 2009: 147—160.

[21] Dahl R A, Lindlom C E. Politics, economics, and welfare [M]. New Jersey: Transaction Publishers, 1992.

[22] Dearing J W, Rogers E M. Communication concepts 6: agenda—Setting [M]. Thousand Oaks CA: Sage Publications Inc, 1996.

[23] DeLeon P. Advice and consent: the development of the policy sciences [M]. New York: Russell Sage Foundation, 1989.

[24] Douglas M. How institutions think [M]. Syracuse: Syracuse University Press, 1986.

[25] Dror Y. Public policymaking reexamined [M]. San Francisco: Chandler Publishing Company, 1968.

[26] Dror Y. Design for policy sciences [M]. New York: Elsevier Inc, 1971.

[27] Dror Y. Ventures in policy sciences: concepts and applications [M]. New York: Elsevier Inc, 1971.

[28] Dror Y. Policymaking under adversity [M]. New Jersey: Transaction Publishers, 1986.

[29] Dunn W N. Public policy analysis: an integrated approach [M]. 6th ed. New York: Routledge, 2017.

[30] Dye T R. Understanding public policy [M]. 15th ed. New York: Pearson Education Inc, 2016.

[31] Eyestone R. From social issues to public policy [M]. New York: John Wiley and Sons, 1978.

[32] Fayol H. Administration industrielle et générale [M]. Paris: DuNord Press, 1916.

[33] Fischer F, Miller G J, Sidney M S. Handbook of public policy analysis: theory, politics, and methods [M]. New York: Routledge, 2006.

[34] Friedman J, Alonso W. Regional development and planning: a reader [M]. Cambridge Mass: MIT Press, 1964.

[35] George A L, Bennett A. Case studies and theory development in the social sciences [M]. Cambridge, Massachusetts: MIT Press, 2005.

[36] Goodnow F J. Politics and administration [M]. New Jersey: Transaction Publishers, 2003.

[37] Green-Pedersen C, Walgrave S. Agenda setting, policies, and political systems: a comparative approach [M]. Chicago: University of Chicago Press, 2014.

[38] Herweg N. Against all odds: the liberalisation of the European natural gas market - a multiple streams perspective [M] // Energy policy making in the EU. London: Springer, 2015: 87-105.

[39] Herweg N, Zahariadis N. The multiple streams approach [M] // Zahariadis N, Buonanno L. The routledge handbook of European public policy. London: Routledge, 2017.

[40] Hill M, Hupe P. Implementing public policy: an introduction to the study of operational governance [M]. 2nd ed. London: Sage Publications Ltd, 2008.

[41] Hill M, Varone F. The public policy process [M]. 7th ed. New York: Routledge, 2016.

[42] Howlett M, Ramesh M, Perl A. Studying public policy: policy cycles & policy subsystems [M]. 3rd ed. Toronto: Oxford University Press, 2009.

[43] Howlett M, Mukherjee I. Handbook of policy formulation [M]. Cheltenham UK: Edward Elgar Publishing Inc, 2017.

[44] Jann W, Wegrich K. Theories of the policy cycle [M] // Fischer F, Miller G J, Sidney M S. Handbook of public policy analysis: theory, politics, and methods. New York: Routledge, 2006.

[45] Jones B D. Reconceiving decision — making in democratic politics: attention, choice, and public policy [M]. Chicago: University of Chicago Press, 1994.

[46] Jones B D. Politics and the architecture of choice: bouned rationality and governance [M]. Chicago: University of Chicago Press, 2001.

[47] Jones B D, Baumgartner F R. The politics of attention: how government prioritizes problems [M]. Chicago IL: University of Chicago Press, 2005.

[48] Kingdon J W. Agendas, alternatives and public policies [M]. Boston MA: Little, Brown, 1984.

[49] Kingdon J W. Agendas, alternatives and public policies [M]. 2nd ed. New York: Harper Collins, 1995.

[50] Koehler D J, Harvey N. Blackwell handbook of judgement & decision making [M]. Malden MA: Blackwell Publishing Ltd, 2004.

[51] Kuhn T S. The structure of scientific revolutions [M]. 4th ed. Chicago: The University of Chicago Press, 2012.

[52] Lasswell H D. The decision process: seven categories of functional analysis [M]. College Park: University of Maryland Press, 1956.

[53] Lasswell H D. The future of political science [M]. New York: Atherton, 1963.

[54] Lasswell H D. A pre-view of policy sciences [M]. New York: Elsevier Inc, 1971.

[55] Lerner D, Lasswell H D. The policy sciences: recent development in scope and method [M]. Stanford Cal: Stanford University Press, 1951.

[56] Lindblom C E, Woodhouse E J. The policy-making process [M]. 3rd ed. New Jersey: Prentice Hall, 1993.

[57] Lippmann W. Public opinion [M]. California: Harcourt, Brace and Company Inc, 1922.

[58] Mahoney J, Thelen K. Explaining institutional change: ambiguity, agency, and power [M]. Cambridge: Cambridge University Press, 2010.

[59] Majone G. Agenda setting [M] // Moran M, Rein M, Goodin R E. The oxford handbook of public policy. Oxford UK: Oxford University Press, 2006.

[60] March J G, Olsen J P. Ambiguity and choice in organizations [M]. Bergen Norway: Universitetsforlaget, 1976.

[61] March J G, Weissinger — Baylon R. Ambiguity and command: organizational perspectives on military decision making [M]. Marshfield MA: Pitman, 1986.

[62] March J G, Olsen J P. Rediscovering institutions: the organizational basis of politics [M]. New York: Free Press, 1989.

[63] March J G. A primer on decision making: how decision happen [M]. New York: Free Press, 1994.

[64] March J G, Olsen J P. The logic of appropriateness [M] // Goodin R E. The oxford handbook of political science. New York: Oxford University Press, 2009: 478—497.

[65] Maslow A H. Motivation and personality [M]. 3rd ed. New York: Harper & Row, 1987.

[66] McCombs M E, Shaw D L, Weaver D H. Communication and democracy: exploring the intellectual frontiers in agenda—setting theory [M]. New York: Routledge, 1997.

[67] McCombs M E. Setting the agenda: mass media and public opinion [M]. 2nd ed. Cambridge UK: Polity Press, 2014.

[68] Mintrom M. Policy entrepreneurs and school choice [M]. Washington, DC: Georgetown University Press, 2000.

[69] Moran M, Rein M, Goodin R E. The oxford handbooks of political science (Vol Ⅲ): the oxford handbook of public policy [M]. Oxford: Oxford University Press, 2006.

[70] Morcol G. Handbook of decision making [M]. Boca Raton FL: CRC Press, 2007.

[71] Mucciaroni G. The garbage can model and the study of the policy—making process [M] // Araral E Jr, Fritzen S, Howlett M, et al. Routledge handbook of public policy. London: Routledge, 2013: 320—328.

[72] Nagel S S. Encyclopedia of policy studies [M]. 2nd ed. New York:

Marcel Dekker Inc, 1994.

[73] Nelson B J. Making an issue of child abuse: political agenda setting for social problems [M]. Chicago: University of Chicago Press, 1984.

[74] Northam R M. Urban geography [M]. New York: John Wiley & Sons, 1975.

[75] Nutt P C, Wilson D C. Handbook of decision making [M]. Chichester UK: John Wiley & Sons Ltd. , 2010.

[76] Peters B G, Pierre J. Handbook of public policy [M]. London: Sage Publications Ltd, 2006.

[77] Protess D L, McCombs M. Agenda setting: readings on media, public opinion, and policymaking [M]. London: Routledge, 2016.

[78] Rochefort D A, Cobb R W. Problem definition: an emerging perspective [M] // Rochefort D A, Cobb R W. The politics of problem definition: shaping the policy agenda. Lawrence KS: University of Kansas Press, 1994.

[79] Rosenbloom D H, Kravchuk R S, Clerkin R M. Public administration: understanding management, politics, and law in the public sector [M]. 8th ed. New York: Mc—Graw Hill Education, 2014.

[80] Sabatier P A, Jenkins−Smith H C. Policy change and learning: an advocacy coalition approach [M]. Boulder, CO: Westview Press, 1993.

[81] Sabatier P A. Theories of the policy process [M]. Boulder CO: Westview Press, 1999.

[82] Sabatier P A. Theories of the policy process [M]. 2nd ed. Boulder CO: Westview Press, 2007.

[83] Sabatier P A, Weible C M. Theories of the policy process [M]. 3rd ed. Boulder CO: Westview Press, 2014.

[84] Sage P M. The fifth discipline: the art and practice of the learning organization [M]. New York: Doubleday, 2006.

[85] Schneider A L, Ingram H M. Policy design for democracy [M]. Lawrence: University Press of Kansas, 1997.

[86] Schopf T J M. Models in paleobiology [M]. San Francisco: Freeman, Cooper, 1972: 82−115.

[87] Shafritz J M, Hyde A C. Classics of public administration [M]. 8th ed.

Boston MA: Cengage Learning, 2016.

[88] Shafritz J M, Layne K S, Borick C P. Classics of public policy [M]. New York: Pearson Education Inc, 2004.

[89] Simon H A. Models of man: social and rational [M]. New York: Wiley, 1957.

[90] Simon H A. Administrative behavior: study of decision − making processes in administrative organization [M]. 3rd ed. New York: Free Press, 1976.

[91] Simon H A. Reason in human affairs [M]. Stanford CA: Stanford University Press, 1983.

[92] Stone S. Policy paradox: the art of political decision making [M]. 3rd ed. New York: W. W. Norton & Company Inc, 2011.

[93] Taylor F W. The principles of scientific management [M]. New York: Harper & Brothers Publishers, 1911.

[94] Thompson J D. Organizations in action: social science bases of administrative theory [M]. New York: Routledge, 2003.

[95] Truman D. The governmental process [M]. New York: Alfred Knopf, 1958.

[96] Waldo D. The administrative state: a study of the political theory of American public administration [M]. New Jersey: Transaction Publishers, 2007.

[97] Weaver D, McCombs M, Shaw D L. Agenda−setting research: issues, attributes, and influences [M] // Kaid L L. Handbook of political communication research. New Jersey: Lawrence Erlbaum Associates Inc, 2004.

[98] Weible C M, Sabatier P A. Theories of the policy process [M]. 4th ed. New York: Routledge, 2017.

[99] Weingast B R. Political institutions: rational choice perspectives [M] // Goodin R E, Klingemann H D. A new handbook of political science. New York: Oxford University Press, 1996.

[100] Wildavsky A. Speaking truth to power: the art and craft of policy analysis [M]. Boston, MA: Little Brown, 1979.

[101] Wildavsky A. Speaking truth to power: the art and craft of policy

analysis [M]. 2nd ed. New Brunswick NJ：Transaction Books，1987.

[102] Williamson O. Markets and hierarchies [M]. New York：Free Press，1975.

[103] Williamson O. The economic institutions of capitalism [M]. New York：Free Press，1985.

[104] Wilson W J. Sociology and the public agenda [M]. Newbury Prak CA：Sage Publications，1993.

[105] Wu Xun，Ramesh M，Howlett M. The public policy primer：managing the policy process [M]. 2nd ed. New York：Routledge，2017.

[106] Yin R K. Case study research and applications：design and methods [M]. 6th ed. Thousand Oaks California：Sage Publications Inc，2017.

[107] Zahariadis N. Markets, states and public policy：privatization in Britain and France [M]. Ann Arbor MI：University of Michigan Press，1995.

[108] Zahariadis N. Ambiguity and choice in public policy：political decision making in modern democracies [M]. Washington DC：Georgetown University Press，2003.

[109] Zahariadis N. Handbook of public policy agenda setting [M]. Cheltenham UK：Edward Elgar Publishing Inc. ，2016.

[110] Zahariadis N，Buonanno L. The routledge handbook of European public policy [M]. London：Routledge，2018.

[111] Zohlnhöfer R，Rüb F. Decision－making under ambiguity and time constraints：assessing the multiple streams framework [M]. Colchester：ECPR Press，2016.

中文期刊

[1] 柏必成. 改革开放以来我国住房政策变迁的动力分析——以多源流理论为视角 [J]. 公共管理学报，2010，7（4）：76−85+126.

[2] 毕亮亮. "多源流框架"对中国政策过程的解释力——以江浙跨行政区水污染防治合作的政策过程为例 [J]. 公共管理学报，2007，4（2）：36−41+123.

[3] 蔡继明，周炳林. 小城镇还是大都市：中国城市化道路的选择 [J]. 上海经济研究，2002（10）：22−29.

[4] 蔡昉，都阳. 转型中的中国城市发展——城市级层结构、融资能力与迁移

政策［J］．经济研究，2003（6）：64－71＋95．

［5］陈建国．金登"多源流分析框架"述评［J］．理论探讨，2008（1）：125－128．

［6］陈美球．小城镇道路是我国城镇化进程中必不可少的重要途径——与《小城镇道路：中国城市化的妄想症》作者商榷［J］．中国农村经济，2003（1）：72－74．

［7］丁元竹．新型智库和决策咨询——费孝通《小城镇　大问题》的启示［J］．西北师大学报（社会科学版），2015，52（2）：11－17．

［8］费孝通．农村、小城镇、区域发展——我的社区研究历程的再回顾［J］．北京大学学报（哲学社会科学版），1995（2）：4－14＋127．

［9］费孝通．小城镇　大问题（之一）——各具特色的吴江小城镇［J］．瞭望周刊，1984（2）：18－20．

［10］费孝通．小城镇　大问题（之二）——从小城镇的兴衰看商品经济的作用［J］．瞭望周刊，1984（3）：22－23．

［11］费孝通．小城镇　大问题（之三）——社队工业的发展与小城镇的兴衰［J］．瞭望周刊，1984（4）：11－13．

［12］费孝通．小城镇　大问题（续完）［J］．瞭望周刊，1984（5）：24－26．

［13］费孝通．论中国小城镇的发展［J］．小城镇建设，1996（3）：3－5．

［14］费孝通．论中国小城镇的发展［J］．中国农村经济，1996（3）：3－5＋10．

［15］费孝通．小城镇　苏北初探［J］．瞭望周刊，1984（44）：20－22．

［16］费孝通．小城镇　苏北初探（续）［J］．瞭望周刊，1984（46）：19－21．

［17］费孝通．小城镇　苏北初探（续完）［J］．瞭望周刊，1984（48）：22－24．

［18］费孝通．小城镇　新开拓（一）［J］．瞭望周刊，1984（51）：26－27．

［19］费孝通．小城镇　新开拓（二）［J］．瞭望周刊，1984（52）：24－26．

［20］费孝通．小城镇　新开拓（三）［J］．瞭望周刊，1985（1）：26－27．

［21］费孝通．小城镇　新开拓（四）［J］．瞭望周刊，1985（2）：26－27．

［22］费孝通．小城镇　新开拓（五）［J］．瞭望周刊，1985（3）：22－23．

［23］费孝通．小城镇　再探索（之一）［J］．瞭望周刊，1984（20）：14－15．

［24］费孝通．小城镇　再探索（之二）［J］．瞭望周刊，1984（21）：22－23．

［25］费孝通．小城镇　再探索（之三）［J］．瞭望周刊，1984（22）：23－24．

［26］费孝通．小城镇　再探索（之四）［J］．瞭望周刊，1984（23）：22－23．

[27] 费孝通. 中国城乡发展的道路——我一生的研究课题 [J]. 中国社会科学，1993（1）：3-13.

[28] 费孝通，杜润生，艾丰，等. 小城镇建设的深入及西部开发——"第二届小城镇大战略"高级研讨会小辑 [J]. 小城镇建设，2000（5）：24-35.

[29] 高佩义. 未来中国的城市化发展战略 [J]. 经济学家，1990（6）：43-53.

[30] 高佩义. 关于我国城市化道路问题的探讨 [J]. 经济科学，1991（2）：76-80.

[31] 高佩义. 中国城市化的特点和趋势 [J]. 农村经济与社会，1991（2）：10-19+26.

[32] 辜胜阻. 解决我国农村剩余劳动力问题的思路与对策 [J]. 中国社会科学，1994（5）：59-66.

[33] 龚虹波. "垃圾桶"模型述评——兼谈其对公共政策研究的启示 [J]. 理论探讨，2005（6）：104-108.

[34] 辜胜阻，李正友. 中国自下而上城镇化的制度分析 [J]. 中国社会科学，1998（2）：60-70.

[35] 韩志明. 政策过程的模糊性及其策略模式——理解国家治理的复杂性 [J]. 学海，2017（6）：109-115.

[36] 黄俊辉，徐自强. 《校车安全条例（草案）》的政策议程分析——基于多源流模型的视角 [J]. 公共管理学报，2012，9（3）：19-31+123.

[37] 邹艳丽. 小城镇管理的制度思辨 [J]. 小城镇建设，2016（5）：78-83.

[38] 邹艳丽. 城乡统筹背景下镇之职能重设 [J]. 小城镇建设，2017（2）：38-44.

[39] 邹艳丽，尹路. 特色小镇规划设计与建设运营研究 [J]. 小城镇建设，2018（5）：5-11.

[40] 蓝志勇. 公共管理中的公共性问题 [J]. 中国行政管理，2006（7）：38-40.

[41] 蓝志勇. 谈谈公共政策的决策理性 [J]. 中国行政管理，2007（8）：22-25.

[42] 蓝志勇，刘洋. 建设"学习型组织"推动"组织学习"与制度创新 [J]. 学海，2012（3）：95-101.

[43] 蓝志勇，魏明. 现代国家治理体系：顶层设计、实践经验与复杂性 [J].

公共管理学报，2014，11（1）：1−9+137.

[44] 蓝志勇，苗爱民，李东泉. 深化府际关系改革 推动城乡协调发展 [J].
中国行政管理，2016（11）：30−35.

[45] 蓝志勇，张腾，李廷. 从"不破不立"到"以立促破"——行政审批制
度改革的创新思考 [J]. 理论与改革，2017（1）：104−112.

[46] 蓝志勇. 全景式综合理性与公共政策制定 [J]. 中国行政管理，2017
（2）：17−21.

[47] 李宝库. 中国农村剩余劳动力转移与小城镇发展 [J]. 城市问题，1997
（3）：11−14.

[48] 李东泉，蓝志勇. 论公共政策导向的城市规划与管理 [J]. 中国行政管
理，2009（5）：36−39.

[49] 李克强. 论我国经济的三元结构 [J]. 中国社会科学，1991（3）：
65−82.

[50] 李娜，仇保兴. 中英小城镇发展特点及存在问题比较研究 [J]. 城市发
展研究，2017，24（12）：23−27.

[51] 李强. 影响中国城乡流动人口的推力与拉力因素分析 [J]. 中国社会科
学，2003（1）：125−136+207.

[52] 李文钊. 制度分析与发展框架：传统、演进与展望 [J]. 甘肃行政学院
学报，2016（6）：4−18+125.

[53] 李文钊. 拉斯韦尔的政策科学：设想、争论及对中国的启示 [J]. 中国
行政管理，2017（3）：137−144.

[54] 李文钊. 政策过程的决策途径：理论基础、演进过程与未来展望 [J].
甘肃行政学院学报，2017（6）：46−67+126−127.

[55] 李文钊. 论作为认知、行为与规范的制度 [J]. 公共管理与政策评论，
2017，6（2）：3−18.

[56] 李文钊. 叙事式政策框架：探究政策过程中的叙事效应 [J]. 公共行政
评论，2017，10（3）：141−163+216−217.

[57] 李文钊. 向行为公共政策理论跨越——间断—均衡理论的演进逻辑和趋
势 [J]. 江苏行政学院学报，2018（1）：82−91.

[58] 李文钊. 认知、制度与政策图景：间断—均衡理论的三重解释逻辑 [J].
南京社会科学，2018（5）：63−74.

[59] 李文钊. 中国改革的制度分析：以 2013—2017 年全面深化改革为例
[J]. 中国行政管理，2018（6）：18−25.

[60] 李文钊. 多源流框架：探究模糊性对政策过程的影响 [J]. 行政论坛，2018，25（2）：88—99.

[61] 李文钊. 间断—均衡理论：探究政策过程中的稳定与变迁逻辑 [J]. 上海行政学院学报，2018，19（2）：54—65.

[62] 刘家强. 中国人口城市化：动力约束与适度进程 [J]. 经济学家，1998（4）：97—103.

[63] 刘然. 网络舆论触发政策议程机制探讨——在对三起网络公共事件的比较中质疑多源流模型 [J]. 理论与改革，2017（2）：129—135.

[64] 卢汉超. 非城非乡、亦城亦乡、半城半乡——论中国城乡关系中的小城镇 [J]. 史林，2009（5）：1—10+188.

[65] 陆学艺. 关于调整城乡社会结构发展小城镇的几个问题 [J]. 中共福建省委党校学报，1999（7）：11—16.

[66] 罗宏翔. 小城镇是目前我国新增城镇人口的最大吸纳者 [J]. 西南交通大学学报（社会科学版），2001（2）：66—69.

[67] 罗茂初. 小城镇发展与人口迁移 [J]. 人口学刊，1987（3）：10—14.

[68] 罗茂初. 对我国发展小城镇政策的追溯和评价 [J]. 人口研究，1988（1）：12—18+64.

[69] 骆苗，毛寿龙. 理解政策变迁过程：三重路径的分析 [J]. 天津行政学院学报，2017，19（2）：58—65.

[70] 马戎. 小城镇的发展与中国的现代化 [J]. 中国社会科学，1990（4）：131—146.

[71] 毛寿龙，郑鑫. 政策网络：基于隐喻、分析工具和治理范式的新阐释——兼论其在中国的适用性 [J]. 甘肃行政学院学报，2018（3）：4—13+126.

[72] 茅于轼. 城市规模的经济学 [J]. 中国投资，2001（2）：30—33.

[73] 尼古拉斯·扎哈里尔迪斯. 德尔菲神谕：模糊性、制度和多源流 [J]. 杨志军，欧阳文忠，译. 吉首大学学报（社会科学版），2017，38（1）：23—30.

[74] 浦善新. 改革城乡行政管理体制促进城镇化的健康发展 [J]. 城市规划，2006（7）：16—21.

[75] 秦尊文. 小城镇道路：中国城市化的妄想症 [J]. 中国农村经济，2001（12）：64—69.

[76] 秦尊文. 小城镇偏好探微——兼答陈美球同志之商榷 [J]. 中国农村经

济，2004（7）：66—72.

[77] 仇保兴. 小城镇发展的困境与出路［J］. 城乡建设，2006（1）：8—
13+4.

[78] 仇保兴. 我国小城镇建设的问题与对策［J］. 小城镇建设，2012（2）：
20—26.

[79] 仇保兴. 复杂适应理论与特色小镇［J］. 住宅产业，2017（3）：10—19.

[80] 仇保兴. 特色小镇的"特色"要有广度与深度［J］. 现代城市，2017，
12（1）：1—5.

[81] 任锋，朱旭峰. 转型期中国公共意识形态政策的议程设置——以高校思
政教育十六号文件为例［J］. 开放时代，2010（6）：68—82.

[82] 容志. 基层公共决策的多源流模型与特点："网格巡察"政策的实证分析
［J］. 晋阳学刊，2012（3）：35—42.

[83] 容志. 基层公共决策的多源流分析——一项基于上海市的实证考察［J］.
复旦公共行政评论，2006：112—131.

[84] 沈关宝.《小城镇 大问题》与当前的城镇化发展［J］. 社会学研究，
2014，29（1）：1—9+241.

[85] 石忆邵. 德国均衡城镇化模式与中国小城镇发展的体制瓶颈［J］. 经济
地理，2015，35（11）：54—60+70.

[86] 宋林飞. 农村劳动力的剩余及其出路［J］. 中国社会科学，1982（5）：
121—133.

[87] 宋林飞. "民工潮"的形成、趋势与对策［J］. 中国社会科学，1995
（4）：78—91.

[88] 孙志建. "模糊性治理"的理论谱系及其诠释：一种崭新的公共管理叙事
［J］. 甘肃行政学院学报，2012（3）：55—71+127.

[89] 孙志建. 中国城市摊贩监管缘何稳定于模糊性治理——基于"新多源流
模型"的机制性解释［J］. 甘肃行政学院学报，2014（5）：28—43+11+
127—128.

[90] 王程韡. 从多源流到多层流演化：以我国科研不端行为处理政策议程为
例［J］. 科学学研究，2009，27（10）：1460—1467.

[91] 王绍光. 中国公共政策议程设置的模式［J］. 中国社会科学，2006（5）：
86—99+207.

[92] 王小鲁. 中国城市化路径与城市规模的经济学分析［J］. 经济研究，
2010，45（10）：20—32.

[93] 王垚，年猛. 政府"偏爱"与城市发展：以中国为例［J］. 财贸经济，2015（5）：147-161.

[94] 王振亮. 试论小城镇的建设与乡镇工业化的发展［J］. 城市规划汇刊，1999（1）：7-10+80.

[95] 魏后凯. 中国城市行政等级与规模增长［J］. 城市与环境研究，2014，1（1）：4-17.

[96] 魏淑艳，孙峰. "多源流理论"视阈下网络社会政策议程设置现代化——以出租车改革为例［J］. 公共管理学报，2016，13（2）：1-13.

[97] 温铁军. 半个世纪的农村制度变迁［J］. 战略与管理，1999（6）：76-82.

[98] 温铁军，谢扬，叶耀先，等. 小城镇建设与西部大开发——"第二届小城镇大战略"高级研讨会［J］. 小城镇建设，2000（6）：22-31.

[99] 吴闾. 我国小城镇概念的争鸣与界定［J］. 小城镇建设，2014（6）：50-55.

[100] 夏振坤，李享章. 城市化与农业劳动力转移的阶段性和层次性［J］. 农业经济问题，1988（1）：19-23.

[101] 谢扬. 中国小城镇辨析［J］. 新视野，2003（2）：25-27.

[102] 徐勇. 从"农村包围城市"到"城市带动乡村"——以新城市建设引领新农村建设［J］. 东南学术，2007（2）：35-39.

[103] 杨宏山. 珠江三角洲"民工潮"的调查与分析［J］. 人口研究，1995（2）：53-56.

[104] 杨宏山. 中国户籍制度改革的政策分析［J］. 云南行政学院学报，2003（5）：18-21.

[105] 杨宏山. 公共政策的人性预设［J］. 行政与法（吉林省行政学院学报），2004（1）：15-18.

[106] 杨宏山. 城乡关系与地方治理改革［J］. 北京行政学院学报，2012（5）：26-30.

[107] 杨宏山. 澄清城乡治理的认知误区——基于公共服务的视角［J］. 探索与争鸣，2016（6）：47-50.

[108] 杨志军，欧阳文忠，肖贵秀. 要素嵌入思维下多源流决策模型的初步修正——基于"网约车服务改革"个案设计与检验［J］. 甘肃行政学院学报，2016（3）：66-79+127-128.

[109] 杨志军. 从垃圾桶到多源流再到要素嵌入修正——一项公共政策研究工

作的总结和探索 [J]. 行政论坛，2018，25（4）：61－69.

[110] 杨志军. 模糊性条件下政策过程决策模型如何更好解释中国经验？——基于"源流要素＋中介变量"检验的多源流模型优化研究 [J]. 公共管理学报，2018，15（4）：39－51＋151.

[111] 姚尚建. 特色小镇：角色冲突与方案调试——兼论乡村振兴的政策议题 [J]. 探索与争鸣，2018（8）：84－90＋143.

[112] 姚士谋. 我国小城镇发展战略问题初探 [J]. 城市研究，1999（3）：8－12.

[113] 叶克林，陈广. 小城镇发展的必然性 [J]. 经济研究，1985（5）：62－67.

[114] 叶克林. 发展新型的小城镇是我国城镇化的合理模式 [J]. 城市问题，1986（3）：9－13.

[115] 尹航. 中国经济体制改革进程中的邓小平南方谈话——纪念邓小平南方谈话二十周年 [J]. 求实，2012（5）：4－8.

[116] 曾令发. 政策溪流：议程设立的多源流分析——约翰·W. 金登的政策理论述评 [J]. 理论探讨，2007（3）：136－139.

[117] 赵德余. 政策共同体、政策响应与政策工具的选择性使用——中国校园公共安全事件的经验 [J]. 公共行政评论，2012（3）：7－29＋179.

[118] 赵德余. 公共政策科学的谱系与图景：一个医学的隐喻 [J]. 学海，2016（3）：18－24.

[119] 赵新平，周一星. 改革以来中国城市化道路及城市化理论研究述评 [J]. 中国社会科学，2002（2）：132－138.

[120] 张建. 我国异地高考政策的议程设置机制分析——基于多源流理论视角 [J]. 国家教育行政学院学报，2014（3）：70－74.

[121] 张建. 多源流模型框架下的异地高考政策议程再分析 [J]. 教育学报，2014，10（3）：69－78.

[122] 张正河，谭向勇. 小城镇难当城市化主角 [J]. 中国软科学，1998（8）：14—19.

[123] 郑志霄. 小城镇规模等级与分类 [J]. 城市规划研究，1983（1）：46－49.

[124] 郑宗寒. 试论小城镇 [J]. 中国社会科学，1983（4）：119－136.

[125] 周超，颜学勇. 从强制收容到无偿救助——基于多源流理论的政策分析 [J]. 中山大学学报（社会科学版），2005，45（6）：80－85＋138.

[126] 周其仁，胡庄君. 中国乡镇工业企业的资产形成、营运特征及其宏观效应——对 10 省大型乡镇工业企业抽样调查的分析 [J]. 中国社会科学，1987（6）：41−66.

[127] 周其仁. 中国农村改革：国家和所有权关系的变化（上）——一个经济制度变迁史的回顾 [J]. 管理世界，1995（3）：178−189+219−220.

[128] 周其仁. 中国农村改革：国家和所有权关系的变化（下）——一个经济制度变迁史的回顾 [J]. 管理世界，1995（4）：147−155.

[129] 周其仁. 机会与能力——中国农村劳动力的就业和流动 [J]. 管理世界，1997（5）：81−101.

[130] 周雪光. 制度是如何思维的？[J]. 读书，2001（4）：10−18.

中文图书

[1] 马斯洛 A H. 动机与人格 [M]. 许金声，程朝翔，译. 北京：华夏出版社，1987.

[2] 盖伊·彼得斯 B. 政治科学中的制度理论：新制度主义 [M]. 3 版. 王向民，段红伟，译. 上海：上海人民出版社，2016.

[3] 曼特扎维诺斯 C. 个人、制度与市场 [M]. 梁海音，陈雄华，帅中明，译. 长春：长春出版社，2009.

[4] 盖尔·约翰逊 D. 经济发展中的农业、农村、农民问题 [M]. 林毅夫，赵耀辉，译. 北京：商务印书馆，2004.

[5] 弗兰克·J 古德诺. 政治与行政 [M]. 王元，杨百朋，译. 北京：华夏出版社，1987.

[6] 帕克 R E，伯吉斯 E N，麦肯齐 R D. 城市社会学——芝加哥学派城市研究 [M]. 宋俊岭，郑也夫，译. 北京：商务印书馆，2012.

[7] 克朗 R M. 系统分析和政策科学 [M]. 陈东威，译. 北京：商务印书馆，1985.

[8] 理查德·斯科特 W. 制度与组织——思想观念与物质利益 [M]. 3 版. 姚伟，王黎芳，译. 北京：中国人民大学出版社，2010.

[9] 阿尔弗雷德·韦伯. 工业区位论 [M]. 李刚剑，陈志人，张英保，译. 北京：商务印书馆，2010.

[10] 阿瑟·奥肯. 平等与效率——重大的抉择 [M]. 王奔洲，译. 北京：华夏出版社，1987.

[11] 埃比尼泽·霍华德. 明日的田园城市 [M]. 金经元，译. 北京：商务印

书馆，2010.

[12] 埃里克·弗鲁博顿，鲁道夫·芮切特. 新制度经济学——一个交易费用分析范式 [M]. 姜坚强，罗长远，译. 上海：格致出版社，2012.

[13] 奥古斯特·勒施. 经济空间秩序——经济财货与地理间的关系 [M]. 王守礼，译. 北京：商务印书馆，2010.

[14] 奥利弗·E 威廉姆森，西德尼·G 温特. 企业的性质——起源、演变与发展 [M]. 姚海鑫，邢源源，译. 北京：商务印书馆，2010.

[15] 奥利弗·E 威廉姆森. 市场与层级制——分析与反托拉斯含义 [M]. 蔡晓月，孟俭，译. 上海：上海财经大学出版社，2011.

[16] 保罗·A 萨巴蒂尔，汉克·C 詹金斯－史密斯. 政策变迁与学习——一种倡议联盟途径 [M]. 邓征，译. 北京：北京大学出版社，2011.

[17] 保罗·A 萨巴蒂尔. 政策过程理论 [M]. 彭宗超，钟开斌，译. 北京：生活·读书·新知三联书店，2004.

[18] 保罗·诺克斯，琳达·迈克卡西. 城市化 [M]. 顾朝林，汤培源，杨兴柱，等译. 北京：科学出版社，2009.

[19] 彼得·圣吉. 第五项修炼——学习型组织的艺术与实践 [M]. 张成林，译. 北京：中信出版社，2009.

[20] 布莱恩·贝利. 比较城市化——20 世纪的不同道路 [M]. 顾朝林，汪侠，俞金国，等译. 北京：商务印书馆，2010.

[21] 布莱恩·琼斯. 再思民主政治中的决策制定：注意力、选择和公共政策 [M]. 李丹阳，译. 北京：北京大学出版社，2010.

[22] 毕竞悦. 中国四十年社会变迁（1978—2018）[M]. 北京：清华大学出版社，2018.

[23] 查尔斯·林德布罗姆. 决策过程 [M]. 竺乾威，胡君芳，译. 上海：上海译文出版社，1988.

[24] 查尔斯·韦兰. 公共政策导论 [M]. 魏陆，译. 上海：格致出版社，2013.

[25] 查尔斯·沃尔夫. 市场或政府——权衡两种不完善的选择/兰德公司的一项研究 [M]. 谢旭，译. 北京：中国发展出版社，1994.

[26] 蔡昉. 中国经济改革与发展（1978—2018）[M]. 北京：社会科学文献出版社，2018.

[27] 蔡昉，都阳，王美艳. 劳动力流动的政治经济学 [M]. 上海：上海人民出版社，2003.

[28] 蔡秀玲. 论小城镇建设——要素聚集与制度创新 [M]. 北京：人民出版社，2002.

[29] 曹峰. 中国公共管理思想经典（1978—2012）[M]. 北京：社会科学文献出版社，2014.

[30] 陈锡文，赵阳，陈剑波，等. 中国农村制度变迁 60 年 [M]. 北京：人民出版社，2009.

[31] 陈向明. 质的研究方法与社会科学研究 [M]. 北京：教育科学出版社，2000.

[32] 戴维·H 罗森布鲁姆，罗伯特·S 克拉夫丘克，德博拉·弋德曼·罗森布鲁姆. 公共行政学：管理、政治和法律的途径 [M]. 5 版. 张成福，译. 北京：中国人民大学出版社，2002.

[33] 戴维·L 韦默，艾丹·R 瓦伊宁. 公共政策分析：理论与实践 [M]. 4 版. 刘伟，译. 北京：中国人民大学出版社，2012.

[34] 丹尼尔·A 雷恩. 管理思想的演变 [M]. 李柱流，赵睿，肖聿，等译. 北京：中国社会科学出版社，1997.

[35] 道格拉斯·C 诺思. 经济史上的结构和变革 [M]. 厉以平，译. 北京：商务印书馆，1992.

[36] 道格拉斯·C 诺思. 理解经济变迁过程 [M]. 钟正生，邢华，高东明等，译. 北京：中国人民大学出版社，2013.

[37] 道格拉斯·C 诺思. 制度、制度变迁与经济绩效 [M]. 杭行，译. 上海：格致出版社，2014.

[38] 丹尼尔·W 布罗姆利. 经济利益与经济制度——公共政策的理论基础 [M]. 陈郁，郭宇峰，汪春，译. 上海：格致出版社，2012.

[39] 丹尼斯·C 缪勒. 公共选择理论 [M]. 3 版. 韩旭，杨春学，译. 北京：中国社会科学出版社，2010.

[40] 德怀特·沃尔多. 行政国家：美国公共行政的政治理论研究 [M]. 颜昌武，译. 北京：中央编译出版社，2017.

[41] 陈光. 小城镇发展研究 [M]. 天津：天津人民出版社，2000.

[42] 陈佳骆，李国凡，朱霞. 小城镇建设管理手册 [M]. 2 版. 北京：中国建筑工业出版社，2007.

[43] 陈振明. 政策科学——公共政策分析导论 [M]. 2 版. 北京：中国人民大学出版社，2003.

[44] 迟福林. 伟大的历程——中国改革开放 40 年实录 [M]. 广州：广东经

济出版社，2018.

[45] 德博拉·斯通. 政策悖论——政治决策中的艺术 [M]. 修订版. 顾建光，译. 北京：中国人民大学出版社，2006.

[46] 邓小平. 邓小平文选：第 2 卷 [M]. 2 版. 北京：人民出版社，1994.

[47] 邓小平. 邓小平文选：第 3 卷 [M]. 北京：人民出版社，1993.

[48] 杜润生. 杜润生自述：中国农村体制变革重大决策纪实 [M]. 北京：人民出版社，2005.

[49] 费景汉，古斯塔夫·拉尼斯. 增长和发展——演进的观点 [M]. 洪银兴，郑江淮，译. 北京：商务印书馆，2014.

[50] 费孝通. 城乡发展研究——城乡关系·小城镇·边区开发 [M]. 长沙：湖南人民出版社，1989.

[51] 费孝通. 江村经济——中国农民的生活 [M]. 北京：商务印书馆，2001.

[52] 费孝通. 论小城镇及其他 [M]. 天津：天津人民出版社，1986.

[53] 费孝通，罗涵先. 乡镇经济比较模式 [M]. 重庆：重庆出版社，1988.

[54] 费孝通. 内地农村 [M]. 北京：生活·读书·新知三联书店，2012.

[55] 费孝通. 乡土中国 [M]. 北京：生活·读书·新知三联书店，2013.

[56] 费孝通. 小城镇四记 [M]. 北京：新华出版社，1985.

[57] 费孝通，鹤见和子. 农村振兴和小城镇问题——中日学者共同研究 [M]. 南京：江苏人民出版社，1991.

[58] 费孝通. 中国城镇化道路 [M]. 呼和浩特：内蒙古人民出版社，2010.

[59] 傅崇兰，黄育华，陈光庭，等. 小城镇论 [M]. 太原：山西经济出版社，2003.

[60] 弗兰克·鲍姆加特纳，布赖恩·琼斯. 美国政治中的议程与不稳定性 [M]. 曹堂哲，文雅，译. 北京：北京大学出版社，2011.

[61] 弗里德里希·冯·哈耶克. 自由秩序原理 [M]. 邓正来，译. 北京：生活·读书·新知三联书店，2000.

[62] 弗里德利希·冯·哈耶克. 经济、科学与政治 [M]. 冯克利，译. 南京：江苏人民出版社，1997.

[63] 弗雷德里克·泰勒. 科学管理原理 [M]. 马风才，译. 北京：机械工业出版社，2007.

[64] 傅志寰，朱高峰. 中国特色新型城镇化发展战略研究：第 2 卷 [M]. 北京：中国建筑工业出版社，2013.

[65] 高珮义. 中外城市化比较研究：修订版［M］. 天津：南开大学出版社，2004.

[66] 格雷厄姆·艾利森，菲利普·泽利科. 决策的本质——还原古巴导弹危机的真相［M］. 2版. 王伟光，王方萍，译. 北京：商务印书馆，2015.

[67] 顾朝林，柴彦威，蔡建明，等. 中国城市地理［M］. 北京：商务印书馆，1999.

[68] 辜胜阻. 非农化与城镇化研究［M］. 杭州：浙江人民出版社，1991.

[69] 郭书田，刘纯彬. 失衡的中国——城市化的过去、现在与未来（第1部）［M］. 石家庄：河北人民出版社，1990.

[70] 河连燮. 制度分析：理论与争议［M］. 2版. 李秀峰，柴宝勇，译. 北京：中国人民大学出版社，2014.

[71] 贺雪峰. 城市化的中国道路［M］. 北京：东方出版社，2014.

[72] 亨利·法约尔. 工业管理与一般管理［M］. 迟力耕，张璇，译. 北京：机械工业出版社，2013.

[73] 霍利斯·钱纳里，莫伊思·赛尔昆. 发展的型式（1950—1970）［M］. 李新华，徐公理，迟建平，译. 北京：经济科学出版社，1988.

[74] 江苏省小城镇研究课题组. 小城镇　大问题——江苏省小城镇研究论文选（第一集）［M］. 南京：江苏人民出版社，1984.

[75] 江苏省小城镇研究课题组. 小城镇　新开拓——江苏省小城镇研究论文选（第二集）［M］. 南京：江苏人民出版社，1986.

[76] 蒋永清. 中国小城镇发展研究［M］. 北京：中央文献出版社，2004.

[77] 杰伊·沙夫里茨，卡伦·莱恩，克里斯托弗·博里克. 公共政策经典［M］. 彭云望，译. 北京：北京大学出版社，2008.

[78] 卡尔·帕顿，大卫·沙维奇. 政策分析和规划的初步方法［M］. 2版. 孙兰芝，胡启生，译. 北京：华夏出版社，2000.

[79] 克里斯托弗·胡德. 国家的艺术——文化、修辞与公共管理［M］. 彭勃，邵春霞，译. 上海：上海人民出版社，2004.

[80] 肯尼斯·J阿罗. 社会选择与个人价值［M］. 2版. 丁建峰，译. 上海：上海人民出版社，2010.

[81] 孔祥智，盛来远. 中国小城镇发展报告（2009）——城乡统筹视角下的小城镇发展研究［M］. 北京：中国农业出版社，2010.

[82] 蓝志勇. 现代公共管理的理性思考［M］. 北京：北京大学出版社，2014.

[83] 雷蒙·威廉斯. 乡村与城市 [M]. 韩子满，刘戈，徐珊珊，译. 北京：商务印书馆，2013.

[84] 李建钊. 小城镇发展与规划指南 [M]. 天津：天津大学出版社，2014.

[85] 李强，薛澜. 中国特色新型城镇化发展战略研究：第四卷 [M]. 北京：中国建筑工业出版社，2013.

[86] 李铁. 城镇化是一次全面深刻的社会变革 [M]. 北京：中国发展出版社，2013.

[87] 李铁，乔润令. 城镇化进程中的城乡关系 [M]. 北京：中国发展出版社，2013.

[88] 李铁. 我所理解的城市 [M]. 北京：中国发展出版社，2013.

[89] 厉以宁. 改革开放以来的中国经济：1978—2018 [M]. 北京：中国大百科全书出版社，2018.

[90] 张佩国，李友梅，刘春燕，等. 制度变迁的实践逻辑——改革以来中国城市化进程研究 [M]. 桂林：广西师范大学出版社，2004.

[91] 梁鹤年. 政策规划与评估方法 [M]. 丁进锋，译. 北京：中国人民大学出版社，2009.

[92] 刘晓鹰. 中国西部欠发达地区城镇化道路及小城镇发展研究 [M]. 北京：民族出版社，2008.

[93] 刘易斯·芒福德. 城市发展史——起源、演变和前景 [M]. 宋俊岭，倪文彦，译. 北京：中国建筑工业出版社，2005.

[94] 刘易斯·芒福德. 城市文化 [M]. 宋俊岭，倪文彦，译. 北京：中国建筑工业出版社，2009.

[95] 林毅夫. 制度、技术与中国农业发展 [M]. 上海：格致出版社，2014.

[96] 林毅夫. 解读中国经济 [M]. 2 版. 北京：北京大学出版社，2014.

[97] 刘铮. 小城镇：成长差异与机制——以上海市郊区城镇为例 [M]. 长春：吉林大学出版社，2012.

[98] 陆大道，姚世谋，刘慧，等. 2006 中国区域发展报告——城镇化进程及空间扩张 [M]. 北京：商务印书馆，2007.

[99] 罗伯特·K 殷. 案例研究：设计与方法 [M]. 4 版. 周海涛，李永贤，李虔，译. 重庆：重庆大学出版社，2010.

[100] 罗杰·J 沃恩，特里·E 巴斯. 科学决策方法：从社会科学研究到政策分析 [M]. 沈崇麟，译. 重庆：重庆大学出版社，2006.

[101] 罗来军. 从单向城乡一体化到双向城乡一体化 [M]. 北京：经济科学

出版社，2014.

[102] 罗纳德·H 科斯. 财产权利与制度变迁——产权学派与新制度学派译文集 [M]. 刘守英，译. 上海：格致出版社，2014.

[103] 罗纳德·哈里·科斯. 企业、市场与法律 [M]. 盛洪，陈郁，译. 上海：格致出版社，2009.

[104] 陆益龙. 户籍制度——控制与社会差别 [M]. 北京：商务印书馆，2003.

[105] 骆中钊，张勃，傅凡，等. 小城镇规划与建设管理 [M]. 北京：化学工业出版社，2012.

[106] 马骏，张成福，何艳玲. 反思中国公共行政学：危机与重建 [M]. 北京：中央编译出版社，2009.

[107] 马克·戈特迪纳，莱斯利·巴德. 城市研究核心概念 [M]. 邵文实，译. 南京：江苏教育出版社，2013.

[108] 马克斯·韦伯. 马克斯·韦伯社会学文集 [M]. 阎克文，译. 北京：人民出版社，2010.

[109] 马克斯·韦伯. 经济与社会：第 1 卷 [M]. 阎克文，译. 上海：上海人民出版社，2010.

[110] 玛丽·道格拉斯. 制度如何思考 [M]. 张晨曲，译. 北京：经济管理出版社，2013.

[111] 迈克·希尔，彼特·休普. 执行公共政策——理论与实践中的治理 [M]. 黄健荣，译. 北京：商务印书馆，2011.

[112] 迈克尔·豪利特，拉米什 M. 公共政策研究——政策循环与政策子系统 [M]. 庞诗，译. 北京：生活·读书·新知三联书店，2006.

[113] 梅学书，廖长林，陈志勇，等. 小城镇发展与体制机制创新研究 [M]. 武汉：湖北科学技术出版社，2014.

[114] 米切尔·黑尧. 现代国家的政策过程 [M]. 赵成根，译. 北京：中国青年出版社，2004.

[115] 诺南·帕迪森. 城市研究手册 [M]. 郭爱军，王贻志，译. 上海：格致出版社，2009.

[116] 彭和平，竹立家. 国外公共行政理论精选 [M]. 北京：中共中央党校出版社，1997.

[117] 钱易，吴良镛. 中国特色新型城镇化发展战略研究：第三卷 [M]. 北京：中国建筑工业出版社，2013.

[118] 邱昕. 从新农村到小城镇：大北京模式与新农村规划若干形态研究 [M]. 北京：中国建筑工业出版社，2015.

[119] 斯图亚特·S 那格尔. 政策研究百科全书 [M]. 林明，龚裕，鲍克，等译. 北京：科学技术文献出版社，1990.

[120] 宋国学. 功能型小城镇建设——中国经济发展之后的城镇化道路 [M]. 长春：吉林大学出版社，2015.

[121] 宋洪远. 大国根基——中国农村改革 40 年 [M]. 广州：广东经济出版社，2018.

[122] 速水佑次郎，弗农·拉坦. 农业发展：国际前景 [M]. 吴伟东，翟正惠，卓建伟，等译. 北京：商务印书馆，2014.

[123] 唐珂. 美丽乡村——国际经验及其启示 [M]. 北京：中国环境出版社，2014.

[124] 汤铭潭，刘亚臣，张沈生，等. 小城镇规划管理与政策法规 [M]. 北京：中国建筑工业出版社，2012.

[125] 汤铭潭，宋劲松，刘仁根，等. 小城镇发展与规划概论 [M]. 北京：中国建筑工业出版社，2004.

[126] 汤铭潭，宋劲松，刘仁根，等. 小城镇发展与规划 [M]. 2 版. 北京：中国建筑工业出版社，2012.

[127] 汤姆·R 伯恩斯. 经济与社会变迁的结构化——行动者、制度与环境 [M]. 2 版. 周长城，译. 北京：社会科学文献出版社，2010.

[128] 托马斯·R·戴伊. 自上而下的政策制定 [M]. 鞠方安，吴忧，译. 北京：中国人民大学出版社，2002.

[129] 托马斯·R·戴伊. 理解公共政策 [M]. 12 版. 谢明，译. 北京：中国人民大学出版社，2011.

[130] 托马斯·库恩. 科学革命的结构 [M]. 4 版. 金吾伦，胡新和，译. 北京：北京大学出版社，2012.

[131] 王放. 中国城市化与可持续发展 [M]. 北京：科学出版社，2000.

[132] 王志强. 小城镇发展研究 [M]. 南京：东南大学出版社，2007.

[133] 王志宪. 我国小城镇可持续发展研究 [M]. 北京：科学出版社，2012.

[134] 威廉·N 邓恩. 公共政策分析导论 [M]. 4 版. 谢明，伏燕，朱雪宁，译. 北京：中国人民大学出版社，2011.

[135] 威廉·阿瑟·刘易斯. 二元经济论 [M]. 施炜，译. 北京：北京经济学院出版社，1989.

[136] 威廉·配第. 配第经济著作选集［M］. 陈冬野，马清槐，周锦如，译. 北京：商务印书馆，1981.

[137] 文贯中. 吾民无地——城市化、土地制度与户籍制度的内在逻辑［M］. 北京：东方出版社，2014.

[138] 沃尔特·克里斯塔勒. 德国南部中心地原理［M］. 常正文，王兴中，李贵才，等译. 北京：商务印书馆，2010.

[139] 吴季松. 新型城镇化的顶层设计、路线图和时间表——百国城镇化实地考察［M］. 北京：北京航空航天大学出版社，2013.

[140] 吴逊，饶墨仕，迈克尔·豪利特，等. 公共政策过程——制定、实施与管理［M］. 叶林，刘琼，陈雷雨，等译. 上海：格致出版社，2016.

[141] 西奥多·W 舒尔茨. 改造传统农业［M］. 梁小民，译. 北京：商务印书馆，1987.

[142] 夏征农，陈至立. 辞海（第六版 彩图本）［M］. 上海：上海辞书出版社，2009.

[143] 谢长青. 小城镇公共基础设施地区差异与聚集规模研究［M］. 北京：中国农业出版社，2012.

[144] 许斌成. 小城镇建设政策法规指南［M］. 天津：天津大学出版社，2015.

[145] 徐匡迪. 中国特色新型城镇化发展战略研究：综合卷［M］. 北京：中国建筑工业出版社，2013.

[146] 许学强，伍宗唐，梁志强，等. 中国小市镇的发展［M］. 广州：中山大学出版社，1987.

[147] 亚当·斯密. 国富论——国民财富的性质和原因的研究［M］. 唐日松，赵康英，冯力，等译. 北京：华夏出版社，2005.

[148] 叶海卡·德洛尔. 逆境中的政策制定［M］. 王满传，尹宝虎，张萍，译. 上海：上海远东出版社，1996.

[149] 叶裕民. 中国城市化之路——经济支持与制度创新［M］. 北京：商务印书馆，2001.

[150] 伊姆雷·拉卡托斯，艾兰·马斯格雷夫. 批判与知识的增长［M］. 周寄中，译. 北京：华夏出版社，1987.

[151] 殷志静，郁奇虹. 中国户籍制度改革［M］. 北京：中国政法大学出版社，1996.

[152] 俞可平，海贝勒，安晓波. 中共的治理与适应：比较的视野［M］. 北

京：中央编译出版社，2015.

[153] 俞可平. 中国的治理变迁（1978—2018）［M］. 北京：社会科学文献出版社，2018.

[154] 袁中金. 中国小城镇发展战略［M］. 南京：东南大学出版社，2007.

[155] 约翰·W 金登. 议程、备选方案与公共政策［M］. 2 版. 丁煌，方兴，译. 北京：中国人民大学出版社，2004.

[156] 约翰·冯·杜能. 孤立国同农业和国民经济的关系［M］. 吴衡康，译. 北京：商务印书馆，1986.

[157] 约翰·康芒斯. 制度经济学：珍藏本［M］. 赵睿，译. 北京：华夏出版社，2013.

[158] 约翰·梅纳德·凯恩斯. 就业、利息和货币通论［M］. 宋韵声，译. 北京：华夏出版社，2004.

[159] 约瑟夫·熊彼特. 资本主义、社会主义与民主［M］. 吴良健，译. 北京：商务印书馆，1979.

[160] 约瑟夫·熊彼特. 经济发展理论——对利润、资本、信贷、利息和经济周期的考察［M］. 何畏，易家详，译. 北京：商务印书馆，1990.

[161] 詹姆斯·E 安德森. 公共决策［M］. 唐亮，译. 北京：华夏出版社，1990.

[162] 詹姆斯·E 安德森. 公共政策制定［M］. 5 版. 谢明，译. 北京：中国人民大学出版社，2009.

[163] 詹姆斯·G 马奇，约翰·P 奥尔森. 重新发现制度——政治的组织基础［M］. 张伟，译. 北京：生活·读书·新知三联书店，2011.

[164] 詹姆斯·G 马奇. 决策是如何产生的：珍藏版［M］. 王元歌，章爱民，译. 北京：机械工业出版社，2013.

[165] 詹姆斯·M 布坎南，戈登·塔洛克. 同意的计算——立宪民主的逻辑基础［M］. 陈光金，译. 北京：中国社会科学出版社，2000.

[166] 詹姆斯·Q 威尔逊. 官僚机构：政府机构的作为及其原因［M］. 孙艳，刘武通，朱旭峰，等译. 北京：生活·读书·新知三联书店，2006.

[167] 詹姆斯·汤普森. 行动中的组织——行政理论的社会科学基础［M］. 敬乂嘉，译. 上海：上海人民出版社，2007.

[168] 张建民. 公共管理研究方法［M］. 北京：中国人民大学出版社，2012.

[169] 张金马. 政策科学导论［M］. 北京：中国人民大学出版社，1992.

[170] 张金马. 公共政策分析：概念·过程·方法 [M]. 北京：人民出版社，2004.

[171] 张维迎. 市场与政府——中国改革的核心博弈 [M]. 西安：西北大学出版社，2014.

[172] 张五常. 经济解释——张五常经济论文选 [M]. 易宪容，张卫东，译. 北京：商务印书馆，2000.

[173] 张志前，王申. 进城圆梦——探寻中国特色城镇化之路 [M]. 北京：社会科学文献出版社，2014.

[174] 赵晖，张雁，陈玲，等. 说清小城镇——全国 121 个小城镇详细调查 [M]. 北京：中国建筑工业出版社，2017.

[175] 郑生权，李彦玲，康建林，等. 小城镇、乡镇企业、农业产业化三者互动发展研究 [M]. 北京：中国言实出版社，2008.

[176] 中国城市科学研究会. 中国小城镇和村庄建设发展报告（2016—2017）[M]. 北京：中国城市出版社，2017.

[177] 中共中央国务院关于"三农"工作的一号文件汇编（1982—2014）[M]. 北京：人民出版社，2014.

[178] 中共中央文献研究室. 邓小平年谱（1975—1997）[M]. 北京：中央文献出版社，2004.

[179] 中共中央文献研究室. 邓小平思想年编（1975—1997）[M]. 北京：中央文献出版社，2011.

[180] 中共中央文献研究室. 改革开放三十年重要文献选编 [M]. 北京：中央文献出版社，2008.

[181] 中共中央文献研究室. 三中全会以来重要文献选编 [M]. 北京：中央文献出版社，1982.

[182] 中国小城镇及区域发展规划回顾课题组. 中国小城镇及区域发展规划回顾 [M]. 北京：中国发展出版社，2013.

[183] 周干峙，邹德慈. 中国特色新型城镇化发展战略研究：第 1 卷 [M]. 北京：中国建筑工业出版社，2013.

[184] 周其仁. 改革的逻辑 [M]. 北京：中信出版社，2013.

[185] 周一星. 城市地理学 [M]. 北京：商务印书馆，1995.

[186] 朱建达. 小城镇空间形态发展规律：未来规划设计的新理念、新方法 [M]. 南京：东南大学出版社，2014.

［187］朱启臻，赵晨鸣，龚春明，等. 留住美丽乡村——乡村存在的价值［M］. 北京：北京大学出版社，2014.

［188］邹兵. 小城镇的制度变迁与政策分析［M］. 北京：中国建筑工业出版社，2003.

后　记

本书是在我博士论文基础上修改撰写而成的。"起个大早，赶个晚集"大抵可以概括我在中国人民大学 7 年多的求学生涯。7 年间，我已经从初入校门时的"新婚燕尔"变成一个 6 岁男孩的父亲。7 年时光虽然短，但我也经历了些许人生的浮沉：2014 年，我所在的工作单位院系调整，一度熟悉的工作环境和稳定的晋升通道发生了巨大的改变；2017 年学校入选"双一流"名单，各项改革举措深入推进，工作压力陡然上升；2018 年妻子罹患脑膜瘤，家庭压力史无前例。

我要真诚地感谢我的导师蓝志勇教授，蓝老师的学识足以令我"高山仰止"，蓝老师的人格魅力足以令我终身学习。在我对公共管理学科的危机深有感触，一度对经济学、社会学心向往之的时候，蓝老师用他那深厚的公共管理学识和宽阔的视野、透彻的分析，重新燃起我对公共管理学科的信心和归属感。当我一度对定性研究失去信心，想要投身量化研究的时候，蓝老师用自己的研究成果告诉我，一个高素质的公共管理学者可以自由地游走于质性研究和量化研究之间。从本书的选题到大纲拟定，从逻辑结构到文字表述，从参考文献到核心观点，每一次与蓝老师的谈话总能给我以启迪，同时蓝老师对公共管理学科的深刻认知和举重若轻以及对问题的深刻理解和透视也让我感叹。

我要感谢中国人民大学公共管理学院的每一位老师，虽然接触不多，但是每个人都有自己闪光的魅力。特别值得一提的是，在本书撰写过程中，孙柏瑛老师关于"扩权强镇"的文章、邻艳丽老师关于中国治理中的"镇治"的文章、杨宏山老师关于政策学习的"M"型路径的文章、李文钊老师关于政策过程理论的系列文章都给我以巨大的启迪。

从 2014 年开始做"甘肃省小城镇发展战略"课题，选择"小城镇"作为自己的研究方向之后，博士论文的题目经历了几次修正。博士论文开题的时候拟定的是"中国小城镇发展战略研究"，题目比较宏大，本身是要把小城镇放在国家治理体系中，尤其是放在城乡体系中，从结构—功能主义的角度进行探究，无奈学力有限，未能很好地领会和贯彻导师的意图。博士论文开题之后，我回到工作单位,在讲授"公共政策学"(双语)课程时,重新发现了"多源流分析框架",直觉告诉我这是一个比较适合我的研究和驾驭能力的政策变迁分析框架,随后将博士论文题目修正为《基于多源流分析框架的小城镇发展政策变迁研究(1978—2018)》。2017年,我指导的本科毕业论文《基于多源流分析框架的"网约车"政策议程设置研究》荣获校优秀本科毕业论文;2018年,我主持申报的"基于多源流分析框架的共享经济监管政策研究——以'网约车'和共享单车为例"(18XJC810001)获批教育部人文社会科学研究青年基金西部和边疆地区项目。

本研究的初衷是秉持"小切口 大问题"的思路,以小城镇政策变迁这个主题来折射改革开放40年的经济、社会、政治变迁,未曾想,从这个视角切入之后要了解、吸收、消化的是海量的中英文文献。2014—2017年间,我阅读了大量城镇化和小城镇相关的文献,尤其是认真拜读了费孝通先生有关小城镇研究的所有文献;2018年的主要工作就是阅读、消化与多源流分析框架(MSF)相关的大约200篇英文文献,精读了50篇左右。撰写过程耗时整整1年时间,最终呈现出来就是这部40多万字的专著。

感谢我的家人,妻子虽然罹患重病,但为了让我早日完成博士论文和本书撰写,毅然担负起了照顾孩子的重担,假期的出游计划一推就是3年,作为丈夫深有愧意。感谢我的父母给了我一个健壮的身体,让我足以承受高强度的工作。感谢我的岳父岳母,为我劳神费力,经常提醒督促,很多时候恨不能给我提出具体的建议。

我在中国人民大学度过了我最漫长的一段求学经历,等同于我在山东大学的7年本科和硕士时光,中关村59号院注定将深深地镌刻在我的脑海里,爬满青藤的求是楼、别具韵味的一勺池、宏伟庄严的明德楼、花样繁多的美食,感恩每一次遇见,感念每一次聆听,感谢每一份帮助。

饮冰十年,难凉热血!这部一字一句在键盘上敲下的专著,是我自2001年开启公共管理本科学习以来,20年学习、教学和科研的一个阶段性成果,同时也必将成为未来继续攀登公共管理学高山的踏脚之石。

李 廷

2022 年 1 月 18 日